配电网规划评审

案例解析

国网河南省电力公司经济技术研究院　组编

图书在版编目（CIP）数据

配电网规划评审案例解析/国网河南省电力公司经济技术研究院组编．—北京：中国电力出版社，2022.12

ISBN 978-7-5198-7010-2

Ⅰ.①配…　Ⅱ.①国…　Ⅲ.①电网－电力系统规划－河南－案例　Ⅳ.①TM715

中国版本图书馆 CIP 数据核字（2022）第 151932 号

出版发行：中国电力出版社
地　　址：北京市东城区北京站西街 19 号（邮政编码 100005）
网　　址：http：//www.cepp.sgcc.com.cn
责任编辑：闫姣姣（010-63412433）
责任校对：黄　蓓　马　宁
装帧设计：郝晓燕
责任印制：石　雷

印　　刷：河北鑫彩博图印刷有限公司
版　　次：2012 年 12 月第一版
印　　次：2022 年 12 月北京第一次印刷
开　　本：710 毫米×1000 毫米　16 开本
印　　张：16.5
字　　数：284 千字
印　　数：0001—1500 册
定　　价：98.00 元

《配电网规划评审案例解析》

编委会

《配电网规划评审案例解析》

编 写 工 作 组

主　编　马　杰　郭　勇

副主编　孙思培　孙义豪

编　写　董　智　赵　阳　苗福丰　全少理　杨　卓
丁　岩　郭新志　罗　潘　于昊正　樊江川
皇甫霄文　卢　丹　梁书豪　李文峰　金　佳
张又文

前 言

为推动配电网由高速增长转向高质量发展，进一步发挥规划引领作用，国家电网有限公司（简称国家电网公司）自 2017 年开始在省、市、县三级层面全面开展配电网网格化规划，旨在克服传统配电网规划准确性不高、适应性不强等问题，实现配电网的精益规划、精准投资和精益管理。在此背景下，省（市）公司层面需要严把规划评审关，做好评审环节技术支撑，以规划评审促进电网高质量发展，确保市（县）级网格化规划做实、做精并真正落地。

本书按照配电网网格化规划主要环节共分 6 章，分别对供电网格（单元）划分、电力需求预测、技术原则、110（35）kV 高压配电网规划和 10kV 中压配电网规划等方面选取典型案例进行解析。除第 1 章中常规配电网规划内容外，第 2 章给出了 B 类及以上、C 类、D 类以及特殊地理地貌区域网格化分区体系构建思路，第 3 章分析了新能源接入、电动汽车充电负荷、5G 基站接入对电力需求的影响，第 4 章探讨了主干环网节点接入容量、数量控制与优化、站外间隔扩展等规划评审过程中常见而各项规程规定难以界定的问题，第 5 章分析了“双碳”背景下新能源大规模并网场景对电力平衡的影响，第 6 章对偏远地区“生命线”构建、专线间隔优化、电动汽车充电设施及分布式光伏大量接入等影响中压配电网规划的常见问题进行了解答。

本书基于配电网纷繁复杂、技术迭代更新、规划方案形态多样的特点，总结提炼河南省内、省外规划评审中遇到的典型问题，解析其背后的技术难点和管理难点，借鉴、吸收、总结先进省份经验和做法，形成“专家经验”，实现了评审知识的沉淀、升华和复用。

由于水平有限，书中不足和疏漏之处在所难免，恳请读者批评指正。衷心希望本书能够助力各层级、各单位配电网规划编制人员快速掌握规划编制重点、难点和关键点，提升规划编制水平和专业素养。

编　者

2022 年 12 月

目 录

第1章 概　　述

1.1 配电网网格化规划

传统配电网建设是以变电站为中心，中压出线向四周自然延伸以满足周边负荷增长需求，这种“辐射式”的网架结构造成如下问题：变电站供电范围不清晰、容载比分布不均、主变压器负载率分布不均；中压配电线路迂回，交叉供电，影响配电网供电可靠性和运行管理水平；低压出线分散错乱，线损率较高。为解决上述问题，实现配电网高质量发展，需要从源头上寻找一种配电网建设改造的新方法，形成具有约束力的区域电网控制性方案，实现对地区经济发展的有效引领。近几年国家电网公司推行的网格化规划方法，灵活应用“分区、网格、单元”的理念规范、引导电网建设改造，是今后配电网建设改造的新趋势。

配电网网格化规划是指与城乡规划紧密结合，以地块用电需求为基础，以目标网架为导向，将配电网供电区域划分为若干供电网格，并进一步细化为供电单元，分层分级开展的配电网规划。

配电网网格化规划主要工作流程可以分为供电网格（单元）划分、电网评估与诊断分析、电力需求预测、技术原则、110（35）kV 高压配电网规划、10kV 中压配电网规划六个阶段。

（1）供电网格（单元）划分。供电网格（单元）划分是配电网网格化规划工作的基础，根据网格（单元）划分原则及建设改造供电区域类型明确其分区体系层级。在此基础上依照分区、网格、单元的相关划分原则开展划分工作，并形成分区、网格、单元划分的相关结果。

（2）电网评估和诊断分析。配电网网格化规划需要立足于电网现状分析与评价，按照现行规划技术原则和各地具体要求，从安全可靠、优质高效、绿色低碳和智能互动等要求开展工作，诊断配电网结构规范性、电网供电能力、配电网转供能力，并按照电网运行与发展影响程度进行问题分级，建立问题分级库，通过问题导向指导后续建设改造方案。

（3）电力需求预测。配电网电力需求预测除用负荷特性分析、电量需求预测、最大负荷需求预测内容外，还应以分区和网格为单位充分发掘现代配电网特征，预测各供电单元、各供电网格以及规划区各规划年的负荷需求，以满足精细化规划要求。

进行饱和年空间负荷预测时，应根据区域基础控制性详细规划资料及不同地块用电需求，采用多样化预测方法，考虑地块开发程度以及电动汽车等多元负荷发展情况差异化开展，预测结果要同区域功能定位相匹配。

（4）技术原则。技术原则包括供电区域划分原则、供电网格（单位）划分原则，35～110kV 电网规划主要技术原则、10kV 电网规划主要技术原则等内容。其中目标网架是各电压等级技术原则的重要组成部分，应统筹考虑城市总体规划、区域控制性详细规划、主网电源布局等上位发展建设成果，按照分级适配、远近衔接、差异化、标准化原则，实现下级电网支撑上级电网布点、上级电网引导下级电网构建，最终形成标准、规范的目标网架。

（5）110（35）kV 高压配电网规划。根据 110（35）公用网网供负荷预测结果，依据规划技术原则，分析预测规划期末 110（35）kV 电网需达到的变电容量，分析规划期内需新增的变电容量。结合上级电源规划方案和电网发展的实际需要，提出 110（35）kV 电网变电站规划布点方案。

（6）10kV 中压配电网规划。根据 10kV 公用网网供负荷预测结果、10kV 出线间隔情况以及变电站供电范围划分情况，考虑区内分布式电源接入，分年度安排 10kV 电网新增出线的条数和主干线走向，确定线路建设型式（架空或电缆线路）。以 10kV 公用网公用配电变压器负荷预测为基础，充分考虑电网现状及户均配电变压器容量、低压供电半径等因素，依据规划技术原则中的配电变压器容量序列及有关标准，估算分年度、各分区 10kV 配电变压器的容量和数量规模。

本书主要对供电网格（单元）划分、电力需求预测、技术原则、110（35）kV 高压配电网规划、10kV 中压配电网规划这几个关键环节的评审案例进行分析，以指导配电网规划评审工作。

1.2 常用术语及定义

（1）供电分区。供电分区是开展高压配电网规划的基本单位，主要用于高压配电网变电站布点和目标网架构建。一般可按县（区）行政区划划分，对于电力需求总量较大的市（县），可划分为若干个供电分区，原则上每个供电分区负荷不超过1000MW。供电分区宜衔接城乡规划功能区、组团等区划，结合地理形态、行政边界进行划分，规划期内的高压配电网网架结构完整、供电范围相对独立。

（2）供电区域。供电区域是依据地区行政级别及负荷发展情况，参考经济发达程度、用户重要性、用电水平、GDP等因素，参照相关技术标准划定的条件相似的供电范围，分为A+、A、B、C、D、E六类，具体划分标准见表1-1所示。

表1-1 配电网供电区域划分标准

供电区域	A+	A	B	C	D	E
饱和负荷密度 σ (MW/km^2)	$\sigma \geqslant 30$	$15 \leqslant \sigma < 30$	$6 \leqslant \sigma < 15$	$1 \leqslant \sigma < 6$	$0.1 \leqslant \sigma < 1$	$\sigma < 0.1$
主要分布地区	直辖市市中心城区，或省会城市、计划单列市核心区	地市级及以上城区	县级及以上城区	城镇区域	乡村地区	农牧区

注：1. 供电区域面积一般不小于5km^2。
2. 供电区域划分过程中需计算负荷密度时，应扣除可靠性要求不高的110（35）kV高耗能专线负荷，以及高山、戈壁、荒漠、水域、森林等无效供电面积。

（3）供电网格。供电网格是在配电网供电区域划分的基础上，与城乡控制性详细规划、城乡区域性用地规划等市政规划及行政区域划分相衔接，综合考虑配电网运维抢修、营销服务等因素进一步划分而成的若干相对独立的网格。供电网格是制订目标网架规划，统筹廊道资源及变电站出线间隔的基本单位。

（4）供电单元。供电单元是指在供电网格基础上，结合城市用地功能定位，综合考虑用地属性、负荷密度、供电特性等因素划分的若干相对独立的单元。供电单元是网架分析、规划项目方案编制的基本单元。

（5）饱和负荷。区域经济社会水平充分发展到发达水平，电力消费增长趋缓，总体上保持相对稳定，负荷呈现饱和状态，此时的负荷为该区域的饱和负荷。

（6）规划建成区。规划建成区是指城市行政区内实际已成片开发建设、市政公用设施和公共设施基本具备的地区，区域内电力负荷已经达到或即将达到饱和负荷。

（7）规划建设区。规划建设区是指规划区域正在进行开发建设，区域内电力负荷增长较为迅速，一般具有地方政府控制性详细规划。

（8）自然发展区。自然发展区是指政府已实行规划控制，发展方向待明确，电力负荷保持自然增长的区域。

第2章　供电网格（单元）划分

供电网格（单元）的合理划分对整个配电网规划工作有着举足轻重的作用。供电网格（单元）最终要实现供电相对独立，在划分时需要对现状电网进行负荷切割和线路改接。如果供电网格（单元）划分不合理，会出现建设改造投资利用效率低、电源供电范围不合理、关键资源利用效率低、配电网规划项目难落地等问题，影响配电网经济、高效、安全优质运行。

供电网格（单元）划分是新形势下配电网规划工作的关键环节，对下一阶段配电网规划、建设、运营会产生巨大影响，也是电网规划评审工作中需要重点关注的环节。本章将根据供电区域类型、区域发展程度的差异化提出供电网格（单元）划分原则、方法及工作流程，总结评审工作中该环节需要关注的要点，并辅以案例说明。

2.1　基本要求

供电网络（单元）划分应根据 Q/GDW 10738—2020《配电网规划设计技术导则》中关于供电分区、供电网格、供电单元的定义、划分原则等要求，从规划、建设、运维等工作组织架构和管理界面出发，综合考虑地域属性、负荷发展、电网规模、建设标准等技术条件，按照目标网架清晰、电网规模适度、管理责任明确的原则，考虑供电独立性、网架完整性、管理便利性等需求，构建“供电分区、供电网格、供电单元”三级网络。

结合多个先进省份在网格（单元）划分方面的经验，供电网格（单元）划分宜满足如下基本原则：

（1）应以城市规划中地块功能及开发情况为依据，根据饱和负荷预测结果进行校核，充分考虑现状电网改造难度、街道河流山丘等因素，划分应相对稳定，具有一定的近远期适应性。

（2）应兼顾规划设计、运维检修、营销服务等业务的管理需要，保证不重不漏。

（3）供电网格在负荷量级上对应中压目标网架级别，重点从全局最优角度确定区域饱和年中压目标网架。供电单元在负荷量级上对应中压目标接线组级别，重点落实供电网格目标网架，确定配电设施布点和中压线路建设方案，制订用户接入方案。

供电网格一般结合行政区划、产业布局、地理形态等进行划分，与城乡控制性详细规划中的功能分区相对应，供电可靠性要求相对一致。供电网格划分宜满足如下基本原则：

（1）为便于建设、运维、供电服务管理权限落实，可按照供电分局、供电营业部（供电所）管辖地域范围作为一个供电网格，当管辖区域较大、供电区域类型不一致时，可拆分为多个供电网格。

（2）供电网格应遵循电网规模适中且变电站供电范围相对独立的原则，远期一般应包含2～4座具有10kV出线的上级公用变电站。不应跨越供电区域（A＋～D），不宜跨越220kV供电区域。

（3）乡镇地区可根据地理位置、高压电源供电范围等实际情况，将乡镇地区划分为若干相对独立供电的网格。

供电单元划分需要遵循电网发展需求相对一致的原则，一般由若干个相邻的、开发程度相近、供电可靠性要求基本一致的地块（或用户区块）组成。供电单元划分宜满足如下基本原则：

（1）对有控制性详细规划的区域，供电单元划分不宜跨越市政分区，不宜跨越控制性详细规划边界，不宜跨越主干道路、山川、河流；对于无控制性详细规划的区域，可按主供电源点供电范围划分供电单元。

（2）乡镇地区一般按照一乡镇（供电所）一供电单元原则划分，对饱和负荷偏小、难以形成目标网架的乡镇（供电所），可将多个乡镇（供电所）划为一个供电单元。供电单元内乡镇（供电所）个数不宜过多，具体数目可根据所在省、市、县具体情况进行测定。

（3）供电单元的划分应考虑变电站的布点位置、容量大小、间隔资源等影响，远期一般应具备2个及以上主供电源，包含1～4组10kV典型接线。各供电单元之间的中压电网相对独立。对于部分受到电源点及电力廊道的影响难以实现独立供电的供电单元，为了保证用户的可靠性，在两个供电单元间可构建联络线路，但应避免线路跨多单元供电。饱和年各供电单元应实现独立供电。

在具体实施过程中，供电网格（单元）划分环节需考虑如下关键影响因素。

（1）与城市规划的衔接。供电网格（单元）划分需要充分考虑城市发展规划、控制性详细规划等上位规划，实现电网建设与城市发展的统一协调。在划分过程中需要综合考虑以下因素。

1）自然分界：网格、单元划分避免跨越河流、山岭等自然地理分界。

2）市政规划：网格划分与市政规划相协调，单元划分不应跨越市政规划边界。对无市政规划或发展方向不明确区域先按单一片区进行管理。

3）建设标准：网格划分需要考虑区域定位，充分衔接供电区域划分结果，与供电区域电网建设标准相适应，同一供电网格只能有一个建设标准。

4）供电范围：尽量通过一组接线满足用户用电需求，避免出现用户被网格（单元）切割的情况。

（2）供电网格成熟程度。需要结合负荷预测结果对供电网格进一步细分与优化，其中：

1）规划建成区应因地制宜，充分考虑负荷发展较为充分、电网发展较为完善、建设改造实施相对困难的实际情况，以内部中压线路"结构调整少、停电范围小"的原则划分。划分完成尽量固化，避免规划过渡年多次调整。

2）规划建设区需要考虑远期布局合理性与过渡便捷性，通过网格划分规范增量电网建设。在确定目标网格大小时需要按照标准接线供电能力进行适度调节，确保内部线路能够实现网格独立供电，满足电力负荷需求。同时还应留有适当的裕度，应对以后用电负荷大幅增长或其他外部因素变化。

3）自然发展区应考虑到负荷尚不确定这一要素，供电网格可覆盖较大区域，避免出现多次调整情况，待远期电力负荷明确后再对其进行合理滚动调整。

（3）电网规模。需要明确各层级电网规模，应考虑电网规划方案实施的合理性与便捷性，大小有度、界线清晰、供电独立，避免为了网格化而划分网格。避免因为不同层级基本单元的不合理规模影响配电网建设改造方案的实施。

为保证划分结果的相对稳定，一般网格化划分过程中需同远景规划方案循环校验，并采用“自下而上”网格化划分❶和“自上而下”网格化划分❷相结合的方式划分，最终形成分区、网格、单元划分的相关结果。

按照供电网格管理责任是否独立，供电网格建设标准是否统一、电网规模是否相对合理，供电单元供电是否独立等要求，对“自下而上”网格化划分的与“自上而下”网格化划分的结果进行校验，最终形成分区、网格、单元划分的相关结果。

2.2 B类及以上网格（单元）划分解析

根据供电区域划分标准，A+、A、B类供电区域一般位于城区。针对电网发展较为成熟的城市建成区（简称老城区），阐述城市建成区网格（单元）构建流程、原则与主要方法，展示如何进行合理的网格与单元划分。

B类及以上老城区有完善的土地利用总体规划和控制性详细规划，该区域已经基本建成且发展成熟，土地被最大限度地利用，几乎不再有较大的负荷增长，用电需求发展相对稳定。同时区内电网规模较大，受到历史建设、用户发展、建设理念变化等多种因素影响，部分建设较早的电网中存有一定规模的非标准接线方式，网架结构比较复杂，各供区之间线路交叉普遍。同时建成区建设改造投资大、建设周期长，若网供电网格（单元）划分欠佳会进一步降低电网效益。

2.2.1 典型经验做法及评审要点

2.2.1.1 典型经验做法

老城区划分时应充分考虑现状电网情况和主要影响因素，并参考典型接线供电能力，结合区域内的目标网架，避免大拆大建和投资效益低等问题，划分后各供电网格大小有度、界线清晰、供电独立。

（1）选取目标电网典型接线并计算其接线组供电能力。按照DL/T 5729—2016《配电网规划设计技术导则》、Q/GDW 10738—2020《配电网规划设计技

❶ 是指依据网格化规划体系构建原则，参照目标网架依次对供电单元、供电网格和供电分区进行划分。

❷ 是指依据网格化规划体系构建原则，参照运维、建设管理细化依次对供电分区、供电网格和供电单元进行划分。

术导则》中对 B 类及以上区域相关技术条款要求，同时考虑经济性，选择适合电网需求的典型接线方式并计算接线组供电能力。

（2）依据土地性质及其负荷预测结果，初步划分供电单元。依据土地利用总体规划或控制性详细规划和空间负荷预测结果，结合行政边界、主干道、河流山脉和供电营业部管辖范围情况，确保每个供电单元的负荷预测总量控制在一组典型接线供电能力的整数倍（一般取 1～4 倍），形成初步划分结果。

（3）结合现状电网布局调整优化，形成最终的供电单元划分成果。综合考虑现状电网（尤其是开关站、环网箱下级出线）布局的影响，避免因为单元边界划定而产生大量底层电网的切改致使电网投资利用效率降低，对供电单元的初步结果调整优化。

（4）综合考虑管辖范围和供电范围将单元合并为供电网格。参考供电营业部（供电所）管辖范围以及目标年变电站供电区情况，将管辖范围一致且能实现独立供电的几个单元合并为供电网格。

2.2.1.2　评审要点

（1）市政规划：网格划分与城市总体规划及用地规划等市政规划相适应，划分时考虑用地性质与城市建设开发程度。划分完后的供电网格（单元）内地块用地性质相近。

（2）规模适中：划分完后的单个供电网格（单元）内电网规模合理，网格（单元）面积不能过大或过小。

（3）建设标准：区域规划定位与电网建设标准相适。

（4）典型接线供电能力：以空间负荷预测结果为支撑确定单元负荷规模，以 1～4 组典型接线经济运行效率下最大供电能力为上限理控制单元范围。

（5）交叉供电：划分完后的供电网格（单元）内线路尽量避免交叉供电，网格内的电源点尽量避免跨网格供电。

2.2.2　A 类区域典型案例解析

2.2.2.1　案例基本情况

某市区老城区划分为 8 个供电分区，其供电分区划分示意图如图 2－1 所示。本案例主要针对该区域中 XW（地名缩写）分区进行网格和单元划分。

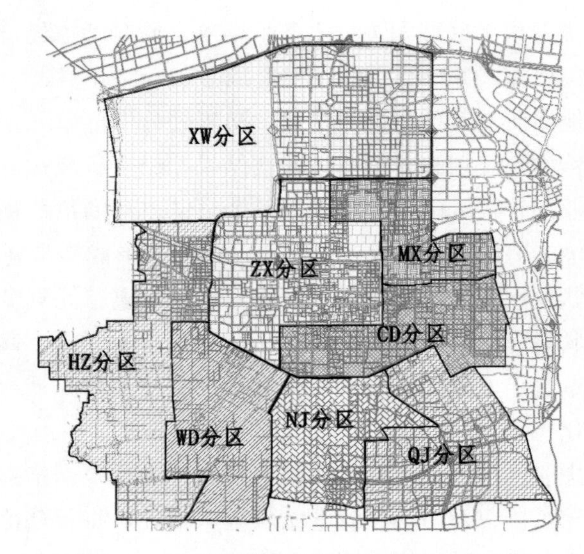

图 2-1 某市区老城区供电分区划分示意图

2.2.2.2 网格单元划分结果

1. 根据负荷分布和用地性质初步划分

根据区域定位、技术导则要求以及当地电网实际情况，规划采用单环网作为区域内目标网架接线方式，每组接线安全供电能力约为 9MW。通过对目标区域负荷分布和控制性详细规划对该区域进行单元初步划分，XW 分区某区域各单元负荷预测结果见表 2-1，XW 分区某区域土地性质及网格初步划分如图 2-2 所示。

表 2-1 XW 分区某区域各单元负荷预测结果

单元名称	面积 (km^2)	用地性质	负荷 (MW)	典型接线 (组)
1 号	2.88	工业	26.8	3
2 号	1.68	商业、居住	25	3
3 号	0.92	居住	15.1	2
4 号	1.25	居住	19.5	3
5 号	1.86	居住	25.6	3

2. 网格划分存在的问题

从当前单元划分结果来看，XY 路是 3 号和 5 号单元的边界，C 站位于 5

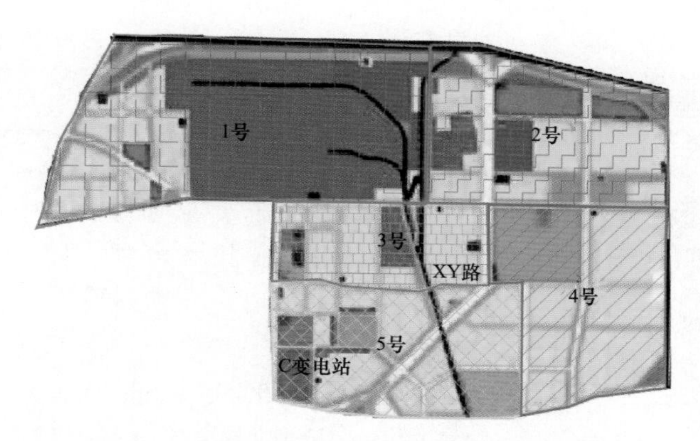

图2-2　XW分区某区域土地性质及网格初步划分

号单元中部区域，为3号和5号单元供电。以XY路为单元边界，跨越道路的线路较多，对现状电网切割较大，造成投资浪费和实施困难等问题。应充分考虑现状电网情况，对3号、5号单元边界进行优化调整。

3. 根据现状电网优化划分结果

该区域内现状电网主要为电缆接线，网架结构复杂，线路交叉、迂回供电严重。XW分区某区域10kV地理接线图如图2-3所示。

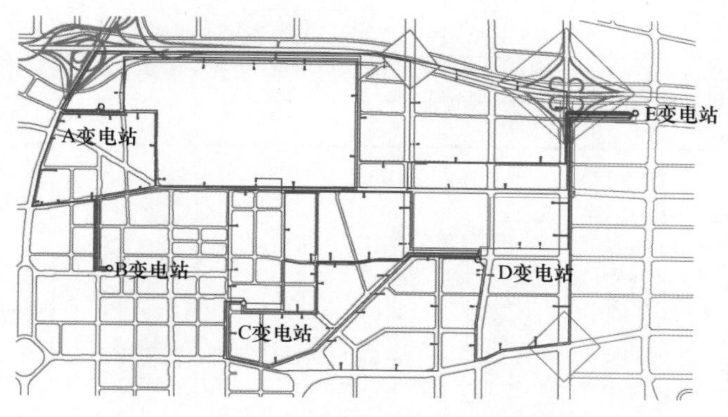

图2-3　XW分区某区域10kV地理接线图

结合现状电网，对每条线路的供电范围进行分析，按照每个单元2～4个上级电源点、避免跨单元供电的原则，将之前划分的单元进行边界调整。

结合现状电网实际情况，将3号和5号单元边界从XY路调整到C站以下，方便于实现单元独立供电，避免大量切割现状电网。3号、5号单元优化前后对比图如图2-4所示。

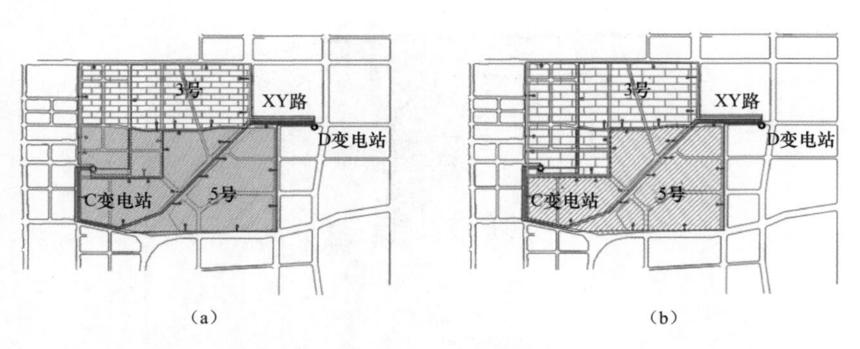

(a)　　　　(b)

图 2-4　3 号、5 号单元优化前后对比图
(a) 优化前；(b) 优化后

优化后该区域每个单元内均有 2 个电源点且无跨单元供电情况。XW 分区供电单元划分优化后的基本情况见表 2-2，单元划分图如图 2-5 所示。

表 2-2　　　　XW 分区某区域单元基本情况

单元名称	面积 (km^2)	用地性质	负荷 (MW)	典型接线 (组)	电源点
1号	2.88	工业	26.8	3	A 变电站、B 变电站
2号	1.68	商业、居住	25	3	D 变电站、E 变电站
3号	1.2	居住	17.2	2	C 变电站、D 变电站
4号	1.25	居住	19.5	3	D 变电站、E 变电站
5号	1.58	居住	23	3	C 变电站、D 变电站

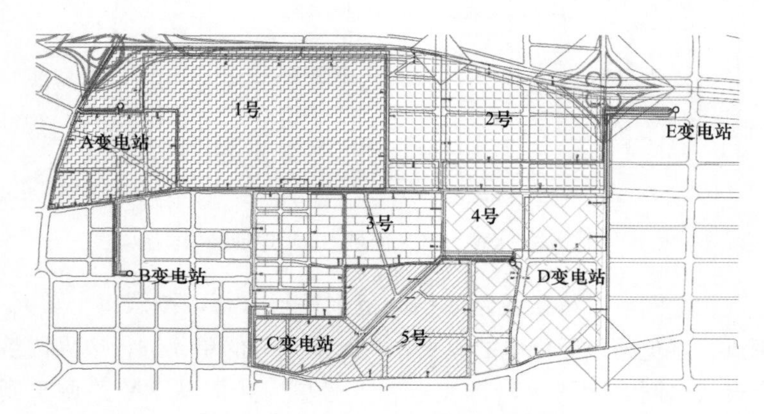

图 2-5　XW 分区某区域单元划分图

按照上述方法对整个 XW 分区进行单元划分，共划分单元 33 个，XW 分

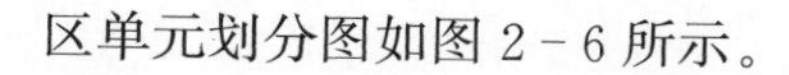
区单元划分图如图 2－6 所示。

图 2－6　XW 分区单元划分图

2.2.2.3　网格划分

根据供电网格划分原则，考虑地理位置、土地性质需求相似以及电网供电范围等因素，将 33 个供电单元合并为 8 个供电网格，XW 分区各网格基本情况见表 2－3，XW 供电分区网格划分图见图 2－7。

表 2－3　XW 分区各网格基本情况

供电网格名称	供电单元个数	面积（km^2）	供电区域类型
XW－01	3	31.4	B
XW－02	4	5.71	B
XW－03	5	8.59	B
XW－04	4	4.22	B
XW－05	4	4.95	B
XW－06	3	3.22	B
XW－07	5	6.67	B
XW－08	5	7.29	B
合计	33	72.05	—

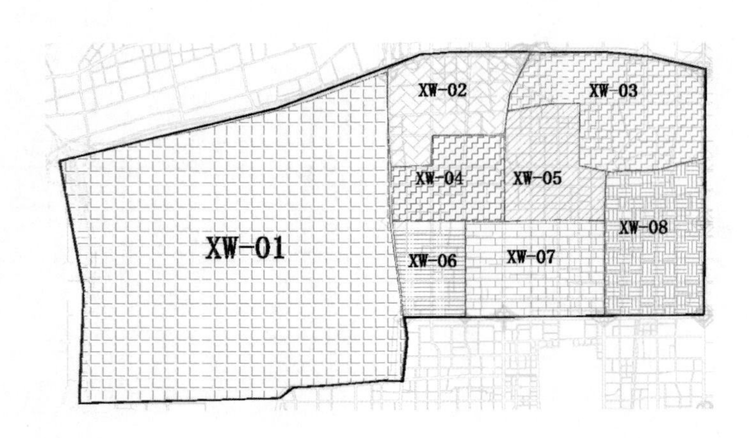

图 2-7 XW 供电分区网格划分图

2.2.3 B 类城市建成区典型案例解析

选择某 B 类城市的网格（单元）划分案例进行解析，展示现状电网较为复杂情况下，如何从独立、规范、适配的角度出发，对原有网格、单元划分不合理的情况进行优化。

图 2-8 JJ 分区优化前网格划分示意图

2.2.3.1 案例基本情况

优化前 JJ 分区共划分 6 个网格，主要存在网格规模不合理，网格边界划分不合理，线路跨网格供电、交叉供电等情况。现针对这些问题进行详解和优化。JJ 分区优化前网格划分示意图如图 2-8 所示。

2.2.3.2 案例存在问题及解决方案

该区域网格和单元基本均已初步划分，但是仍有优化的空间。考虑变电站布点、主干道路、山川河流以及现状电网，部分网格边界调整后会更加合理。

(1) 从现状电网来看，优化前JJ－01和JJ－02网格边界为HX路，但HX路两侧线路交叉较多，如果以HX路为网格边界，线路切改工程量较大，停电范围过大，可能会对区域内供电用户造成较大影响。

优化后的两个网格以河流走向为边界，两侧线路较少，避免了日后负荷切改时大拆大建，停电范围缩小，降低了对工程附近用电用户的影响。JJ分区01、02网格优化前后示意图如图2－9所示。

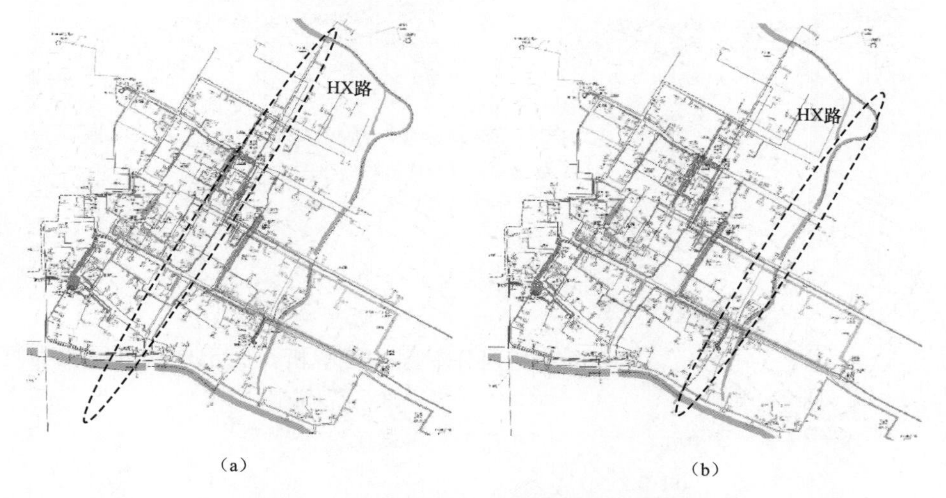

图2－9 JJ分区01、02网格调整示意图
(a) 优化前；(b) 优化后

(2) 从网格面积来看，优化前JJ－01网格面积仅为0.81km^2，网格面积较小，网格内分布的变电站较少，电源点不足，难以形成不跨网格（单元）个中压标准接线。优化后JJ－01网格面积约为之前的两倍，规模趋于合理。优化前后JJ－01网格对比图如图2－10所示。

(3) 从变电站布点以及现状电网来看，ZH变电站位于JJ－01网格左下角，与QA站形成10kV线路联络较为合理。优化后的网格避免了ZH变电站跨网格供电的情况。优化前后JJ－01、JJ－02网格对比图见图2－11。

(4) 从变电站布点来看，优化前JJ－04和JJ－06网格边界在JZ变电站上方，变电站线路存在跨网格供电情况。优化后JZ变电站处于两网格边界处，更方便网格独立供电的实现。优化前后JJ－04、JJ－06网格对比图见图2－12。

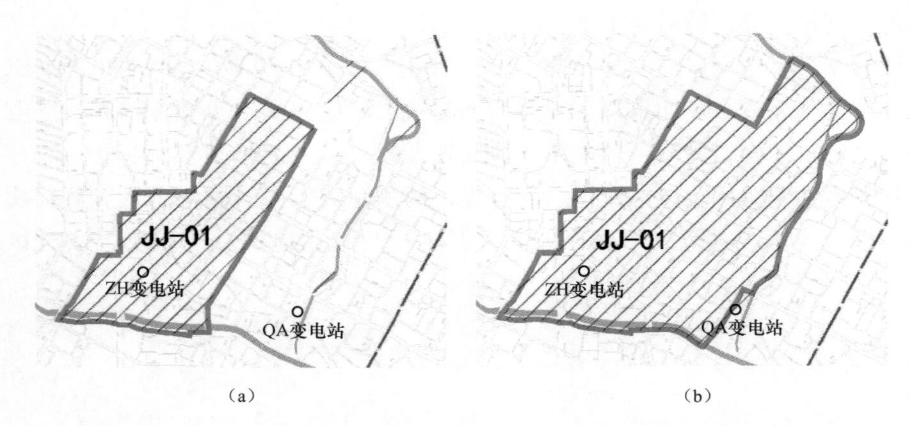

图 2-10 优化前后 JJ-01 网格对比图
(a) 优化前；(b) 优化后

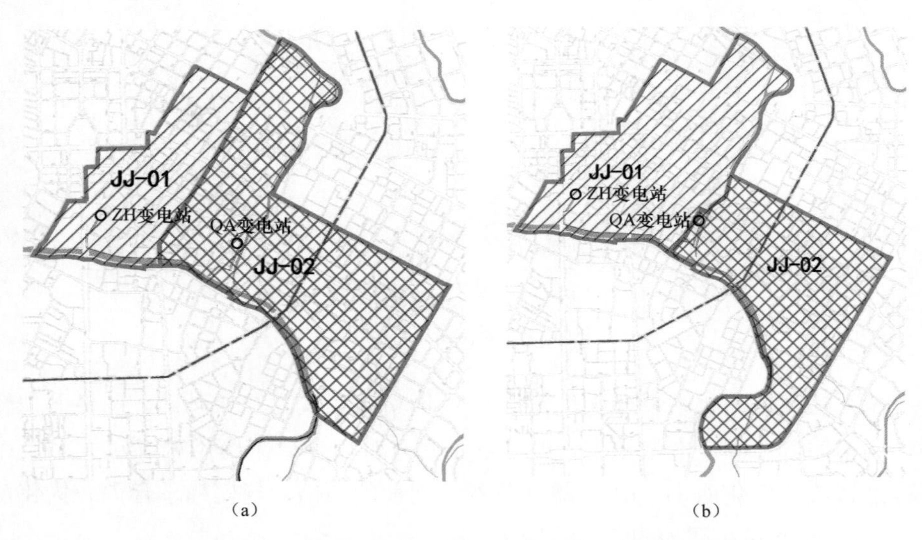

图 2-11 优化前后 JJ-01、JJ-02 网格对比图
(a) 优化前；(b) 优化后

(5) 从现状电网来看，优化前 JJ-02、JJ-03、JJ-04 三网格之间存在跨网格供电情况，JJ-04 网格内变电站同时为 JJ-02 和 JJ-04 两个网格供电。优化后该变电站主供 JJ-02 网格，且与 JJ-03 网格内变电站线路进行联络，满足独立供电要求，网格划分更为合理。优化前后 JJ-02、JJ-03、JJ-04 网格对比图如图 2-13 所示。

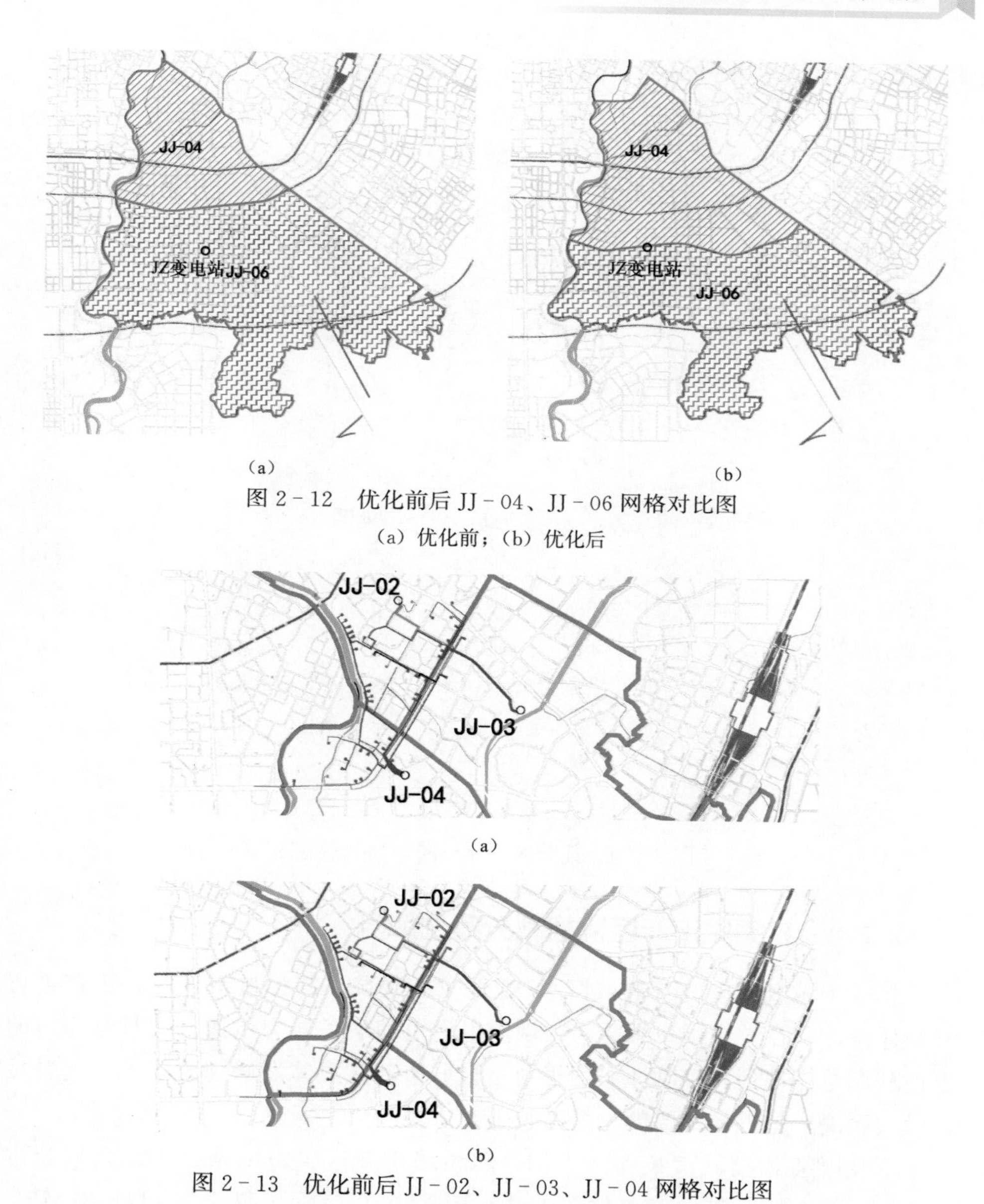

图 2-12　优化前后 JJ-04、JJ-06 网格对比图

（a）优化前；（b）优化后

图 2-13　优化前后 JJ-02、JJ-03、JJ-04 网格对比图

（a）优化前；（b）优化后

2.2.3.3　优化成果

经优化后，JJ 分区网格划分更贴合现状电网，各网格规模适中，各网格内电源点充足，基本无跨网格供电线路，可实现独立供电。JJ 分区优化后网格划

分示意图如图 2－14 所示。

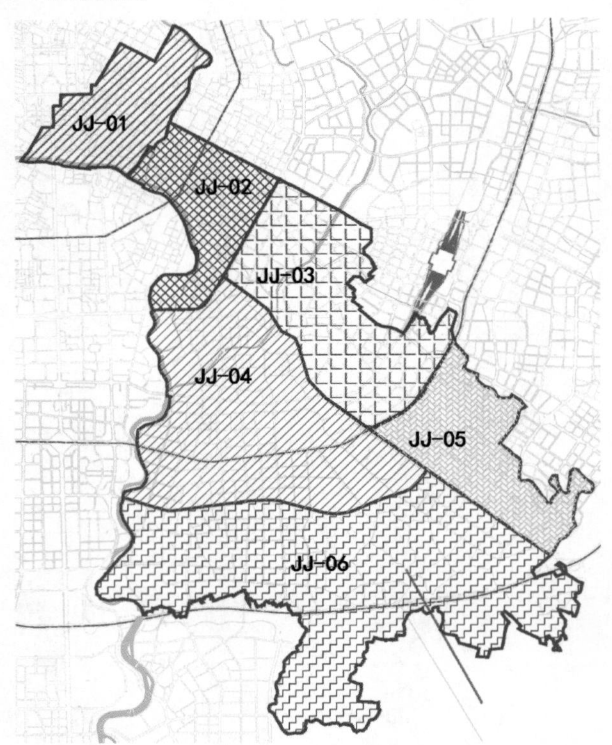

图 2－14 JJ 分区优化后网格划分示意图

2.2.4 B 类城市新区网格划分案例解析

相较于城市建成区（老城区），规划发展区域（简称城市新区）正在进行开发建设，存在大量用户报装，区域内电力负荷增长较为迅速，同时有完善的土地利用总体规划和控制性详细规划，且城市新区总体发展规划明确，远景负荷发展明确，是近期主要的负荷增长点。

下文以某 B 类城市某新区为例，解析城市新区供电网格（单元）划分过程，分析存在的问题并给出优化方法。BJ 新区至目标年负荷为 1146.81MW，负荷密度为 21.32MW/km^2，10kV 线路总数 444 回。

2.2.4.1 供电单元划分

现以 BJ 新区 BJ/B－01－01 单元为例，介绍其单元划分依据。通过该区域控制性详细规划可以得知，BJ/B－01－01 单元中用地类型多为居住用地，区域内负荷属性相近，负荷大小基本均等且规模相当。依据 BJ 地区目标网架，至目标年 BJ/B－01－01 单元区域内共有三组双环网为该单元供电且不构成交叉，故可依此将该区域划分为一个供电单元。BJ/B－01－01 单元目标年地理接线图如图 2－15 所示。同理可将 BJ 新区划分为 11 个供电单元，详见图 2－16 所示。

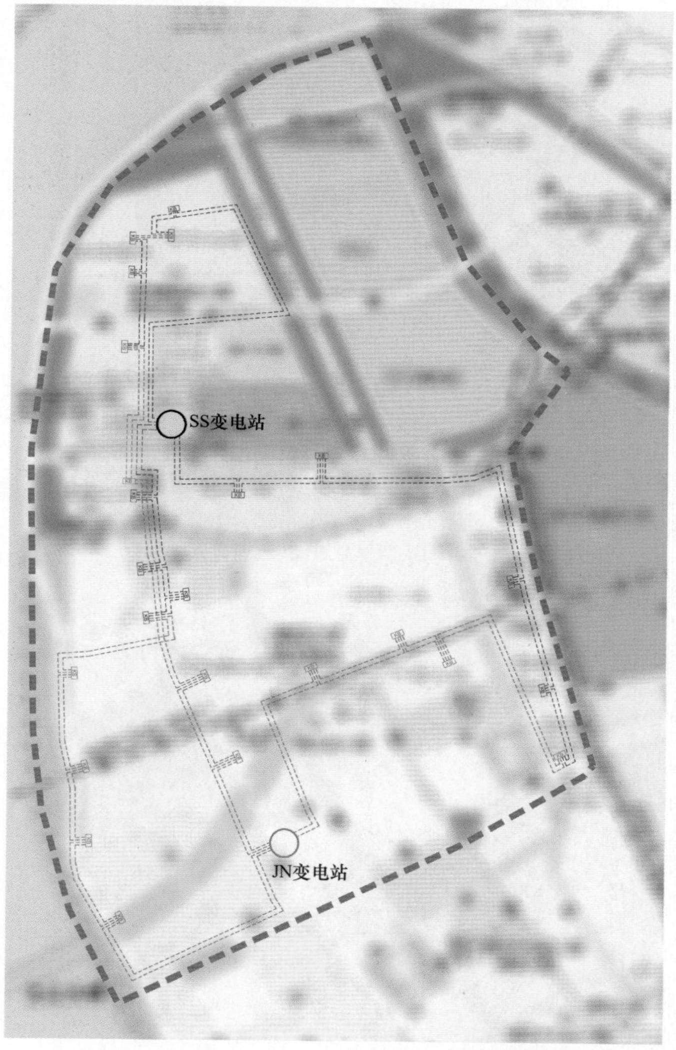

图 2－15　BJ/B－01－01 单元目标年地理接线图

2.2.4.2　供电网格划分

根据 BJ 新区的供电单元划分结果，并结合该区域控制性详细规划，参照道路、河流等明显的地理形态，对 BJ 新区进行供电网格划分，将用地性质相近、地理位置临近的多个单元划分为一个网格，最终网格划分情况如图 2－17 所示。

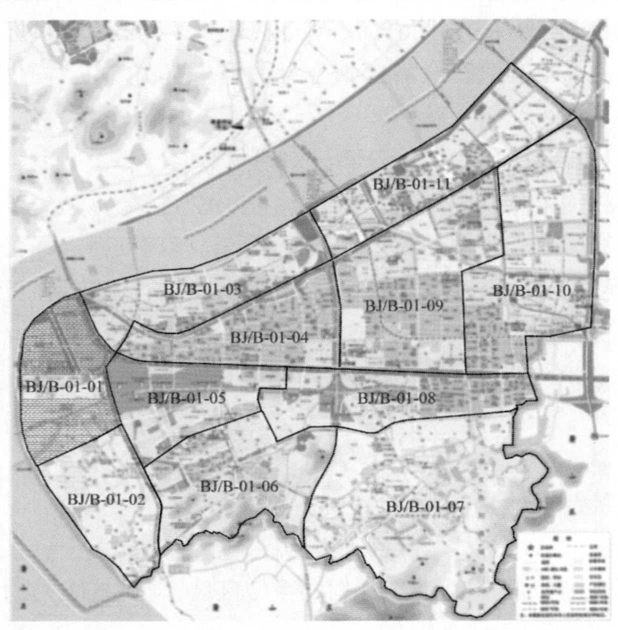

图 2－16　BJ 新区供电单元划分示意图

图 2－17　BJ 新区网格划分情况

2.3　C类供电区网格（单元）划分解析

以某市C类供电区为例，说明在负荷密度较低、区域范围较广的情况下如何划分供电网格和供电单元。

C类供区介于B类与D类之间，一般有土地利用总体规划，但仅重点区域具有控制性详细规划，土地开发尚未饱和，用电需求仍具有一定的发展空间，电网结构结构相对简单，以架空线路为主，仅部分重点区域采用电缆线路，存在架空电缆混合供电情况。

2.3.1　典型经验做法及评审要点

2.3.1.1　典型经验做法

C类供区的供电网格（单元）划分一般分两部分构建。对于有控制性详细规划的区域，类似于B类供区，通常参照市政规划，并结合目标网架来划分供电网格和单元；对于无控制性详细规划的乡镇区域，类似于D类供区，可按照供电所管辖范围或乡镇范围来划分。为便于统筹管理，网格和单元划分时还要结合当地的山川、河流等特殊地貌。

2.3.1.2　评审要点

（1）用地性质：对于C类供电区内有控制性详细规划的区域，供电单元内的地块用地性质相似。

（2）交叉供电：网格（单元）内线路尽量避免跨单元及网格供电。

（3）电网规模：各网格内电源点的分布及数量合理。

2.3.2　典型案例解析

2.3.2.1　基本情况

YJ镇总面积66km^2，10kV负荷为33.5MW，扣除山体水域面积后，规划区供电面积为7.9km^2，规划区平均负荷密度约为4.24MW/km^2。依据Q/GDW 1738—2020《配电网规划设计技术导则》中供电区域划分标准，YJ镇符合C类供电区标准。

现状年向规划区供电的 10kV 线路共有 19 条（其中 3 条专线），线路总长度为 96.3km，其中架空线 87.2km，电缆线 9.1km。

YJ 镇用地布局如图 2-18 所示。

图 2-18　YJ 镇用地布局

2.3.2.2　网格划分

根据 YJ 镇的用地布局，可将其具有控制性详细规划的中心镇区划分为 YJ/C-01 网格，将其他无控制性详细规划的区域根据河流和道路等明显地理特征划分为两个供电网格。YJ 镇网格划分示意图如图 2-19 所示。

2.3.2.3　单元划分

1. 有控制性详细规划区域

对于 YJ 镇有控制性详细规划区域，参考市政规划将用地性质相似的地块划分为一个单元，有控制性详细规划区域单元划分示意图如图 2-20 所示。

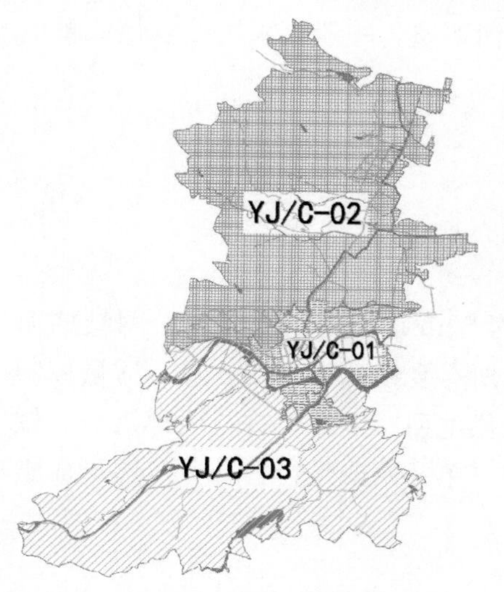

图 2-19　YJ 镇网格划分示意图

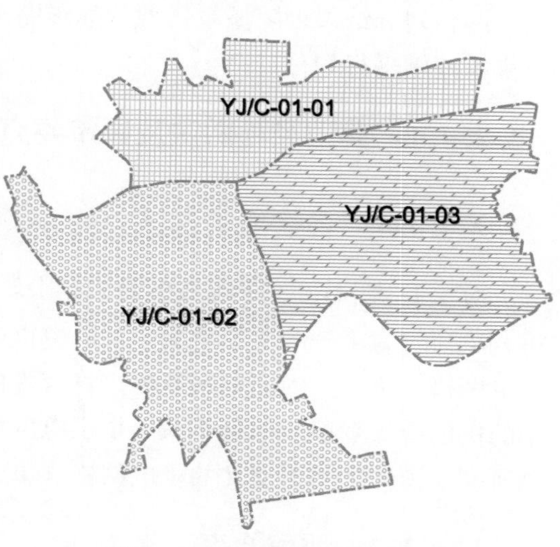

图 2-20　YJ 镇有控制性详细规划区域单元划分图

根据地块负荷性质和主干道路情况，YJ 镇有控制性详细规划区域单元划分结果较为合理，不需要优化调整。

2. 无控制性详细规划区域

对于 YJ 镇无控制区域，由于大多地区为山区等特殊地貌区，尚未形成完善的电网网架结构，故对这部分区域以河流等特殊地貌划分供电单元，YJ 镇无控制性详细规划区域单元划分示意图如图 2-21 所示。YJ 镇无控制性详细规划区域，结合山川、河流等自然边界以及乡村范围划分，划分结果较为合理，不需要优化调整。

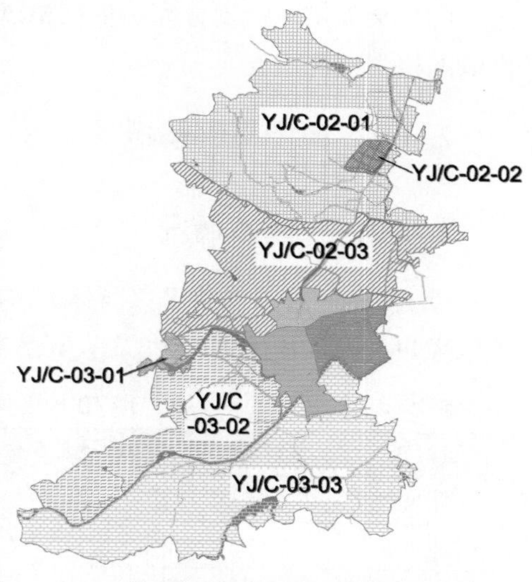

图 2-21　YJ 镇无控制性详细规划区域单元划分图

2.4 D类供电区网格（单元）划分解析

D类供电区一般是指乡镇或农村区域，该类区域用地性质大多以村庄与农田为主，通常仅有土地利用总体规划而缺少控制性详细规划，用电发展不够明确。网格划分结果可随城乡规划的逐步完善而调整，一般会采用按乡镇或供电所供电范围进行划分。

2.4.1 典型经验做法及评审要点

2.4.1.1 典型经验做法

对于D类供电区网格（单元）划分，考虑市政规划不完备、电网结构简单、负荷较为单一的实际情况，可以由供电所（乡镇）作为切入点，适量控制供电网格（单元）内部电网规模，将较大的供电所（乡镇）进行内部拆分，较小的供电所（乡镇）单独作为一个供电网格（单元）或进行合并，从而形成供电所（乡镇）之间不交叉的供电网格（单元）。

2.4.1.2 评审要点

（1）规模适中：划分完后的网格（单元）规模合理，和当地电网规模相匹配。

（2）交叉供电：划分完后的网格（单元）内线路尽量避免交叉供电，单个供电网格内电源点充足。

2.4.2 典型案例解析

2.4.2.1 基本情况

以LT地区的D类供区（简称LT/D）为例，分析其供电网格及单元的划分。该地区D类供区共有供电所6个，其基本情况和分布情况详见表2-4和图2-22。

表2-4 LT/D地区供电所基本情况

供电所	电源点数量	10kV线路条数	供电所	电源点数量	10kV线路条数
1号供电所	4	24	4号供电所	1	10
2号供电所	3	18	5号供电所	2	12
3号供电所	3	17	6号供电所	4	22

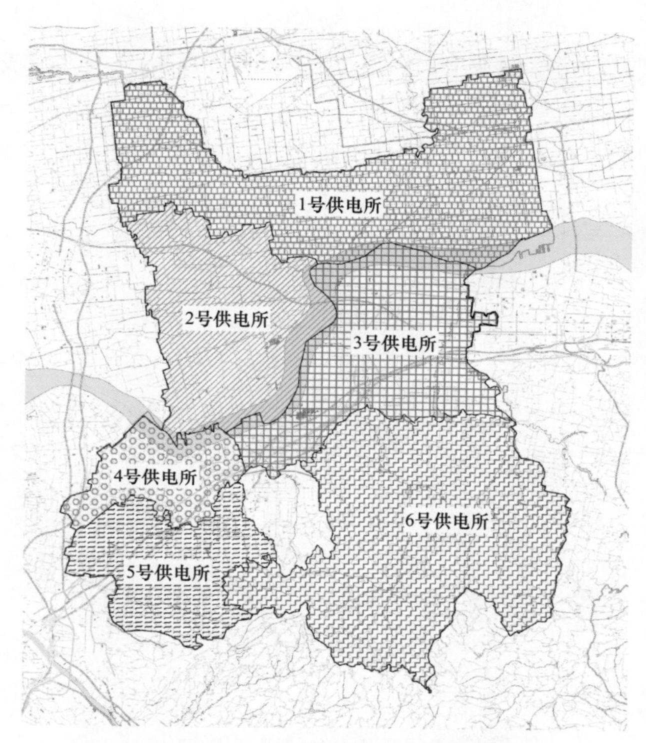

图 2-22　LT/D 地区供电所分布情况

2.4.2.2　供电单元划分

由于 1、2、3、6 号供电所规模较大，供电线路较多，故将其拆分为多个供电单元；而 4、5 号供电所规模较小，故将其作为单独的供电单元。供电所与供电单元对应情况和供电单元划分情况分别见表 2-5 和图 2-23。

表 2-5　**LT/D 地区供电单元基本情况**

供电所	供电单元	电源点数量	10kV 线路条数
1 号供电所	TL/D-01-01	1	8
	TL/D-01-02	1	7
	TL/D-01-03	2	9
2 号供电所	TL/D-02-01	1	4
	TL/D-02-02	1	5
	TL/D-02-03	0	5
	TL/D-02-04	1	4

续表

供电所	供电单元	电源点数量	10kV 线路条数
3 号供电所	TL/D－03－01	1	4
	TL/D－03－02	1	7
	TL/D－03－03	1	6
4 号供电所	TL/D－04－01	1	10
5 号供电所	TL/D－04－02	2	12
6 号供电所	TL/D－05－01	1	6
	TL/D－05－02	1	4
	TL/D－05－03	1	5
	TL/D－05－04	1	7

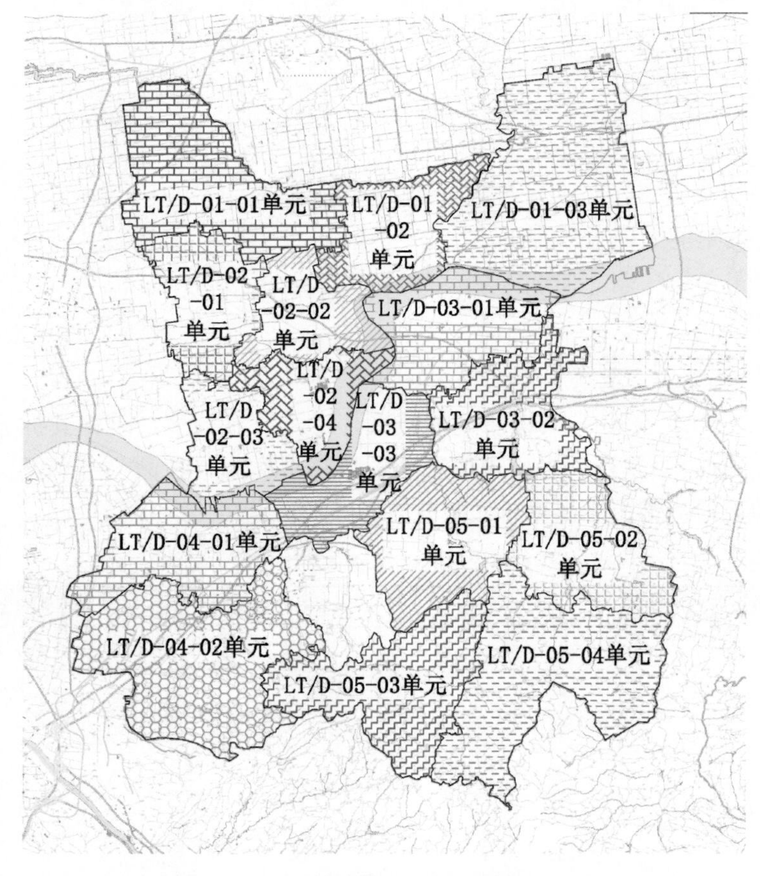

图 2－23　LT/D 地区供电单元分布情况

2.4.2.3　供电网格划分

综合考虑 LT/D 地区供电所管辖范围及供电单元划分情况，结合道路、河流、山丘等地理特征，可将地理位置相邻的供电单元划分为一个供电网格，LT/D 共划分 5 个供电网格，供电所与供电网格对应情况见表 2-6。

表 2-6　　LT/D 地区供电所与供电网格对应情况

<table>
<tr><th>供电所</th><th>供电网格</th><th>供电所</th><th>供电网格</th></tr>
<tr><td>1 号供电所</td><td>LT/D-01</td><td>4 号供电所</td><td rowspan="2">LT/4-04</td></tr>
<tr><td>2 号供电所</td><td>LT/D-02</td><td>5 号供电所</td></tr>
<tr><td>3 号供电所</td><td>LT/D-03</td><td>6 号供电所</td><td>LT/D-05</td></tr>
</table>

LT/D 地区网格划分情况如图 2-24 所示。

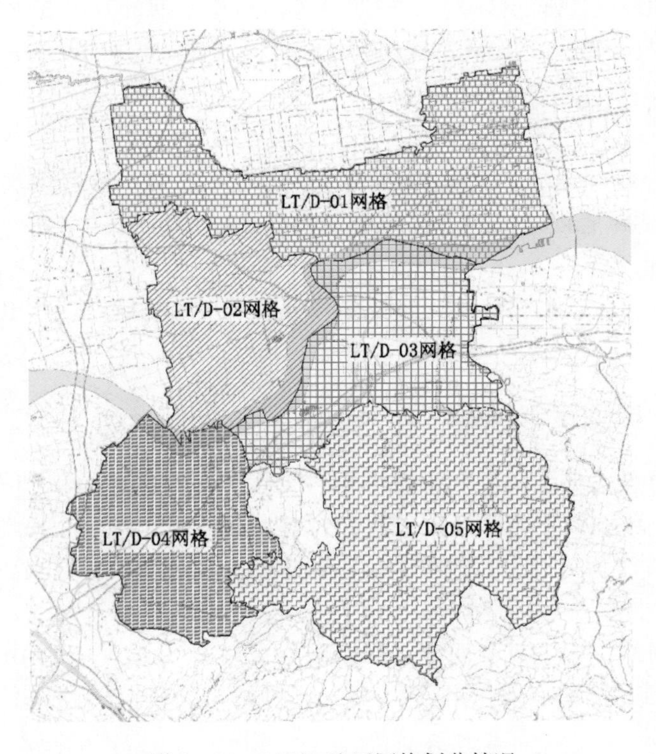

图 2-24　LT/D 地区网格划分情况

2.5 特殊地理地貌区域网格化网格（单元）划分解析

我国山区面积占全国总面积的三分之二以上，这部分区域地理地貌特殊，在对这类地区进行配电网规划中供电网格（单元）时，无法完全按照常规网格及单元的划分方法进行，因此针对这类特殊地区通常提出针对性的划分方法。本节选择地理地貌较为特殊的C类县城网供电区域，阐述电源布局、特殊地理地貌对网格划分的影响。

2.5.1 典型经验做法及评审要点

2.5.1.1 典型经验做法

对于地理地貌特殊的区域，在按照常规网格单元划分方法进行划分的同时，主要依据山川、河流、道路等特殊地貌并结合电源点分布来对其进行划分。

2.5.1.2 评审要点

（1）结合地理地貌：划分的网格（单元）结合当地特殊地理地貌，网格（单元）的边界结合当地山川、河流等，便于后续对网格（单元）内的电网进行规划和管理。

（2）供电范围：网格（单元）划分时考虑了规划区域内现状电源点的供电范围。

2.5.2 典型案例解析

以HD县作为典型案例介绍特殊地理地貌区域网格化分区体系构建方法，HD县供电区域类型化合示意图如图2-25所示。HD县C类供电区划分为1个供电网格（简称HD/C），本案例主要分析HD县C类供电区的单元划分依据。

HD/C网格位于HD县西部，网格面积为24.98km^2，扣除山体、河流等无效供电区后，网格有效供电面积为15.19km^2，HD/C网格区位如图2-26所示。

HD/C网格为HD县县城区，供电类型为C类，网格供电相对独立，与农网区域供电无交叉，城区现有3座变电站为其供电，10kV线路规模适中，所以将县城区划分为一个供电网格，划分结果较为合理。

HD/C 网格变电站分布情况如图 2-27 所示。

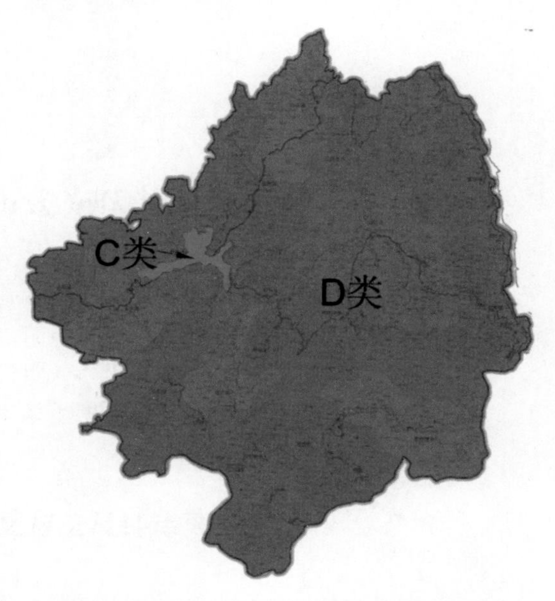

图 2-25 HD 县供电区域类型划分示意图

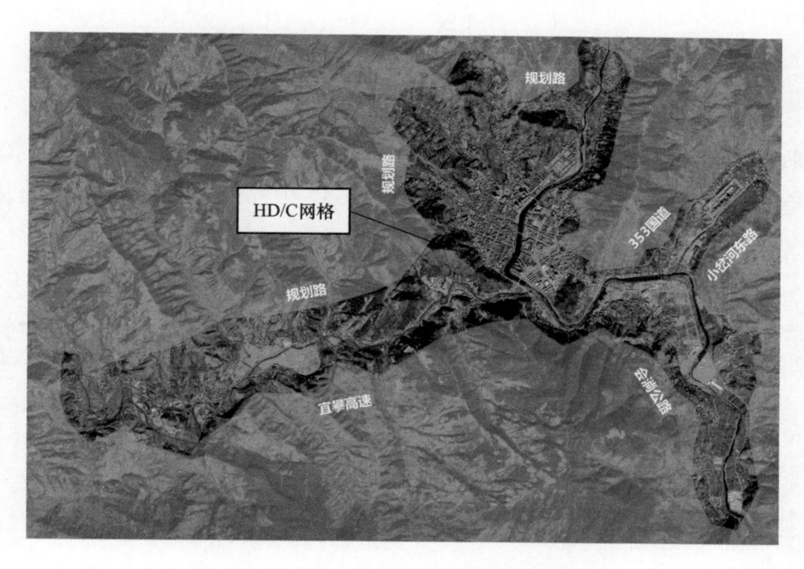

图 2-26 HD/C 网格区位示意图

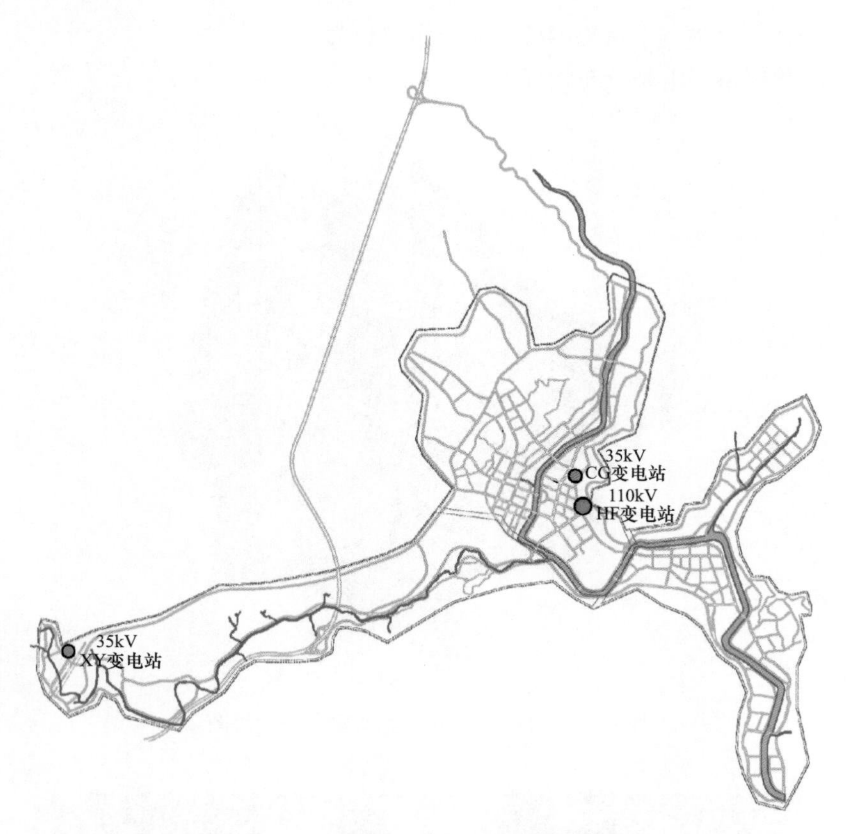

图 2-27 HD/C 网格变电站分布情况

根据 HD/C 网格各地块发展情况和网格内 110kV HF 变电站、35kV CG 变电站和 XY 变电站的线路主供电区域，并结合当地河流的走向可将本网格划分为 3 个供电单元，具体划分结果见表 2-7 和图 2-28。

表 2-7 HD/C 网格供电单元划分结果统计表

序号	供电单元名称	单元总面积（km^2）	有效供电面积（km^2）
1	HD/C-01	9.66	6.32
2	HD/C-02	8.11	3.96
3	HD/C-03	7.21	4.91
合计		24.98	15.19

HD/C 网格划分为 3 个单元较为合理。从现状电网来看，各单元供电独立，无交叉供电情况；从变电站布局来看，各单元均有两座变电站为其供电，

可以构建标准接线；从发展程度来看，1、2单元为老城区，发展较为成熟，3单元为新城区，处于发展建设区。

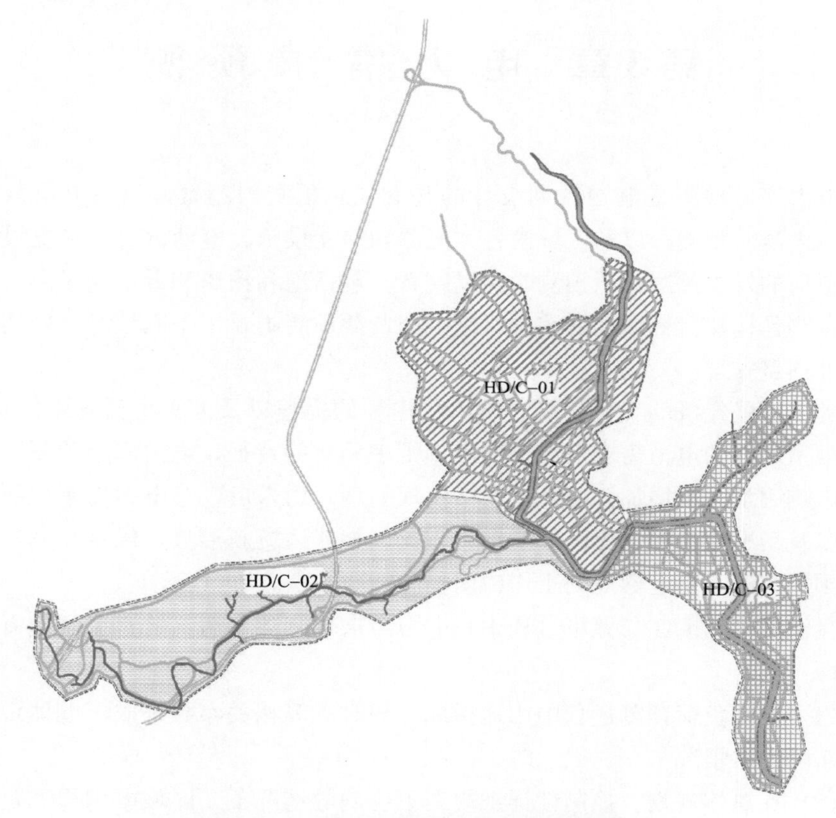

图2-28　HD/C网格供电单元划分情况

第3章 电力需求预测

电力需求预测是电网规划设计的基础，从预测内容看，包括电量需求预测、电力需求预测，以及区域内各类电源和储能设施、电动汽车充换电设施等新型负荷的发展预测；从预测时间尺度看，包括饱和预测和近中期预测，其中饱和预测是构建目标网架的基础，近中期负荷预测主要用于制订过渡网架方案和指导项目安排。

随着国民经济的飞速发展、城市化进程的提速以及人民生活水平的提升，不同类型地区的电力需求发展情况出现了多元化的特征，电力需求预测所需考虑的影响因素大幅增加。此外，网格化规划理念引入后，对电力需求预测的颗粒度以及精准性又提出更高的要求。因此，如何适应新形势，优化与完善电力需求预测方法，是电网规划工作中面临的问题之一。

在电网规划编制与评审过程中，电力需求预测环节遇到的常见问题有以下几方面：

（1）空间负荷预测过程中用地指标、同时率等相关参数选取不能体现规划区域实际发展情况。

（2）在总体规划、控制性详细规划不明确的情况下，区域电网饱和负荷预测方法选取不合理，供电网格（单元）饱和负荷预测不准确。

（3）分压网供负荷预测时主观因素较多、分区域预测结果颗粒度不够。

（4）新能源、多元负荷或电采暖等规模性接入时，常规负荷预测方法具有一定局限性，导致负荷预测结果及其分类准确性低。

本章将结合国民经济与电网建设发展的新形势，以问题为导向选取多个典型案例对上述遇到的常见问题予以处理。

3.1 空间负荷预测

本节主要阐述空间负荷预测的基本流程与方法，包括负荷特性分析、目标年负荷测算、负荷密度指标选取、同时率选取等多个环节，并提出利用配电变压器运行数据对空间负荷预测结果进行修正的方法，为不同需求的读者提供多样化选择。

3.1.1 预测方法及评审要点

3.1.1.1 空间负荷预测方法

采用空间负荷预测法对供电区域、供电网格及供电单元开展饱和年负荷预测。该方法能够确定饱和年负荷以及负荷空间分布，为变电站布点和线路走廊规划提供可靠数据支撑。Q/GDW 10738—2020《配电网规划设计技术导则》指出网格化规划区域应开展空间负荷预测，空间负荷预测应结合国土空间规划，通过分析规划水平年各地块的土地利用特征和发展规律，预测各地块负荷。空间负荷预测一般流程如图 3-1 所示。

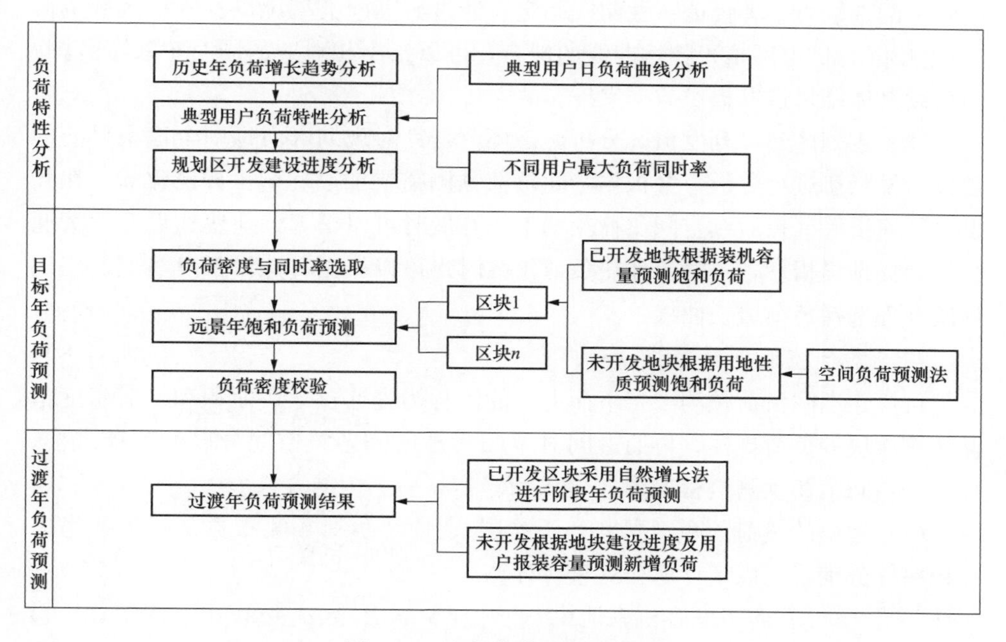

图 3-1 空间负荷预测流程图

对于具备控制性详细规划条件的供电网格（单元），主要采用依托市政规划的空间负荷密度法进行预测，一般用于城市地区、县城区、产业园区等供电网格（单元）的饱和负荷预测，具体环节如下。

1. 负荷特性分析

负荷特性分析是空间负荷预测工作的基础，是后续负荷密度指标选取以及过渡年负荷预测主要数据来源，直接影响空间负荷预测结果的精准性，其分析过程主要包含以下几个环节：

（1）历史年负荷增长趋势分析。该环节重点分析规划区历史负荷发展曲线，判断规划区负荷发展所处的阶段，进而分析在市政规划不发生大变化的前提下，规划区的负荷发展空间，为后续空间负荷预测选定基准。

（2）典型用户负荷特性分析。该环节重点调研规划区内所包含的不同类型用户负荷特性，包括单位负荷密度和负荷特性曲线，通过对规划区内同一类型多个用户的单位负荷密度采样，形成该类型用户负荷密度分布结果，为后续负荷密度指标选取打下基础。

Q/GDW 10738—2020《配电网规划设计技术导则》指出空间负荷预测中同时率的选取可参考负荷特性曲线确定，通过对不同类型用户及所在区域负荷（供电单元、供电网格）特性曲线的拟合，可以给出相对应的同时率参考范围，为后续具体结果选取提供数据支撑。

（3）规划区建设开发情况分析。该环节是针对规划区内每一个地块目前的建设开发状态进行分析，并根据空间负荷预测需要加以标记，如已建成、在开发、待建设等，在后续空间负荷预测工作开展时可以根据该地块建设开发情况合理选择预测指标，过渡年地块负荷预测时也可以根据其建设开发情况及用地性质合理选择负荷成长曲线。

2. 目标年空间负荷预测

目标年空间负荷预测“自下而上”的流程为先通过地块面积和负荷密度指标计算地块的负荷规模，再通过同时率归集至所需各级空间分区的负荷规模。目标年空间负荷预测流程如图 3-2 所示。

（1）地块的负荷预测（配电变压器层）。地块负荷预测根据是否需要考虑容积率，分别采用以下计算公式进行计算

$$\begin{cases} \text{需考虑容积率地块} \quad P_i = S_i \times R_i \times d_i \times W_i & (3-1) \\ \text{不需考虑容积率地块} \quad P_i = S_i \times D_i & (3-2) \end{cases}$$

式中 P_i——第 i 个单一用地性质地块的负荷，W；

S_i——第 i 个单一用地性质地块占地面积，m^2；

R_i——第 i 个单一用地性质地块的容积率；

D_i——第 i 个单一用地性质典型功能用户负荷指标，W/m^2；

W_i——典型用地性质地块需用系数；

D_i——第 i 个单一用地性质地块的典型功能地块负荷密度，MW/km^2。

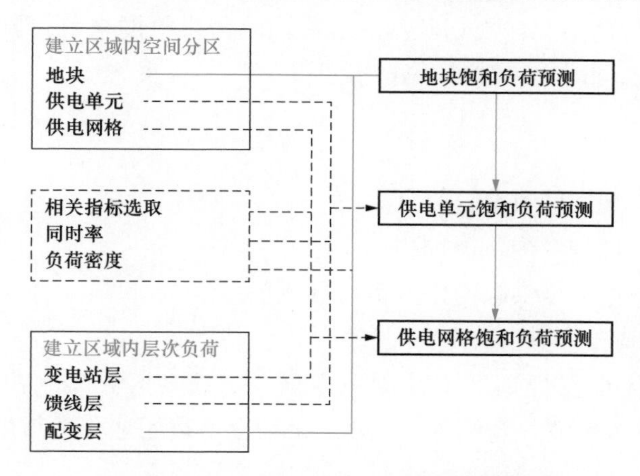

图 3-2 目标年空间负荷预测流程图

居住用地、公共管理与公共服务用地、商业设施用地等进行地块负荷预测时需考虑容积率，采用式（3-1）进行计算；其他类型用地不需考虑容积率，采用式（3-2）进行计算。

由此可分别进行供电单元负荷预测、供电网格负荷预测、供电区域负荷预测，以下分别描述供电单元、供电网格、供电区域的负荷预测方法。

（2）供电单元负荷预测（馈线层）。已有详细控制性规划，规划用地性质已知和分类占地面积均已知采用如下计算公式

$$P_{DY}=t_1\times\sum_{i=1}^{m}P_i$$

式中 P_{DY}——供电单元负荷；

m——供电单元内地块个数；

P_i——第 i 个地块的饱和负荷；

t_1——供电单元内地块之间同时率。

（3）供电网格负荷预测（变电站层）。供电网格负荷预测为考虑同时率后的供电单元负荷预测的累加，计算公式为

$$P_{WG}=\sum_{i=1}^{m}P_{DYi}\times t_2$$

式中 P_{WG}——供电网格负荷；

m——供电网格内供电单元的个数；

P_{DYi}——第 i 个供电单元的负荷预测值；

t_2——供电网格内供电单元间同时率。

规划区县负荷预测：规划区县的负荷预测为供电网格负荷预测累加，累加时一般不再考虑同时率，计算公式为

$$P_{GQ}=\sum_{i=1}^{m}P_{WGi}$$

式中 P_{GQ}——规划区负荷；

m——规划区内供电网格的个数；

P_{WGi}——第 i 个供电网格的负荷预测值。

3. 负荷分类及负荷密度选取

负荷分类应根据规划区市政用地规划，对规划区典型用户负荷进行分类（如居住、商业、工业、仓储等），表 3-1 为《城市用地分类与规划建设用地标准（2012 年版）》。

表 3-1　城市用地分类与规划建设用地标准（2012 年版）

<table>
<tr><th colspan="4">用地名称</th><th>指标说明</th></tr>
<tr><td rowspan="3">R</td><td rowspan="3">居住用地</td><td>R1</td><td>一类居住用地</td><td>公用设施、交通设施和公共服务设施齐全、布局完整、环境良好的低层住区用地</td></tr>
<tr><td>R2</td><td>二类居住用地</td><td>公用设施、交通设施和公共服务设施较齐全、布局较完整、环境良好的多、中、高层住区用地</td></tr>
<tr><td>R3</td><td>三类居住用地</td><td>公用设施、交通设施不齐全，公共服务设施较欠缺，环境较差，需要加以改造的简陋住区用地，包括危房、棚户区、临时住宅等用地</td></tr>
<tr><td rowspan="9">A</td><td rowspan="9">公共管理与公共服务用地</td><td>A1</td><td>行政办公用地</td><td>党政机关、社会团体、事业单元等机构及其相关设施用地</td></tr>
<tr><td>A2</td><td>文化设施用地</td><td>图书、展览等公共文化活动设施用地</td></tr>
<tr><td>A3</td><td>教育用地</td><td>高等院校、中等专业学校、中学、小学、科研事业单元等用地，包括为学校配建的独立地段的学生生活用地</td></tr>
<tr><td>A4</td><td>体育用地</td><td>体育场馆和体育训练基地等用地，不包括学校等机构专用的体育设施用地</td></tr>
<tr><td>A5</td><td>医疗卫生用地</td><td>医疗、保健、卫生、防疫、康复和急救设施等用地</td></tr>
<tr><td>A6</td><td>社会福利设施用地</td><td>为社会提供福利和慈善服务的设施及其附属设施用地，包括福利院、养老院、孤儿院等用地</td></tr>
<tr><td>A7</td><td>文物古迹用地</td><td>具有历史、艺术、科学价值且没有其他使用功能的建筑物、构筑物、遗址、墓葬等用地</td></tr>
<tr><td>A8</td><td>外事用地</td><td>外国驻华使馆、领事馆、国际机构及其生活设施等</td></tr>
<tr><td>A9</td><td>宗教设施用地</td><td>宗教活动场所用地</td></tr>
</table>

续表

用地名称				指标说明
B	商业设施用地	B1	商业设施用地	各类商业经营活动及餐饮、旅馆等服务业用地
		B2	商务设施用地	金融、保险、证券、新闻出版、文艺团体等综合性办公用地
		B3	娱乐康体用地	各类娱乐、康体等设施用地
		B4	公用设施营业网点用地	零售加油、加气、电信、邮政等公用设施营业网点用地
		B9	其他服务设施用地	业余学校、民营培训机构、私人诊所、宠物医院等其他服务设施用地
M	工业用地	M1	一类工业用地	对居住和公共环境基本无干扰、污染和安全隐患的工业用地
		M2	二类工业用地	对居住和公共环境有一定干扰、污染和安全隐患的工业用地
		M3	三类工业用地	对居住和公共环境有严重干扰、污染和安全隐患的工业用地
W	仓储用地	W1	一类物流仓储用地	对居住和公共环境基本无干扰、污染和安全隐患的物流仓储用地
		W2	二类物流仓储用地	对居住和公共环境有一定干扰、污染和安全隐患的物流仓储用地
		W3	三类物流仓储用地	存放易燃、易爆和剧毒等危险品的专用仓库用地
S	交通设施用地	S1	城市道路用地	快速路、主干路、次干路和支路用地，包括其交叉路口用地，不包括居住用地、工业用地等内部配建的道路用地
		S2	轨道交通线路用地	轨道交通地面以上部分的线路用地
		S3	综合交通枢纽用地	铁路客货运站、公路长途客货运站、港口客运码头、公交枢纽及其附属用地
		S4	交通场站用地	静态交通设施用地，不包括交通指挥中心、交通队用地
		S9	其他交通设施用地	除以上之外的交通设施用地，包括教练场等用地
U	公用设施用地	U1	供应设施用地	供水、供电、供燃气和供热等设施用地
		U2	环境设施用地	雨水、污水、固体废物处理和环境保护等的公用设施及其附属设施用地
		U3	安全设施用地	消防、防洪等保卫城市安全的公用设施及其附属设施用地
		U9	其他公用设施用地	除以上之外的公用设施用地，包括施工、养护、维修设施等用地

续表

用地名称				指标说明
G	绿地	G1	公共绿地	向公众开放，以游憩为主要功能，兼具生态、美化、防灾等作用的绿地
		G2	防护绿地	城市中具有卫生、隔离和安全防护功能的绿地，包括卫生隔离带、道路防护绿地、城市高压走廊绿带等
		G3	广场用地	以硬质铺装为主的城市公共活动场地

结合表3-1所述的负荷特性分析结果，在典型用户负荷密度分布中选取适合本次预测的负荷密度指标，本书给出国内相关规划导则或规程以及浙江、江苏等省市的各类用地负荷密度指标，分别如表3-2～表3-4所示，可根据自身实际情况进行选取。

表3-2　DL/T 5542—2018《配电网规划设计规程》中负荷密度指标

用地名称				负荷密度（W/m^2）	需用系数（%）
R	居住用地	R1	一类居住用地	25	35
		R2	二类居住用地	15	25
		R3	三类居住用地	10	15
C	公共设施用地	C1	行政办公用地	50	65
		C2	商业金融用地	60	85
		C3	文化娱乐用地	40	55
		C4	体育用地	20	40
		C5	医疗卫生用地	40	50
		C6	教育科研用地	20	40
		C9	其他公共设施	25	45
M	工业用地	M1	一类工业用地	20	65
		M2	二类工业用地	30	45
		M3	三类工业用地	45	30
W	仓储用地	W1	普通仓储用地	5	10
		W2	危险品仓储用地	10	15
S	道路广场用地	S1	道路用地	2	2
		S2	广场用地	2	2
		S3	公共停车场	2	2
U	市政设施用地	—	—	30	40

续表

用地名称				负荷密度（W/m²）	需用系数（%）
T	对外交通用地	T1	铁路用地	2	2
		T2	公路用地	2	2
		T23	长途客运站	2	2
G	绿地	G1	公共绿地	1	1
		G21	生产绿地	1	1
		G22	防护绿地	0	0
E	河流水域	—	—	0	0

表3-3 GB/T 50293—2014《城市电力规划规范》中负荷密度指标

用地名称		单位建设用地负荷指标（MW/km²）
R	居住用地	10～40
A	公共管理与公共服务用地	30～80
B	商业设施用地	40～120
M	工业用地	20～80
W	仓储用地	2～4
S	交通设施用地	1.5～3
U	公用设施用地	15～25
G	绿地	1～3

表3-4 沿海发达省份负荷密度指标调研结果

用地名称			A省指标（MW/km²）			B省指标（MW/km²）
			低方案	中方案	高方案	
R	R1	一类居住用地	25	30	35	10～40
	R2	二类居住用地	15	20	25	
	R3	三类居住用地	10	12	15	
A	A1	行政办公用地	35	45	55	30～80
	A2	文化设施用地	40	50	55	
	A3	教育用地	20	30	40	
	A4	体育用地	20	30	40	
	A5	医疗卫生用地	40	45	50	
	A6	社会福利设施用地	25	35	45	
	A7	文物古迹用地	25	35	45	

续表

用地名称			A省指标（MW/km^2）			B省指标（MW/km^2）
			低方案	中方案	高方案	
A	A8	外事用地	25	35	45	30～80
	A9	宗教设施用地	25	35	45	
B	B1	商业设施用地	50	70	85	40～120
	B2	商务设施用地	50	70	85	
	B3	娱乐康体用地	50	70	85	
	B4	公用设施营业网点用地	25	35	45	
	B9	其他服务设施用地	25	35	45	
M	M1	一类工业用地	45	55	70	20～80
	M2	二类工业用地	40	50	60	
	M3	三类工业用地	40	50	60	
W	W1	一类物流仓储用地	5	12	20	2～4
	W2	二类物流仓储用地	5	12	20	
	W3	三类物流仓储用地	10	15	20	
S	S1	城市道路用地	2	3	5	1.5～3
	S2	轨道交通线路用地	2	2	2	
	S3	综合交通枢纽用地	40	50	60	
	S4	交通场站用地	2	5	8	
	S9	其他交通设施用地	2	2	2	
U	U1	供应设施用地	30	35	40	15～25
	U2	环境设施用地	30	35	40	
	U3	安全设施用地	30	35	40	
	U9	其他公用设施用地	30	35	40	
G	G1	公共绿地	1	1	1	1～3
	G2	防护绿地	1	1	1	
	G3	广场用地	2	3	5	

4. 同时率选取

在电力系统中，负荷的最大值之和总是大于和的最大值，这是由于整个电力系统的用户，每个用户不大可能在同一个时刻达到用电量的最大值，反映这一不等关系的系数就被称为同时率。也就是说，同时率是电力系统综合最高负荷与电力系统各组成单位的绝对最高负荷之和的比率，公式为

$$同时率(\%)=\frac{电力系统最高负荷(kW)}{\sum 电力系统各组成单位的绝对最高负荷(kW)}\times 100\%$$

在空间负荷预测中应考虑供电单元内地块之间同时率（t_1）、供电网格内供电单元间同时率（t_2）。

供电单元内地块之间同时率

$$t_1(\%)=\frac{供电单元最大负荷(MW)}{\sum 地块最大负荷(MW)}\times 100\%$$

供电单元同时率取值一般为0.75～0.95。

供电网格内供电单元间同时率

$$t_2(\%)=\frac{网格最大负荷(MW)}{\sum 供电单元(MW)}\times 100\%$$

同时率选取可参考规划区内各类用户负荷曲线拟合结果，表3-5所示为两种主要负荷占比不同时，尤其所构成的供电单元或供电网格同时率参考值，实际预测中可以对比拟合结果选用。

表3-5　两种主要负荷特性同时率选取推荐表

项目	工业	居民	同时率	项目	工业	商业	同时率
所占比例	50%	50%	0.8260	所占比例	50%	50%	0.8976
	33%	67%	0.7451		33%	67%	0.8447
	25%	75%	0.7419		25%	75%	0.8309
	67%	33%	0.8646		67%	33%	0.9331
	75%	25%	0.8696		75%	25%	0.9234
项目	工业	行政办公	同时率	项目	居民	商业	同时率
所占比例	50%	50%	0.9029	所占比例	50%	50%	0.8818
	33%	67%	0.9005		33%	67%	0.8793
	25%	75%	0.9048		25%	75%	0.8507
	67%	33%	0.8986		67%	33%	0.8892
	75%	25%	0.8931		75%	25%	0.8954
项目	居民	行政办公	同时率	项目	商业	行政办公	同时率
所占比例	50%	50%	0.6909	所占比例	50%	50%	0.8875
	33%	67%	0.7257		33%	67%	0.9004
	25%	75%	0.7523		25%	75%	0.8844
	67%	33%	0.7741		67%	33%	0.9719
	75%	25%	0.8340		75%	25%	0.8701

5. 过渡年负荷预测

利用空间负荷预测结果对过渡年负荷预测进行回推，可利用负荷成长曲线根据区域发展程度不同差异化展开，其中在供电网格（单元）具备历史用电负荷，且近期点负荷增长明确时，可采用“自然增长＋S形曲线”法进行预测；对于有控制性详细规划的空白供电网格（单元），一般可在饱和负荷预测的基础上，结合各地块的建设开发时序，采用S形曲线法进行预测。

6. 目标年预测结果优化

根据预测流程与方法可知，负荷密度指标选取对空间负荷预测结果影响较大，预测过程中虽对地区负荷密度发展水平及典型用户负荷特性进行深入分析，以提升负荷密度指标对规划区的适用性，但同一规划区内同类用地性质用户负荷密度指标的差异性仍然存在，采用同一指标进行预测时局部地区预测结果仍会出现较大偏差，对后续地块、单元内供电设备规模配置、线路供电范围选取都会产生一定影响，具体体现在以下两个方面：

第一，部分发展成熟地区地块目标年空间负荷预测结果明显高于地块现状负荷水平，如果用该地块现有配电变压器容量测算，其负载率将处于一个较高水平或过载状态，而这类地块一般已经建成多年，负荷发展已经进入稳定期，预测结果与现实情况有明显差别，这类情况多出现在居住类用地的空间负荷预测结果上。

究其原因，现有负荷密度指标选取主要来自现状调研数据和经验数据，通过专家干预的方式选定，现状调研数据多来自一些入住率高、发展成熟、人气较为旺盛的住宅小区，负荷密度处于该区域同类用地的较高水平，预测中虽考虑一定程度的区域差异进行数据处理，但仍无法全面考虑同类用户间的差异性，较高的负荷预测结果对区域电力资源配置无法起到有效的指导作用。

第二，部分商业、办公、工业类地块空间负荷预测结果明显低于现状用户用电负荷，这类用户受自身定位、开发强度、周边环境等影响，表现出与同类其他用户的明显差异，统一的负荷密度指标选取无法兼顾该类需求，造成预测结果的准确性降低。

上述问题主要出现在发展成熟的城市建成区，这类地区同时受到电力设施空间资源紧缺的影响，电网建设改造多以目标年负荷水平一次建设改造到位，因此对空间负荷预测结果准确度需求较高，但以地块为单位差异化地进行负荷密度指标选取在实际空间负荷预测开展过程中无法有效进行，因此需要在空间负荷预测结果校核环节，增加对地块负荷预测结果的单独校核，以提高空间负荷预测的准确性。

对于上述问题可以通过以下方法优化负荷预测结果：

（1）在现状负荷特性分析环节对每个地块建设开发情况进行分析，对其今后发展情况按照成熟程度进行归类。

（2）将空间负荷预测所用到的土地利用规划图与现状中压地理接线图相关联，获取为每个地块供电的中压配电变压器信息（包括名称、容量、投运年限），形成地块供电清单。

（3）通过电力部门获取规划区配电变压器运行相关信息，一般为近三年配电变压器年最大负荷，将其与地块供电清单关联。

（4）将预测结果与现状地块配电变压器运行情况进行对比，筛选出预测结果与现状差异较大的异常地块，结合地块开发程度判断是否需要修正，形成预测异常地块清单。

（5）修正异常预测结果，同步修正规划区供电网格、供电单元预测结果，以提升预测结果的准确性。

由于空间负荷预测所涉及的数据量较大，人工完成上述环节较为困难，可以采用图形识别和数据挖掘工具实现批量数据处理。

3.1.1.2 评审要点

（1）根据 Q/GDW 10738—2020《配电网规划设计技术导则》要求，空间负荷预测应符合下列规定

1）结合控制性详细规划，通过分析规划水平年各地块的土地利用特征和发展规律，预测各地块负荷。

2）对相邻地块进行合并，逐级计算供电单元、供电网格及规划区域的负荷，同时率可参考负荷特性曲线确定。

3）采用其他方法对规划区域总负荷进行预测，与空间负荷预测结果相互校核，确定规划区总负荷的推荐方案，并修正各地块、供电单元、供电网格负荷。

（2）负荷预测应分析综合能源系统耦合互补特性、需求侧响应应引起的用户终端用电方式变化和负荷特性变化，并考虑各类电源以及电动汽车、储能装置等新型负荷接入对预测结果的影响。

（3）负荷预测的基础数据一般包括经济社会发展规划和国土空间规划数据、自然气候数据、重大项目建设情况、上级电网规划对本规划区域的负荷预测结果、历史年负荷和电量数据等。配电网规划应积累和采用规范的负荷及电

量历史系列数据，作为预测依据。

（4）使用差异化空间负荷预测方法，对远景年负荷预测结果进行调整时，一般结合客户实际报装的负荷，并与当地控制性详细规划预测的负荷进行对照，最后调整为适合当地电网发展的负荷预测结果。

3.1.2 典型案例解析

3.1.2.1 供电网格基本情况

选取某B类供电区网格（简称TB网格），进行空间负荷预测案例展示。TB网格位于KEL市老城区东部，由TSQ路、BH路、KQ河、HM路北侧（总体规划城区边界）合围区域组成，面积12.68km^2，有效供电面积12.25km^2。现状主要用地性质为居住用地、商业用地、物流仓储用地，2020年最大负荷为75.31MW，负荷密度为6.15MW/km^2。

3.1.2.2 负荷特性分析

根据TB网格建设发展现状情况，结合对该区域人口流动、经济发展的分析可知，2015—2020年该网格负荷年均增长率约为4.34%，其中2015—2018年负荷年均增长率为5.92%，2018—2020年负荷年均增长率为1.98%。网格中部、南部地区发展基本成熟，负荷增长空间有限，北部城市拓展区还有一定负荷上升空间。

根据调研区域内不同类型用户典型日负荷曲线如图3-3所示。

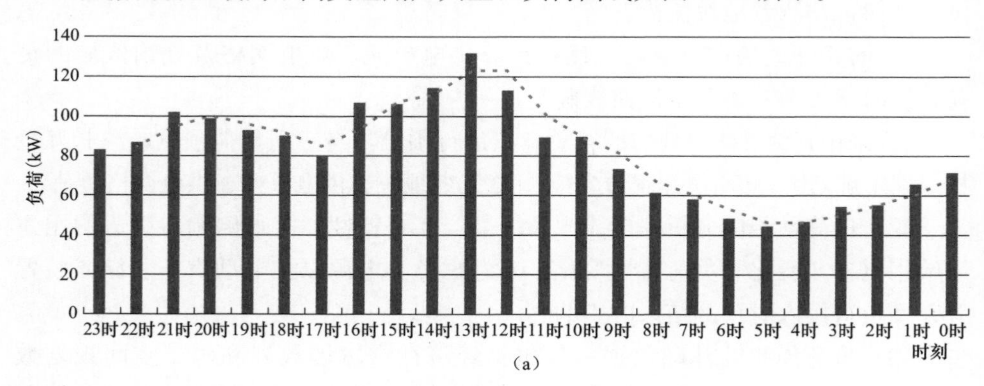

图3-3 典型用户日负荷曲线示意图（一）

（a）居住用户日负荷曲线

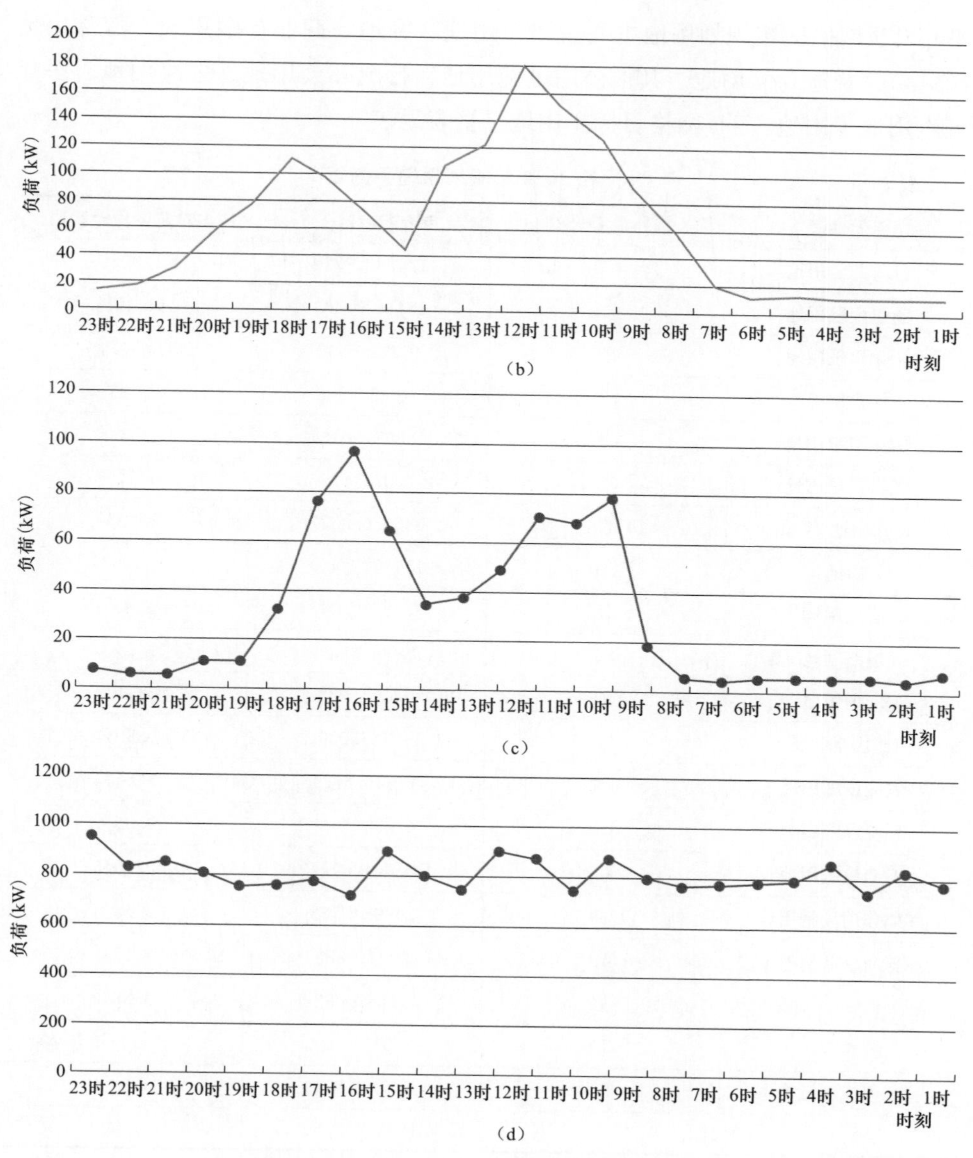

图 3-3 典型用户日负荷曲线示意图(二)

(b)商业用户日负荷曲线;(c)办公用户日负荷曲线;(d)物流仓储用户日负荷曲线

3.1.2.3 土地利用规划及用户负荷分类

根据《KEL 市城市总体规划》(2020—2035 年)城区用地规划图,规划水平年 TB 网格区域规划用地主要为居住用地、绿地、商业金融用地、特殊用地（军事）、普通仓储用地、其他公用设施用地、行政办公用地、公路用地、医疗卫生用地等用地。TB 网格目标年用地平衡表见表 3-6。

表 3-6　TB 网格 2030 年规划用地平衡表

用地性质	用地性质代码	用地面积（m^2）	占总建设用地比例
行政办公用地	C1	126223.3729	1.00%
商业金融用地	C2	1541493.406	12.16%
文化娱乐用地	C3	43643.6836	0.34%
体育用地	C4	51268.9308	0.40%
医疗卫生用地	C5	168671.0164	1.33%
教育科研用地	C6	79374.529	0.63%
特殊用地-军事	D	685036.3557	5.40%
绿地	G1	1773947.444	13.99%
居住用地	R	5378074.243	42.41%
道路用地	S1	1190013.26	9.38%
广场用地	S2	14117.038	0.11%
公共停车场	S3	112354.0309	0.89%
供应设施用地	U1	81346.6024	0.64%
环境设施用地	U2	47558.4041	0.38%
安全设施用地	U3	25004.6974	0.20%
其他公用设施用地	U9	269084.356	2.12%
普通仓储用地	W1	529375.8831	4.17%
铁路	T1	111587.0927	0.88%
公路用地	T2	22017.3914	0.17%
河流水域	E1	430100.9219	3.39%
总计		12680292.66	100.00%

3.1.2.4 负荷密度指标选取

本次 TB 网格饱和负荷预测负荷密度指标选取主要参照 GBT 50293—2014《城市电力规划规范》、DL/T 5542—2018《配电网规划设计规程》相关规定，同时结合现状调研情况适度调整得到，具体见表 3-7。

表3-7 TB网格负荷分类及指标选取

用地分类	用地代号	最终建筑负荷指标（W/m^2）		
		低方案	中方案	高方案
行政办公用地	C1	35	40	55
商业金融用地	C21	50	65	75
商业市场用地	C25/C26	15	20	25
文化娱乐用地	C3	30	40	50
体育用地	C4	15	20	25
医疗卫生用地	C5	30	40	50
教育科研用地	C6	15	20	25
其他公共设施	C9	20	25	30
特殊用地—军事	D	3	5	8
绿地	G1	1	1	1
居住用地	R	15	20	25
道路用地	S1	1	2	3
广场用地	S2	1	2	3
公共停车场	S3	1	2	3
供应设施用地	U1	30	35	40
环境设施用地	U2	30	35	40
安全设施用地	U3	30	35	40
其他公用设施用地	U9	30	35	40
普通仓储用地	W1	5	12	20
铁路	T1	1.5	2	2.5
公路用地	T2	1.5	2	2.5
河流水域	E1	0	0	0

3.1.2.5 同时率选择

根据表3-6所示TB网格2035年规划用地平衡表，规划占地最多的分别为居住用地（42.41%）、绿地（13.99%）、商业金融用地（12.16%）、道路用地（9.38%）、特殊用地（5.4%）、仓储用地（4.17%）、行政办公（1.00%），结合表3-7，居民、商业占比分别为75%、25%时，同时率参考值取0.8954；此外考虑到本网格区域其他用地性质（如绿地、特殊用地等）占比较多。综合考虑，TB网格同时率选取0.85。

3.1.2.6 饱和负荷预测结果

到饱和年，TB网格最大负荷在89.85～136.14MW，选取中方案为预测结果，中方案预测结果为113.05MW，平均负荷密度为9.23MW/km²，达到B类供电区标准。其中03单元、04单元为核心商业区，用户负荷集中，负荷密度达到A类供区标准，具体结果如表3-8所示。

表3-8　　TB网格饱和负荷预测结果

序号	单元名称	网格面积（km²）	网格有效面积	负荷预测结果（MW）			负荷密度（MW/km²）		
				低方案	中方案	高方案	低方案	中方案	高方案
1	XJ-KEL-LC-TB-001-J1/B2	4.73	4.53	26.73	33.76	40.76	5.90	7.45	9.00
2	XJ-KEL-LC-TB-002-J1/B1	3.46	3.31	23.86	30.09	36.30	7.21	9.09	10.97
3	XJ-KEL-LC-TB-003-J1/B1	1.64	1.6	20.32	25.53	30.71	12.70	15.96	19.20
4	XJ-KEL-LC-TB-004-J1/B1	1.17	1.15	15.41	19.22	23.01	13.40	16.71	20.01
5	XJ-KEL-LC-TB-005-J1/B2	1.68	1.66	19.39	24.40	29.38	11.68	14.70	17.70
合计值（考虑同时率为0.85）		12.68	12.25	89.85	113.05	136.14	7.33	9.23	11.11

3.1.2.7 预测结果局部优化

将TB网格298个信息与现状用电信息进行数据关联，将其空间负荷预测结果与现状配电变压器运行数据进行对比分析后发现，有如下异常预测结果：

（1）有13个居住地块空间负荷预测结果偏大，其中5个地块预测结果高于现状小区报装容量，经查上述小区均为建成超过8年的成熟小区，连续三年小区配电变压器负荷监控系统所获取的负荷值均未发现明显增长，对上述地块空间负荷预测结果按照现有负荷水平进行修正。

（2）有2个商业地块、3个工业地块空间负荷预测结果小于现状地块负荷，经查两个商业地块开发商均未引入天然气管道，整个商业体用能均为电力提供，商业体内有大量餐饮用户以及露天夜市，用电水平明显高于市区内同等规模其他商业体；3个工业地块用户为该市联通和电信的数据中心，用电水平明显高于同一工业区内其他用户，因此对上述地块负荷预测结果结合现有负荷水平进行修正。

经修正后TB网格目标年空间负荷预测结果在91.33～137.25MW，选取中方案为预测结果，中方案预测结果为115.22MW，平均负荷密度为9.41MW/km^2。

3.1.2.8 预测结果校验

完成TB网格负荷预测之后，选取国内几个行政级别相同、发展定位相近城市的同类负荷区域进行负荷密度调研。从各个地区负荷密度与TB网格负荷密度对比结果来看，TB网格饱和年负荷预测结果基本符合城市定位发展，TB网格负荷密度校验结果示意见表3-9。

表3-9 TB网格负荷密度校验结果

城市	规划区名称	饱和负荷（MW）	规划用地面积（km^2）	负荷密度（MW/km^2）
天水	秦州区城区	149.93	23.5	6.38
宝鸡	金台区城区	300.49	39.8	7.55
周口	川汇区城区	298.046	42.7	6.98
嘉兴	滨海新区	1370.25	227	6.04
长沙	湘江新区	3200	490	6.53
淮南	山南新区	768.03	98	7.84
无锡	高新区	1800	220	8.18
石家庄	正定新区	1460	135	10.81

3.2 总体规划、控制性详细规划不明确情况下的饱和负荷预测

对于一些无详细总体规划和控制性详细规划的区域，无法使用空间负荷预测法进行负荷预测，但电力负荷预测结果直接影响到电网规划中对于电力系统及电网建设的投资建设规模。因此，对于一些总体规划、控制性详细规划不明确区域，如何根据区域内用电性质，结合相同类型区域用电规律，合理选择负荷预测方法进行饱和负荷预测，已经成为电网规划中的一个重要关注点。

3.2.1 预测方法及评审要点

3.2.1.1 总体规划、控制性详细规划不明确情况下的饱和负荷预测方法

3.2.1.1.1 远期负荷预测

总体规划、控制性详细规划不明确区域的供电网格（单元）通常采用户均容量法、“人均综合用电量$+T_{max}$”法进行饱和负荷预测。

1. 户均容量法

户均容量法属于综合单位指标法的范畴，它是一种“自下而上”的预测方法，一般用于总体规划、控制性详细规划不明确区域的饱和负荷预测。

根据配电变压器类型划分，户均容量法需要对居民生活用电负荷（公用配电变压器负荷）和生产用电负荷（专用配电变压器负荷）分别预测

居民生活用电负荷=居民生活户均容量×公用配电变压器综合负载率

生产用电负荷=生产用电户均容量×专用配电变压器综合负载率

户均容量选取推荐见表 3-10。

表 3-10 户均容量选取推荐表

分类		居民生活用电负荷预测		生产用电负荷预测	
		居民生活用电户均容量（kVA/户）	公用配电变压器综合负载率	生产用电户均容量（根据产业特点进行选取）（kVA/户）	专用配电变压器综合负载率
非煤改电乡镇	中心镇	4～6	30%～40%	0～3	40%～50%
	一般镇	3～5	30%～40%		40%～50%
煤改电乡镇	中心镇	6～8	30%～40%		40%～50%
	一般镇	5～7	30%～40%		40%～50%

2. 人均综合用电量$+T_{max}$法

由于用电量与GDP呈正相关，可以根据人均用电量来判断经济发展阶段。研究发现发达国家在进入发达经济阶段后，人均用电量增速减缓，甚至出现负增长，呈现用电饱和的状态，可根据人均综合用电量，结合最大负荷利用小时数进行饱和年负荷预测。

（1）供电网格（单元）的饱和年用电量预测。人均综合用电量法是根据地区常住人口和人均综合用电量来推算地区总的年用电量，可按下式计算

$$W = P \times D$$

式中 W——用电量，kWh；

P——人口，人；

D——年人均综合用电量，kWh/人。

年人均综合用电量指标选取可参考GB 50293《城市电力规划规范》。规划人均综合用电量指标见表3-11。

表3-11 规划人均综合用电量指标表

城市用电水平分类	人均综合用电量［kWh/（人·年）］	
	现状	规划
用电水平较高城市	4501～6000	8000～10000
用电水平中上城市	3001～4500	5000～8000
用电水平中等城市	1501～3000	3000～5000
用电水平较低城市	701～1500	1500～3000

我国用电水平较高的城市，多为以石油煤炭、化工、钢铁、原材料加工为主的重工业型、能源型城市。而用电水平较低的城市，多为人口多、经济不发达、能源资源贫乏的城市，或为电能供应条件差的边远山区。人口多、经济较发达的直辖市、省会城市及地区中心城市的人均综合用电量水平则处于全国的中等或中上等用电水平。

（2）供电网格（单元）的饱和年负荷预测。在已知未来年份电量预测值的情况下，可利用最大负荷利用小时数计算该年度的年最大负荷预测值，可按下式计算

$$P_t = W_t / T_{max}$$

式中 P_t——预测年份 t 的年最大负荷，MW；

W_t——预测年份 t 的年电量，MWh；

T_{max}——预测年份 t 的年最大负荷利用小时数，h。

其中远期最大负荷利用小时数可根据历史数据采用外推方法或其他方法得到。

3.2.1.1.2 近期负荷预测

具备现状电网的供电网格（单元）通常采用“自然增长率＋S形曲线”法进行近期负荷预测，可参考以下步骤：

（1）确定最大负荷日。通过查询规划区域基准年负荷曲线，得出区域最大

负荷，同时记录最大负荷出现的时刻。

（2）统计供电单元现状负荷。对供电单元内 10kV 线路的典型日负荷求和，得到供电单元现状负荷。若 10kV 线路有跨单元供电的现象，可用该条 10kV 线路在本单元内的配电变压器容量占该条线路配电变压器总容量的比例乘以该线路的负荷，估算该条线路在本供电单元内的负荷。

（3）选取自然增长率，计算自然增长部分负荷。采用同样的方法，计算供电单元的历史年负荷，计算其历史年增长率，并结合经济形势变化，选取今后逐年的自然增长率，据此得到自然增长部分的负荷预测值。

（4）收集负荷增长资料。积极主动、多渠道了解用户报装情况、意向用电情况及当地招商引资、土地开发等经济发展情况，以准确掌握近期负荷变化；分类别（工业、居住等）、分年份统计正式报装容量以及意向用电资料。

（5）采用 S 形曲线法进行逐个新增用户负荷预测（见图 3－4）。

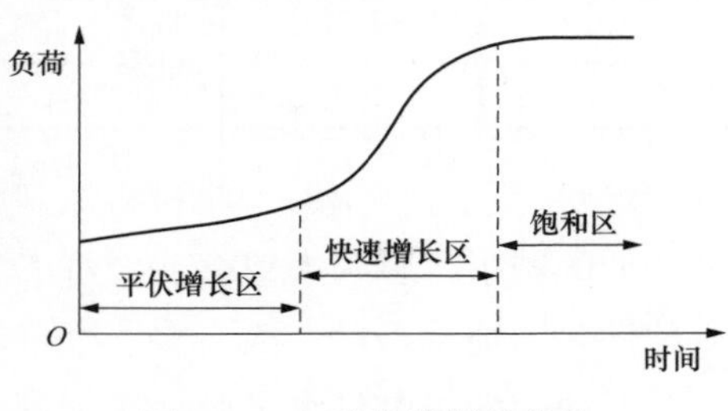

图 3－4　S 形曲线增长趋势

根据用户性质选取典型配电变压器负载率，乘以用户报装容量，得到用户的饱和负荷，之后根据用户建成投产时间，采用 S 形曲线法预测中间年的负荷。

S 形曲线法数学模型如下

$$Y=\frac{1}{1+A\times e^{(1-t)}}$$

式中　Y——第 t 年的负荷成熟程度系数，即第 t 年最大负荷与稳定负荷的比值；

A——S 形曲线增长系数；

t——距离现状年的年数。

S 形曲线负荷增长曲线中参数见表 3－12。

表 3－12　S 形曲线负荷增长曲线中参数

A 值 / 年份	0.25	0.7	2	5	14	36
1	0.80	0.59	0.33	0.17	0.07	0.03
2	0.92	0.80	0.58	0.35	0.16	0.07
3	0.97	0.91	0.79	0.60	0.35	0.17

续表

A 值 / 年份	0.25	0.7	2	5	14	36
4	0.99	0.97	0.91	0.80	0.59	0.36
5	1.00	0.99	0.96	0.92	0.80	0.60
6	1.00	1.00	0.99	0.97	0.91	0.80
7	1.00	1.00	1.00	0.99	0.97	0.92
8	1.00	1.00	1.00	1.00	0.99	0.97
9	1.00	1.00	1.00	1.00	1.00	0.99
10	1.00	1.00	1.00	1.00	1.00	1.00
增长到80%的年限	1	2	3	4	5	6

S形曲线增长系数A值取值：一般工业取0.25，竣工后第一年即增长到远景负荷的80%。商业取0.7，竣工后第二年增长到远景负荷的80%。区位好的住宅小区取2，竣工第三年增长到远景负荷的80%。区位差的住宅小区取5，竣工后第四年达到远景负荷的80%。

（6）将自然增长负荷与新增用户负荷相加，得到供电单元总体负荷预测结果。

3.2.1.2 评审要点

（1）预测方法：面对不同规划区域选择的负荷预测方法是否与当地电网相适应，使用此种方法进行负荷预测产生的预测结果是否偏差过大。

（2）结合现状：在进行负荷预测计算过程中是否参照规划区社会经济发展现状及历史年发展数据，计算出的饱和年负荷是否和规划区电网发展相匹配。

3.2.2 典型案例解析

以某D类区域GY网格为例介绍总体规划、控制性详细规划不明确区域如何进行负荷预测。

GY网格内无用地规划，可采用户均容量法进行预测，根据历史数据可知，网格内远景年人口为15.5万人。其中，GY－1单元7.32万人，GY－2单元4.58万人，以每户4人进行估算，共有2.98万户。

结合网格内现状农村户均容量，考虑未来年居民负荷随经济增长情况，以及乡镇定位，GY－1单元作为中心镇，取远景年户均容量6kVA/户，GY－2单元为一般乡镇，取远景年户均容量为4kVA/户，两个单元的配电变压器平均负载率均按照 30%考虑。

经计算，远景年网格内负荷约为 46.68MW，其中，GY－1 单元为 32.94MW，GY－2 单元为 13.74MW。GY 网格远期负荷预测结果见表 3－13。

表 3－13　GY 网格远期负荷预测结果

单元名称	人口（万人）	户数（万户）	户均容量（kVA/户）	配电变压器总容量（MVA）	配电变压器平均负载率（%）	负荷（MW）
GY－1 单元	7.32	1.83	6	109.8	30	32.94
GY－2 单元	4.58	1.15	4	45.8	30	13.74
合计	11.90	2.98	—	155.6	30	46.68

3.3 分压网供负荷预测

在完成地区全社会最大负荷预测之后，分压网供负荷预测是各电压等级变电站规划的基本前提和必要条件，预测结果的准确与否直接影响地区高压乃至中低压电网规划的准确性。分压网供负荷预测结果偏小时，会造成该电压等级变电站布点不足，导致地区实际容载比偏小，变电站可能存在运行安全隐患，同时造成新增用户报装受限。反之，预测结果偏大则会造成地区实际容载比偏大，导致变电站整体利用效率低。因此，需要提升分压网供负荷预测的准确性，保证变电站有序规划建设。

3.3.1 预测方法及评审要点

提升分压网供负荷预测准确性的难点与重点在于如何在已知负荷预测结果的基础上，将地块或较小区域的负荷预测结果准确分配至相应电压等级的变电站。

3.3.1.1 分压负荷预测方法

在已知负荷预测结果的基础上，一般采用地区负荷向变电站细分、变电站供区负荷向上叠加的“自上而下”与“自下而上”相结合方式，依据现有变电站供区和已知的大用户（包括现有、报装和预测）地理分布情况，将区域内负荷分电压等级和接入变电站进行分配，最后进行不同电压等级电力平衡计算，保证参与电力平衡的负荷数据的准确性。

根据规划区域是否有控制性详细规划分别进行处理。有控制性详细规划区域一般采用空间负荷预测，通常可逐个地块进行分析，依据相关接入标准，对现有、报装或预测存在 35kV 及以上用户的地块进行接入电压等级规划，并结合现有变电站及其供区分布情况，预估其供电电源点，最终明确区域内所有地块用户接入电压等级，并将其负荷就近分配至对应供电变电站。无控制性详细规划区域同有控制性详细规划区域思路类似，负荷可以相对粗略的分配。分压负荷预测流程如图 3-5 所示。

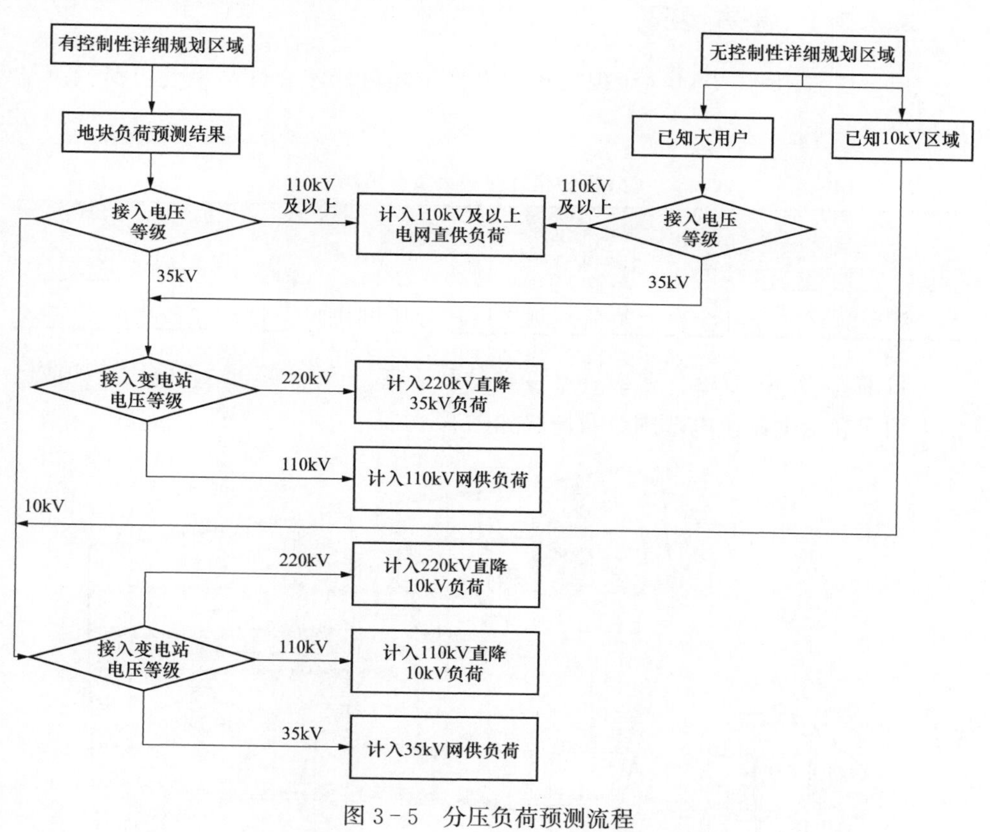

图 3-5 分压负荷预测流程

3.3.1.2 评审要点

（1）接入位置：对用户接入电压等级判断是否准确。用户的供电电压等级应根据当地电网条件、供电可靠性要求、供电安全要求、最大用电负荷、用户报装容量，经过技术经济比较后确定。用户接入应符合国家和行业标准，不应影响电网的安全运行及电能质量。

(2) 负荷分配：对大容量用户进行接入电压等级判断后，将其预测的负荷分配至各电压等级网供负荷时分入的电压等级是否准确。

3.3.2 典型案例解析

以某市B类工业园区的CM区域为例，介绍分压网供负荷预测方法。

3.3.2.1 基本情况

通过负荷预测，CM区域现状年、水平年和目标年全社会最大负荷预测结果见表3-14。

表3-14 CM区域全社会最大负荷预测

名称	现状年(MW)	水平年(MW)	目标年(MW)
全社会最大负荷	453	657	834

目前，CM区域由2座220kV变电站和4座110kV变电站供电，预测或已知大用户和变电站供电范围分布情况如图3-6所示。

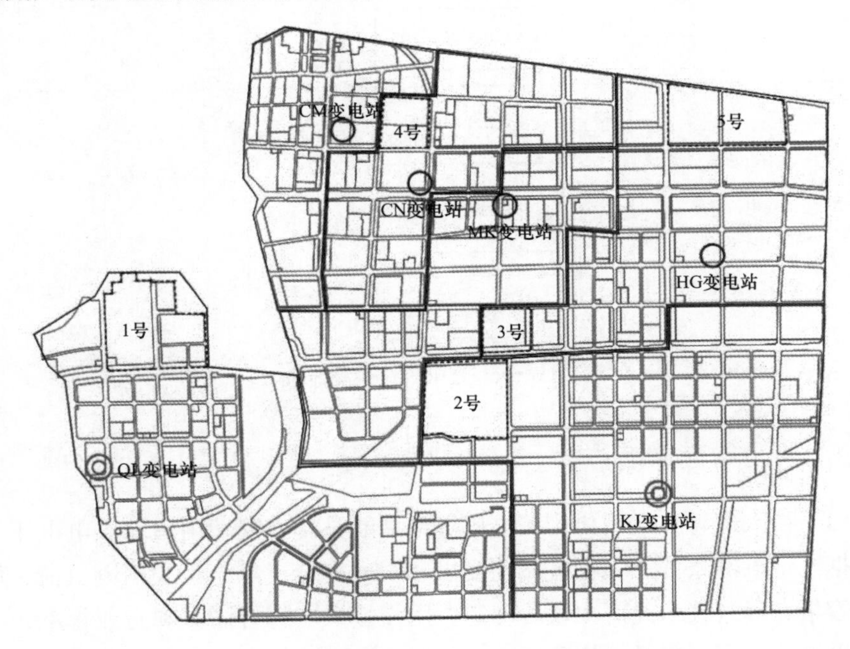

图3-6 CM区域变电站布点及供电范围示意图

按照上述方法，对CM区域内所有地块接入的电压等级和变电站进行归纳。区域内5个地块（用户）接入电压等级在35kV及以上，其中1、2、5号地块用户接入电压等级是110kV，3、4号地块用户接入电压等级是35kV，CM区域大用户地块接入电压等级和变电站情况见表3-15。

表3-15　CM区域地块接入电压等级和变电站分配

地块名称	容量(MVA)	接入电压等级(kV)	接入变电站	接入变电站电压等级(kV)	负荷预测（MW）		
					现状年	水平年	目标年
1号	86	110	QL变电站	220	33	56	73
2号	73	110	KJ变电站	220	31	45	69
3号	22	35	HG变电站	110	14	18	20
4号	13	35	CN变电站	110	4	6	9
5号	67	110	KJ变电站	220	25	43	61

除以上5个大用户地块外，其余用户地块接入电压均为10kV及以下，依据现有变电站和中压电网分布情况，将其余10kV用户及以下供电地块就近划分至变电站供区。CM区域变电站负荷分配结果见表3-16。

表3-16　CM区域变电站负荷分配结果

电压等级	变电站名称	110kV侧（MW）			35kV侧（MW）			10kV侧（MW）		
		现状年	水平年	目标年	现状年	水平年	目标年	现状年	水平年	目标年
220kV	KJ变电站	56	88	130	—	—	—	34	45	52
	QL变电站	33	56	73	—	—	—	36	49	59
110kV	CM变电站	—	—	—	—	—	—	15	32	38
	CN变电站	—	—	—	4	6	9	26	39	45
	MK变电站	—	—	—	—	—	—	35	30	32
	HG变电站	—	—	—	14	18	20	20	22	25

3.3.2.2　分压网供负荷预测

依据各变电站负荷分配结果，结合CM区域内电厂厂用电、110（35）kV公共变电站35kV及以下上网且参与电力平衡发电负荷，测算出110kV现状年网供负荷为229MW，水平年317MW，目标年达到371MW。CM区域110kV网供负荷预测见表3-17。

表 3-17　CM 区域 110kV 网供负荷预测

项　　目	现状年（MW）	水平年（MW）	目标年（MW）
（1）全社会最大负荷	453	657	834
（2）电厂厂用电	2	5	6
（3）110（66）kV 及以上电网直供负荷	107	168	232
（4）220kV 直降 35kV 负荷	0	0	0
（5）220kV 直降 10kV 负荷	70	94	111
（6）110（66）kV 公共变电站 35kV 及以下上网且参与电力平衡发电负荷	45	73	114
（7）110（66）kV 网供负荷	229	317	371

注　（7）＝（1）－（2）－（3）－（4）－（5）－（6）。

3.4　基于负荷成长曲线的阶段年负荷预测

在远期负荷预测完成的基础上，通过不同类型用户负荷发展调研，形成典型用户负荷成长曲线，利用负荷成长曲线对各个地块规划水平年负荷发展情况进行精准化预测，通过多种维度、多角度电力需求预测，将各种预测结果相互校验，提升有控制性详细规划区域阶段年负荷预测的精准性，有效支撑规划方案的提出。

在配电网网格化规划中，空间负荷预测的精确性与参数的选取直接相关，如负荷密度指标的选取、供电单元内同时率的选取，以及供电单元间同时率的选取都影响到了负荷预测的精准度。本书推荐用“S 形曲线模型”确定各个供电单元过渡年负荷密度指标的确定，此方法既能反映区域内的负荷发展特性，又降低了基础数据统计的工作量。同时，给出了供电单元内同时率的日负荷特性曲线叠加方法，以及供电单元间同时率的计算公式，为负荷预测过程中同时率的选取提供了一个较为方便有效的方法。

3.4.1　预测方法及评审要点

3.4.1.1　基于负荷成长曲线的阶段年负荷预测

空间负荷预测结果为规划区负荷最终发展规模，从区域用电需求出现到最终饱和需要一个过程，不同类型用户这个过程中负荷成长曲线有所差异，居住、商业、办公类型区域（或混合区域）负荷成长曲线多为S形，工业类负荷成长区域多为J形，居住、商业、办公区域负荷成长曲线示意如图3－7所示。具体数学模型见3.4.1。

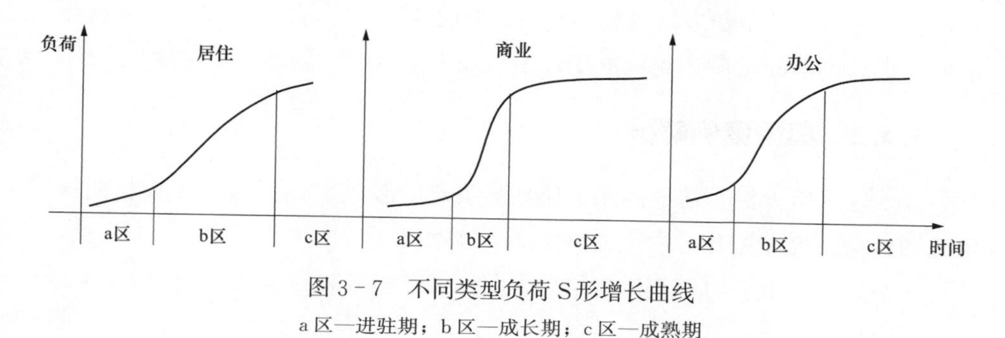

图3－7 不同类型负荷S形增长曲线

a区—进驻期；b区—成长期；c区—成熟期

一般S形成长曲线可以分为a区、b区、c区三个阶段，其中：

a区为进驻期，主要指区域内有用电需求开始到用户大规模入驻完成前的时间段，该段时间区域内有用电报装出现，但实际负荷较低、增长缓慢，不同类型地区该区间段持续时间一般多在一年左右，主要与区域土地销售、招商情况有关。

b区为成长期，主要指区域内用户进驻基本完成，负荷出现快速增长到趋于阶段性饱和之间的时间段，负荷跳跃式增长是该段时间区域负荷发展的主要标志，尤其是商业、办公区域更为突出，时间在一到两年间，居住类地区成熟曲线相对平缓，时间在3～5年间。

c区为成熟期，主要指区域负荷完成跳跃式增长后达到阶段性饱和，在区域用地性质不发生大规模变化的情况下，负荷增幅较小，增速趋于平缓，受外部影响也会出现一定波动，总体规模变化不大。

根据图3－7所示结果，依据远期电力需求预测结果，对规划区过渡年最大负荷发展变化情况进行曲线拟合，采用回归预测法和灰色系统模型两种方法对负荷进行预测。

3.4.1.2 评审要点

（1）进行负荷预测时一般包括饱和负荷预测和近中期负荷预测，饱和负荷预测是构建目标网架的基础，近中期负荷预测主要用于制订过渡网架方案和指导项目安排，因此精准的负荷预测结果是未来电网发展的重要前提。

（2）进行负荷预测时一般根据不同区域、不同社会发展阶段、不同的用户类型以及空间负荷预测结果，确定负荷发展特性曲线（S形曲线）。

（3）根据当地近年的负荷发展情况，以及今后电网的发展情况，制订出一套符合当地发展的负荷发展特性曲线（S形曲线），并以此作为当地负荷预测的依据，提高当地的负荷预测精准度，为当地未来电网发展做到精准规划。

3.4.2 典型案例解析

以XQ网格为例，基于远期负荷预测确定的基础上，利用负荷成长曲线做出近期负荷预测，提升阶段年负荷预测精准性。

网格共有新报装用户6户，均为10kV用户，报装容量共计8950kVA。科技园网格报装大用户统计情况见表3-18。

表3-18 科技园网格报装大用户统计情况表

序号	客户名称	用电性质	报装容量（kVA）	所属单元
1	××高中	教育科研	6800	XQ-02单元
2	××置业有限公司	房地产	5580	XQ-02单元
3	××职专	教育科研	4250	XQ-02单元
4	××康体娱乐有限公司	娱乐康体设施	6000	XQ-02单元
5	××贸易有限公司	商业金融	4160	XQ-03单元
6	××置业（商业）有限公司	行政办公	7160	XQ-03单元

根据用户建成投产时间，采用S形曲线法预测中间年的负荷。XQ网格典型S形曲线指标取值见表3-12。

S形曲线增长参数A值取值：商业取0.7，竣工后第二年增长到远景负荷的80%。区位好的住宅小区取2，竣工第三年增长到远景负荷的80%。区位差的住宅小区取5，竣工后第四年达到远景负荷的80%。

根据大用户报装情况，预测XQ网格近期用户负荷的增长情况见表3-19。

表3-19 XQ网格近期报装大用户负荷预测结果 kW

序号	客户名称	所属单元	第一年	第二年	第三年	第四年
1	××高中	XQ-02	1156	2380	4080	5440
2	××置业有限公司	XQ-02	1841	3236	4408	5078
3	××职专	XQ-02	723	1488	2550	3400
4	××康体娱乐有限公司	XQ-02	1020	2100	3600	4800

续表

序号	客户名称	所属单元	第一年	第二年	第三年	第四年
5	××贸易有限公司	XQ-03	707	1456	2496	3328
6	××置业（商业）有限公司	XQ-03	1217	2506	4296	5728
合计（同时率0.81）			5398	10664	17358	22497

3.5 分布式光伏装机发展规模预测

“双碳”目标的提出使我国将加快优化能源结构、促进能源低碳转型，清洁能源使用比例大幅增加是今后能源结构转型的特征之一。对于电力系统将迎来大规模新能源的接入，尤其是配电网将承接大规模分布式电源的接入，对电网建设、运行将产生深远影响，需要进一步加强对以光伏为主的分布式电源发展规模的预测，为后续电网规划工作做好支撑。

3.5.1 预测方法及评审要点

3.5.1.1 分布式光伏装机发展规模预测

分布式光伏发展规模预测，应以分布式光伏资源摸排研究、分布式光伏布局规划等为基础，按照地面、屋顶光伏两大类分别进行。

对于地面光伏用地预测应考虑与地方政府对接，先依照多规合一地图图选未列入永久性农田、生态红线的闲置土地，再通过航拍等技术手段进行现场勘查，获取土地产权等信息，确定光伏开发可能性，最后汇总整理，定量测算公式为

$$P_D = Sp$$

式中 P_D——地面光伏装机容量；

S——地面光伏占地面积；

p——单位面积装机容量，通常取 50W/m^2。

屋顶光伏规模预测类似于空间负荷预测，利用屋顶面积与装机系数进行预测，具体公式如下

$$P_W = S_Z p_Z \gamma_Z + S_{GG} p_{GG} \gamma_{GG} + S_{GS} p_{GS} \gamma_{GS} + S_N p_N \gamma_N$$

式中 P_W——屋顶光伏装机容量；

S_Z、S_{GG}、S_{GS}、S_N——政府机关建筑、公共建筑、工商业厂房和农村居民屋顶面积；

p_Z、p_{GG}、p_{GS}、p_N——政府机关建筑、公共建筑、工商业厂房和农村居民屋顶单位面积装接容量，应根据安装条件进行确定，取值范围 50～120W/m^2；

γ_Z、γ_{GG}、γ_{GS}、γ_N——政府机关建筑、公共建筑、工商业厂房和农村居民屋顶光伏开发比例，一般分别不低于50%、40%、30%和20%。

从目前得到的经验数据看，也可以按照以下原则估算：党政机关可按建筑屋顶总面积可安装光伏发电比例不低于50%，学校、医院、村委会等公共建筑屋顶总面积可安装光伏发电比例不低于40%，工商业厂房屋顶总面积可安装光伏发电比例不低于30%，农村居民屋顶总面积可安装光伏发电比例不低于20%的原则进行估算。

3.5.1.2 评审要点

（1）结合天气情况：计算新能源接入对电网的出力时，由于新能源发电受天气影响均具有间歇性和波动性特点，在进行负荷预测时是否结合当地天气情况。

（2）结合现状：计算新能源接入对电力需求预测的影响时，是否结合当地现状年和历史年的数据，在分析其未来增长速率时，是否考虑当地未来规划发展方向。

3.5.2 典型案例解析

本案例以某城市JS区为例，分析分布式光伏接入对电力需求预测的影响。

3.5.2.1 预测思路

由于分布式光伏受多方面因素的影响，具有很大的不确定性，给光伏负荷预测带来了较大难题，本次光伏负荷预测主要通过对历史年光伏的增长曲线进行分析，通过自然增长率的方法及区域开发建设情况对其进行负荷预测。

3.5.2.2 情况调研

通过对JS区分布式光伏历史年数据调研，其基本情况见表3-20。

表3-20 JS区分布式光伏历史年增长情况

年份	2016年	2017年	2018年	2019年	年均增长率（%）
光伏负荷（MW）	133.16	139.42	144.21	150.82	4.24

3.5.2.3 负荷预测

JS区开发建设情况如图3-8所示，由图可见规划区东部区域已相对成熟，西部区域处于待开发状态，另外受当地变电站主变压器容量的限制及政策的影响，2019—2023年分布式光伏的增长将趋于平缓，不会出现大规模的分布式光伏接入；预测2023年JS区分布式光伏负荷为163.91～169.47MW，采用中方案为本次负荷预测结果，到2023年分布式光伏负荷为165.96MW，年均增长率为2.42%，具体预测结果见表3-21。

表3-21　2020年JS区分布式光伏预测　MW

方案＼年份	2019年	2020年	2021年	2022年	2023年	年均增长率（%）
高方案	150.82	155.28	159.87	164.60	169.47	2.95
中方案	150.82	154.47	158.21	162.04	165.96	2.42
低方案	150.82	153.99	157.23	160.53	163.91	2.10

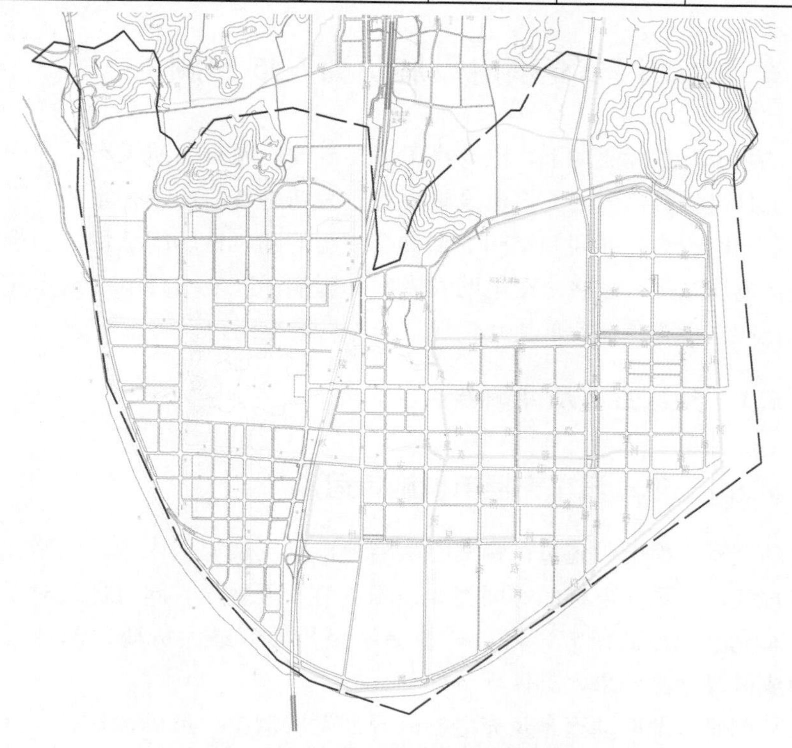

图3-8　JS区近期开发区块示意图

2023年以后，规划区西部区域将大力开发，根据分布式光伏增长曲线的研究及历史数据的调研结果，依据区域经验增长率，对JS区分布式光伏发展变化情况进行曲线拟合，具体预测结果见表3-22。

表3-22　　远景年JS区分布式光伏预测表　　MW

年份 方案	2019年	2023年	2025年	成长期增长率(%)	远景	成熟期增长率(%)
高方案	150.82	169.47	186.05	4.78	229.7	2.67
中方案	150.82	165.96	181.05	4.45	214.3	2.13
低方案	150.82	163.91	175.53	3.48	203.7	1.88

2023年以后JS新区分布式光伏负荷增长速度来看，其正处于成长期到成熟期过渡的阶段，2019年区域内分布式光伏负荷为150.82WM，采用中方案为本次负荷预测结果，到2025年区域内分布式光伏负荷为181.05WM，负荷的平均增长率为4.45%；到远景年214.3MW，负荷的平均增长率为2.13%。

3.6　电动汽车充换电设施负荷发展预测

在“双碳”目标驱动下，电动汽车将逐步替代现有燃油汽车成为交通出行的主要工具，为其供电的充换电设施也将成为新兴负荷的一个重要类别。由于电动汽车充电行为在时间和空间上都具有一定的随机性、间歇性，大规模电动汽车充换电设施接入也将对配电网发展产生影响，需要结合电动汽车充电特点分析其充换电设施负荷发展变化情况，指导后续电网建设与改造。

3.6.1　预测方法及评审要点

3.6.1.1　电动汽车充换电设施负荷预测

电动汽车充换电设施负荷预测应从当地市政发展规划入手，明确充换电设施建设规模，根据充电桩的不同类型预测负荷发展规模，同时通过对不同类型电动汽车充电规律的研究，将负荷预测结果与地区最大负荷预测结果进行拟合，形成最终预测结果，具体环节如下。

(1) 调研当地电动汽车及充电桩的规划发展情况。形成包括私人（私人出资及安装）、公共（公共停车场、充电站等）、专用（商场、公共汽车等）等三类充电桩（站）规划发展清单。

（2）计算各类已建成使用的单个充电桩充电负荷，其中，单座快充桩充电负荷约为50～100kW，单座慢充桩负荷约为5～7kW。考虑私家车主要采用慢充为主、快充为辅，出租车与网约车快充为主、慢充为辅，公交车为快充，时间可选在上一年度规划区负荷达到最大的时刻，计算并归纳各类单个充电桩的平均充电负荷，作为充电桩（站）用电负荷预测的依据。

（3）规划年充电桩的充电负荷预测。经调研规划区电动汽车及充电桩的规划发展情况后，通过统计规划年各类充电桩总数，该数量与计算出的各类单个充电桩的充电负荷的乘积之和即为当地电动汽车负荷。

3.6.1.2 评审要点

（1）评审时应关注电动汽车充电设施预测基础数据来源的全面性，对于公共充电设施是否有收集到区域内相关的公共停车场、商业停车场信息等，对于住宅小区充电设施是按照现有停车位还是规划停车位计算，是否考虑建成小区可改造的空间等。

（2）评审时应关注电动汽车充电设施规模计算参数的合理性，如充电车位占停车位的比例来源是否正确合理，充电设施内快、慢充设置比例是否合理等。

（3）评审时应关注负荷预测时，电动汽车充电设施内部及与系统负荷耦合互补特性分析是否合理，充电设施总装机折算至区域最大负荷的系数计算方式是否合理。

3.6.2 典型案例解析

本案例以某A类城市BH区分析电动汽车接入对电力需求预测的影响。

3.6.2.1 基本负荷预测

首先根据其控制性详细规划可对其进行网格划分，BH区网格划分结果如图3-9所示。

依据该地区控制对各网格进行空间负荷预测，BH区目标年最大负荷在275～401MW推荐中方案即最大负荷340MW，平均负荷密度19.74MW/km^2，各网格空间负荷预测结果见表3-23。

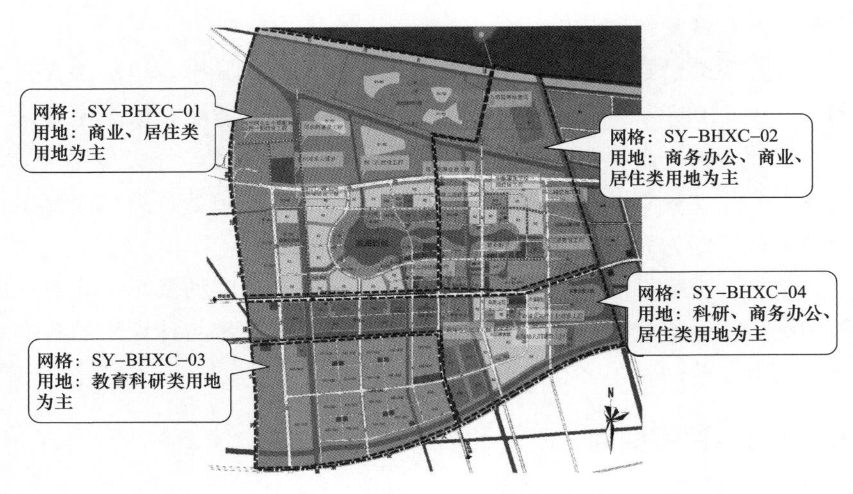

图 3-9　BH 区网格划分结果

表 3-23　各网格远景年负荷预测结果

序号	用电网格编号	建设用地面积（km²）	目标年最大负荷（MW）			平均负荷密度（MW/km²）		
			低方案	中方案	高方案	低方案	中方案	高方案
1	SY-BHXC-01	4.58	70.9	84.9	97.49	15.48	18.54	21.29
2	SY-BHXC-02	3.3	54.38	61.71	68.75	16.48	18.70	20.83
3	SY-BHXC-03	4.16	63.08	83.02	98.49	15.15	19.94	23.66
4	SY-BHXC-04	5.17	87.10	110.05	136.02	16.86	21.30	26.32
5	合计	17.2	275	340	401	15.99	19.77	23.31

3.6.2.2　多元负荷预测

经调研 BH 区现状年有私人充电桩 147 个，公用充电桩 96 个，专用充电桩 54 个，该地区上一年度电动汽车充电负荷达到最大日的日负荷特性曲线如图 3-10 所示。

由图 3-10 可见，该地区电动汽车充电总负荷于 21：00 达到最大，当日各类充电桩负荷特性曲线如图 3-11～图 3-13 所示。

在 21：00 时私人充电桩充电负荷约为 1050kW，专用充电桩充电负荷约为 1030kW，公共充电桩充电负荷约为 130kW，经计算在负荷最大时刻单个私人充电桩充电负荷约为 7.14kW，单个专用充电桩充电负荷约为 10.73kW，单个公共充电桩充电负荷约为 2.33kW。

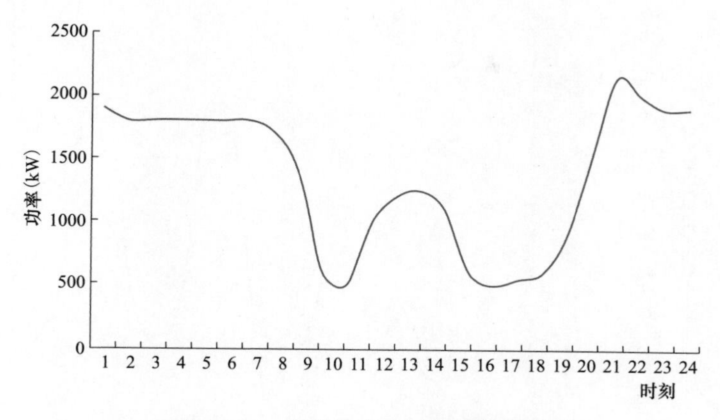

图3-10　电动汽车入网总负荷曲线

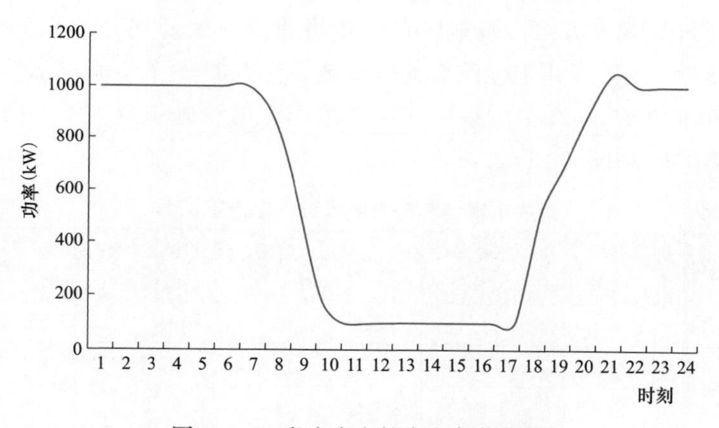

图3-11　私人充电桩充电负荷曲线

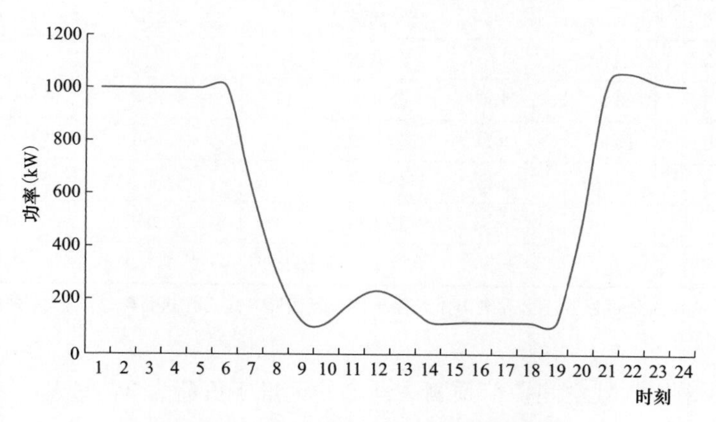

图3-12　专用充电站充电负荷曲线

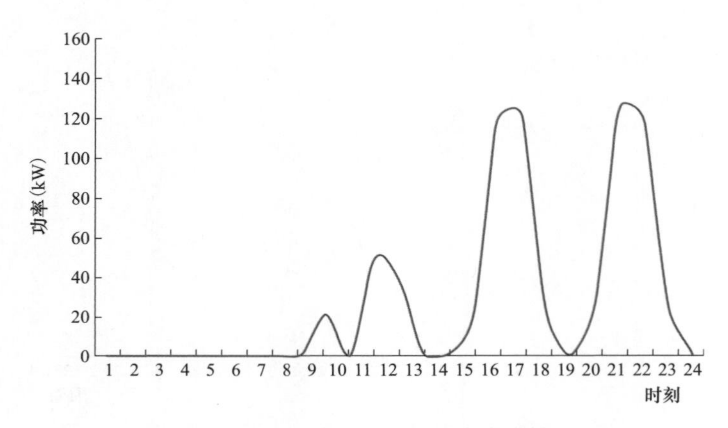

图 3 - 13 公共充电站充电负荷曲线

根据 BH 区规划方案，该地区目标年将建设 5 处公共电动汽车充电设施，充电桩 188 个；4 处专用电动汽车充电设施，充电桩 60 个，此外各类分散式私人电动汽车充电桩 2000 个。集中式电动汽车充电设施供电方案与分布示意图分别见表 3 - 24 和图 3 - 14。

表 3 - 24　　集中式电动汽车充电设施供电方案汇总

序号	编号	面积 (m^2)	机动车停车位 (个)	性质	充电桩 (个)	目标年最大负荷 (kW)	接入网格
1	T1	3000	85	专用桩	13	139.49	SY - BHXC - 01
2	T2	2400	70	专用桩	12	128.76	SY - BHXC - 01
3	T3	4350	120	公共桩	28	65.24	SY - BHXC - 01
4	T4	3300	90	专用桩	17	182.41	SY - BHXC - 02
5	T5	3400	95	专用桩	18	193.14	SY - BHXC - 02
6	T6	4100	110	公共桩	30	69.9	SY - BHXC - 02
7	T7	3500	100	公共桩	39	90.87	SY - BHXC - 02
8	T8	13300	380	公共桩	41	95.53	SY - BHXC - 04
9	T9	18950	540	公共桩	50	116.5	SY - BHXC - 04
10	—	—	—	私人桩	2000	14280	—
11	合计	—	—	—	2248	15361.84	—

注　私人充电桩依托新建小区和老旧小区停车位数量按照一定占比进行配置，仅预测充电桩个数和最大负荷。

BH 区采用常规空间负荷预测法预测的远景年负荷为 340MW，考虑电动汽车负荷接入后，远景年负荷调整为 355.36MW。

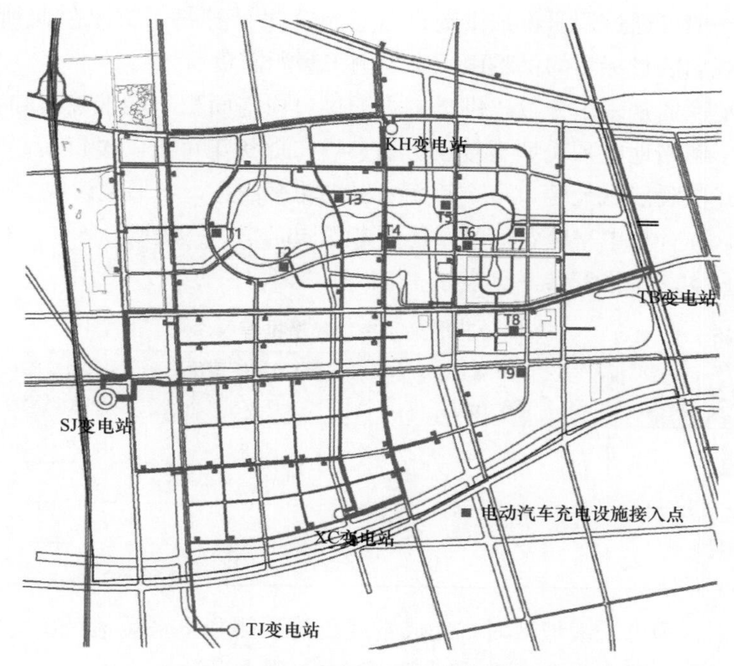

图 3-14 集中式电动汽车充电设施分布示意图

3.7 电采暖负荷发展预测

电采暖以清洁电力为能源，替代传统燃煤供暖，可以有效缓解冬季供暖所带来的空气污染问题，作为新兴负荷增长迅速。电采暖负荷类似夏季的空调制冷负荷，具有明显的季节气候特性，受气温变化影响显著，而且具有较强的时序特征。随着电采暖负荷占比的提升，对电采暖地区进行电力需求预测对保障配电网安全、可靠、经济运行有重要意义。

3.7.1 预测方法及评审要点

3.7.1.1 电采暖负荷发展预测

由于供暖模式主要有集中式供热与分散式供热两种，所以在对电采暖负荷进行预测时，通常分别采用不同的预测方法进行。

城镇地区通常采用集中式供暖，由于住房多为楼宇，居住面积更容易获取且固定，一般可通过调研得知供暖设备总负荷来计算每平方米供暖所需负荷，从而通过规划区目标年的供暖面积来预测采暖所需负荷。

乡村地区通常采用分散式供暖，由于每户住宅面积不能准确得知，一般可通过调研了解当地电采暖炉型号及功率来得知现状年每户供暖负荷。对于尚未开展分散式供暖区域地区，由于暂无采暖炉功率信息，本书建议取 9kW/户。

同时，在计算电采暖负荷时，还要考虑同时率，一般取 0.6～0.8。不同地区电采暖户均容量推荐参考见表 3-25。

表 3-25　不同地区电采暖户均容量推荐参考

分类	单位面积供热负荷（W/m^2）	户均供热面积（m^2）	电采暖户均容量（kW/户）
城区	70	<60	3.5
		60～120	6
农村	100	<60	5
		60～120	7

当规划区为电采暖地区时，完成常规负荷预测和电采暖地区电力需求预测后，对其进行加和即为考虑电采暖负荷的电力需求预测。

3.7.1.2 评审要点

（1）既要做全地区的负荷预测，也要做分区块的负荷预测。配电网负荷预测应包括以县、市、省等行政管理范围为对象的全地区预测，也应包括居民住宅区、工商业区、新开发区等较小区块的预测。分区块的预测结果应能够与全地区的预测结果相互校验，一省或一市的预测结果应能够根据该省或该市下级行政区的预测结果推导得出。

（2）对采用电采暖地区进行负荷预测时，网格和单元之间的同时率应根据当地的实际情况合理取值，避免因同时率取值不合理导致最终负荷预测结果形成偏差。

3.7.2 典型案例解析

电采暖主要分为集中式与分散式两种方式。

3.7.2.1 集中式电采暖电力需求预测

经调研各类集中式电采暖地区负荷情况见表 3-26。

表 3-26 集中电采暖地区供暖负荷

地区	采暖面积（万 m^2）	供暖公司	供热方式	总负荷（MW）	单位面积供暖负荷（kW/m^2）
SC 镇	20	NJJH 能源材料有限公司	电锅炉	20	0.1
RTJY 小区	2.1	GSZY 热力有限公司	空气热源泵＋电锅炉	0.51	0.024
SJZ 居民区	24.1	JTHB 热力有限公司	空气热源泵＋电锅炉	6.74	0.028
LN 县	24.16	FRC 文化发展有限公司	碳纤维电暖器	18	0.075
SJZ 市 WJ 小区	0.016	GSD 新能源科技有限公司	碳纤维发热电缆	0.0166	0.102
SH 市 XJ 镇	80	JTNT 科技有限公司	蓄热式电暖器	84.47	0.105
ZJK 市 CLWL 滑雪场	6.5	LJSNE 新能源技术有限公司	电锅炉＋其他	3.6	0.06
ZZ 市 DW 乡 XYC 小学	0.08	XHXHB 科技有限公司	蓄热式电暖器	0.0624	0.078
QX 县 BLP 村	6.2	ANS 清洁能源投资有限公司	太阳能光热＋电辅	1.752	0.028
QX 县 SY 卫生院	1.17	XK 节能科技股份有限公司	空气热源泵	0.936	0.08
WQ 县中小学	3.2	KLWMDNT 设备销售有限公司	空气热源泵	3065	0.09

通过调研得知，采用纯电采暖的地区，单位面积供暖负荷约为 70～100W/m^2，符合标准。采用电采暖与其他供暖方式结合供暖的地区，单位面积供暖负荷约为 24～60W/m^2。

现以某市 HL 县某新建小区为例，该小区预计供暖面积 8 万 m^2，将全部采用电锅炉供暖，现以单位面积供暖负荷为 80W/m^2 的来计算该小区供暖负荷

$$P = 0.08kW/m^2 \times 80000m^2 \times 0.7\text{（同时率）} = 4.48\text{（MW）}$$

经计算可得该小区预计冬季电采暖负荷将达到 4.48MW。

3.7.2.2 分布式电采暖电力需求预测

本案例以某市 HR 区某镇某村实施煤改电工程，该村为异地新建，无现状

用电线路，本案例以该村南区为例进行电采暖负荷分析。该村南区共计 166 户居民，划分了 3 个供电单元，其中 1 号供电单元为 58 户，2 号供电单元 54 户，3 号供电单元 54 户，电采暖负荷按户均 9kW 计算。则根据单位指标法进行各供电单元的负荷预测为

1 号供电单元 P_1＝9kW/户×58 户×0.6（同时率）＝313.2（kW）

2 号供电单元 P_2＝9kW/户×54 户×0.6（同时率）＝291.6（kW）

3 号供电单元 P_3＝9kW/户×54 户×0.6（同时率）＝291.6（kW）

313.2＋291.6＋291.6＝896.4（kW）

预计该村南区目标年冬季电采暖负荷共需 896.4kW。

3.8 5G 基站负荷发展预测

随着通信网络建设规模逐年增加以及 5G 等新一代通信技术的大规模普及，通信系统用电量逐年递增。截至 2021 年，欧美等发达国家通信运营商的电费支出已经达到运行管理成本的 15%～30%。随着 5G 时代的到来，通信系统耗电量将进一步增加，预计达到 4G 系统的 3 倍以上。在 5G 建设初期其对全社会用电量的增长影响并不明显，但未来 5G 基站大规模建成投运将有效拉动社会用电量增长，随着 5G 基站投入的增加，在对配电网进行电力需求预测的同时考虑 5G 基站的影响将对保障配电网安全、可靠、经济运行有重要意义。

3.8.1 预测方法及评审要点

3.8.1.1 5G 基站负荷发展预测

1. 5G 基站的负荷构成

基站内主要用电设备有通信设备、空调制冷设备、储能设备、监控及照明和其他辅助设备，主要使用－48V 直流电源供电。通信设备用电量占基站总用电量的 45%、空调系统占 40%、电源系统占 12%，其他能耗占 3%。通信设备的用电功率与通信业务负载呈线性关系，与空载状态相比，满载运行的功率将增加 70%左右。在市电正常供电时，基站内的储能设备处于浮充状态，其能量损耗可忽略不计。在市电故障时，基站储能则作为备用电源使用。5G 基站供电系统示意图如图 3－15 所示。

一套 5G 通信设备包括基带处理单元（base band unit，BBU）和三个有源

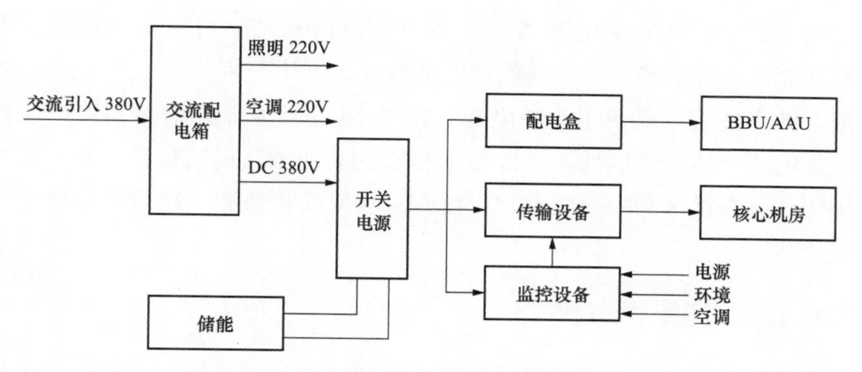

图 3-15 5G基站供电系统示意图

天线处理单元（active antenna unit，AAU）/射频拉远单元（remote radio unit，RRU），其中 5G BBU 约为 0.3kW，AAU 在 30%负载率下功耗为约为 0.9kW（峰值功耗约为 1.2～1.4kW），空调功耗为 3kW 左右，其他设备功耗较小。单个 5G 基站典型功耗为 5.9kW，峰值功耗为 7.3kW。基站峰值功耗会随着基站设备演进过程显著增加。在 2023 年，站点峰值功率将增至约 13.7kW；在 2025 年，随着毫米波及新技术在现有频段的应用，站点峰值功耗将增至 18.9kW。

2. 5G 基站的负荷特性

（1）时间特性。基站机房内有大量的电力电子和储能设备，对环境温度有严格要求（一般不能超过 26℃），所以，机房内必须安装温度调节设备。空调用电量主要取决于制冷策略、气候条件以及通信设备的运行状况。从实际调研的情况来看，基站维护人员通常在 4 月初通过远端控制开启基站内的空调设备，并在 10 月初关闭，机房温度常年保持在 26℃以下。受此影响，基站负荷的季节性较为突出。

基站的用电负荷还呈现出较强的时序波动性，原因在于基站用电负荷与通信业务负载呈线性关系，而通信业务负荷具有一定的时序波动性。另外，夜间的通信业务量通常小于白天。因此，三个基站在夜间 0：00～7：00 的用电负荷都相对较小，负荷峰值一般出现在午间时刻。

（2）储能特性。保障通信网络的不间断工作是社会稳定的重要基石，因此，基站对于供电可靠性有严格要求。站内常配有备用电源，在基站失去电力供应后，备用电源能维持基站不间断运行 3～8h，单站储能容量约为 20～60kWh。但在市电恢复供电后，需对基站备用电源进行充电，因此，计算在基站失去电力供应后恢复供电的负荷需在原本负荷基础上将增加储能的充电负荷。基站储能主要有铅酸和磷酸铁锂电池两种，占比分别为80%、20%。2018年以前，铁塔公司主要使用铅酸电池。自2018年以来，铁塔公司将电动汽车上的退役电池（运行性能低于设计容量的80%，主要为磷酸铁锂电池）经过整合处理后，进行梯次利用，成本相对便宜。从发展趋势看，磷酸铁锂电池将逐步替代铅酸电池。

3.8.1.2 评审要点

（1）由于基站机房内有大量的电力电子和储能设备，对环境温度有严格要求，所以机房内必须安装温度调节设备。对5G基站进行负荷预测时应综合考虑当地气候及基站机房内空调开启时间考虑温度引起的负荷特性变化对预测结果的影响。

（2）由于基站内配有备用电源，当基站失去市电供应后，备用电源可供基站工作3～8h。市电恢复供电后，基站储能开始充电，因此，在进行负荷预测时要考虑到由于停电影响在原本负荷基础上将增加储能的充电负荷后形成的负荷高峰。

3.8.2 典型案例解析

3.8.2.1 基站的典型负荷特性

为了深入了解5G基站的负荷特性，收集、整理了多个5G基站的全年负荷曲线，并采用k均值等聚类方法进行负荷特性分析。根据基站功耗大小，选取了三个典型基站进行研究分析，前两个基站配有多套通信设备，而第三个基站配有一套通信设备，具体结果如下。

基站1位于ZZ市ZDX区，通过400kVA专用变压器接入配电网，报装时间为2019年11月。该专用变压器接有多个基站，最大负荷为107kW，平均负载率为20.71%。采用k均值聚类方法，遴选春、夏、冬三个典型日下的基站负荷曲线（该基站缺少秋季的负荷数据），具体结果如图3-16所示。

基站2位于ZZ市ZY区，采用315kVA专用变压器接入配电网，报装时间为2013年，最大负荷为49.5kW，年用电量36万kWh，年均负载率为13.5%。采用相同方法进行负荷特性分析，春、夏、秋、冬四个典型日下的基站负荷曲线如图3-17所示。

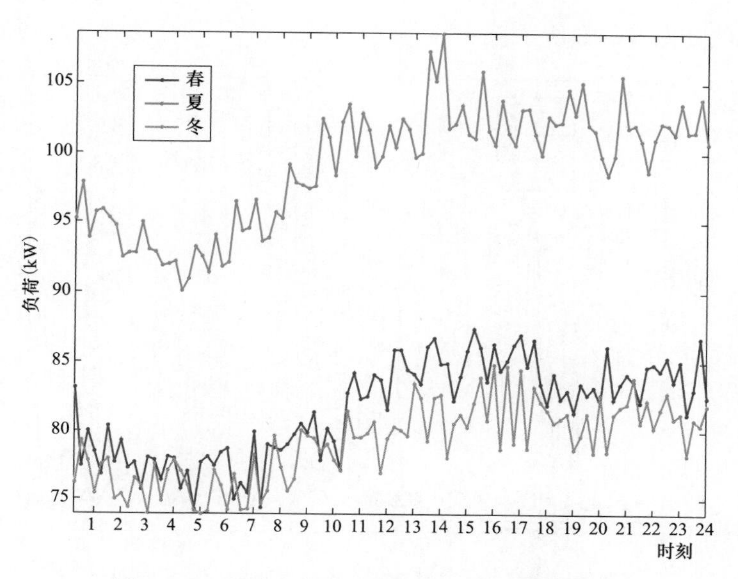

图 3-16 基站 1 的典型日负荷曲线(缺少秋季)

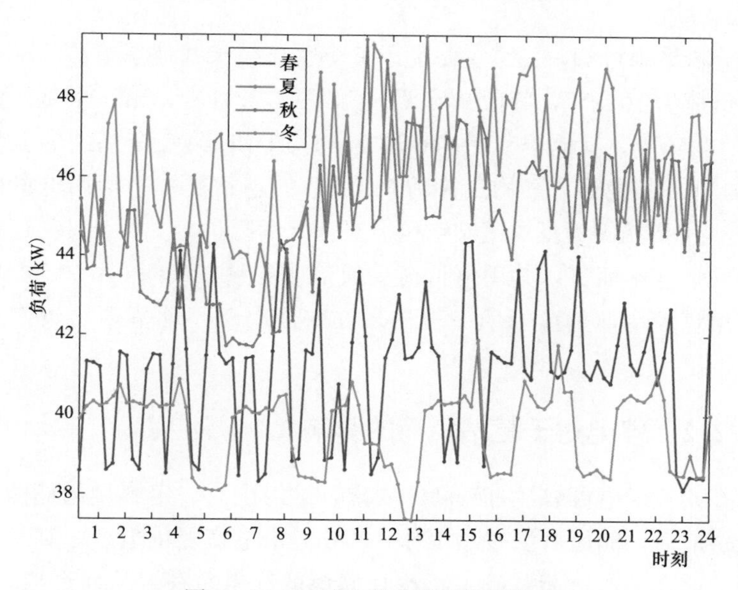

图 3-17 基站 2 的典型日负荷曲线

基站 3 位于 NY 市 NZ 区,采用 30kVA 专用变压器接入配电网,报装时间为 2018 年,最大负荷 13.9kW,年用电量为 5.97 万 kWh,等效平均负载率为 22.7%。采用相同方法进行负荷特性分析,春、夏、秋、冬四个典型日下的基站负荷曲线如图 3－18 所示。

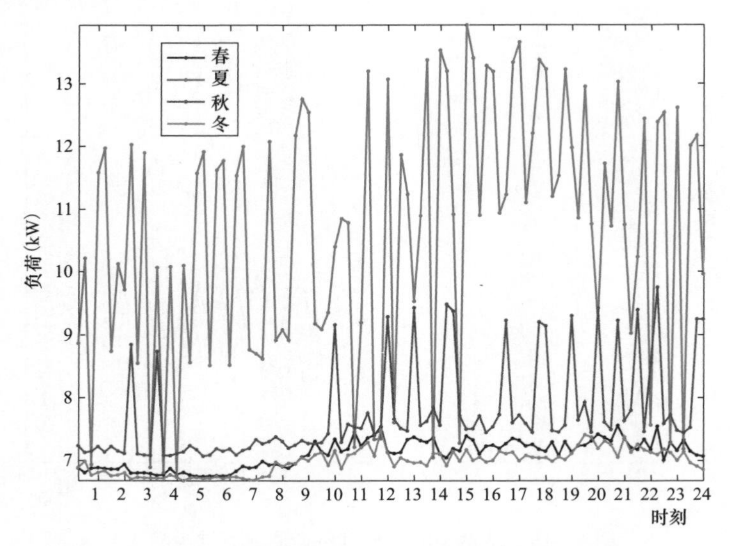

图 3－18　基站 3 的典型日负荷曲线

根据分析结果可知，三个基站夏季负荷明显高于其他季节，第一个基站的夏季平均负荷为 100kW，其他季节平均负荷为 72.2kW；第二个基站的夏季平均负荷为 46.1kW，其他季节平均负荷为 41.1kW；第三个基站的夏季平均负荷为 10.1kW，其他季节平均负荷为 7.45kW。基站夏季平均用电量比其他季节多 30%，主要是因为夏季基站空调需要全天运行。

对于三个基站而言，其用电负荷受通信业务量在夜间 0：00～7：00 的用电负荷都相对较小，负荷峰值一般出现在午间时刻，均呈现出较强的时序波动性。

3.8.2.2　停电对于基站负荷的影响

通信基站对供电可靠性有较高的要求，站内配有一定容量的储能，当基站失去市电供应后，储能可供基站工作 3～8h。市电恢复供电后，基站储能开始充电，因此，在原本负荷基础上将增加储能的充电负荷，从而形成负荷高峰。图 3－19 为某基站停电日的负荷曲线。

该基站位于 NY 市 NZ 县，采用 30kVA 专用变压器接入，平均负荷为 8.1kW，平均负载率为 22.72%。图 3－19 为该基站 2019 年 8 月 12 日的负荷曲线，通过查阅停电统计信息获知，该基站于当日上午 10 点失去市电供应，

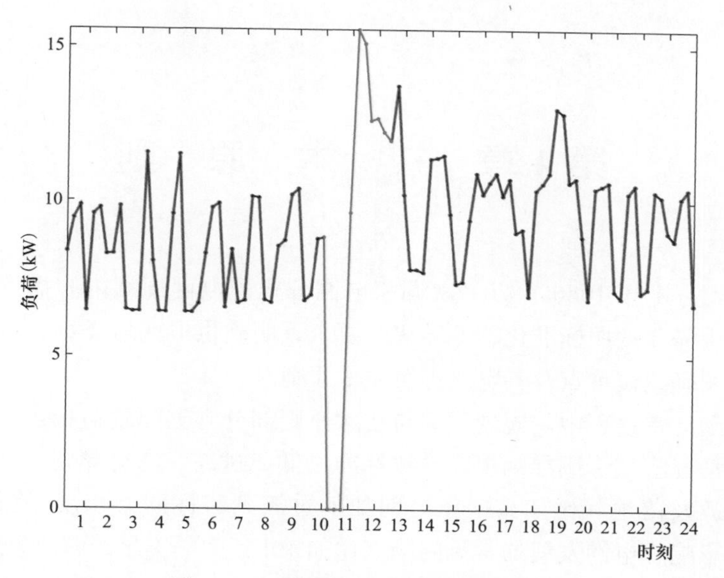

图 3-19 某基站停电日的负荷曲线

10点45分恢复供电（图中红线部分），停电时间为45min。在停电期间，该基站由站内储能供电。恢复供电后，基站负荷达到峰值15.5kW，主要由基站原本负荷和储能充电负荷叠加而成，大约为原本负荷的2倍，这也是基站配电变压器负载率偏低的重要原因。储能充电时间持续了2h左右，之后基站负荷恢复到正常水平。

由此可推断，5G基站在恢复供电时，会形成一个负荷高峰，尤其是对于大型5G基站而言，其对配电网潮流带来一定的冲击。同时对5G基站进行负荷预测时，需结合规划区历年的停电情况，综合考虑停电并恢复供电后基站将会产生的短时负荷高峰情况，此时基站负荷约为原本基站负荷与储能充电负荷之和。

第4章 技 术 原 则

根据 Q/GDW 10865—2017《国家电网公司配电网规划内容深度规定》规定，规划中需要按照标准化、差异化的要求，明确供电区域类型，合理设置规划目标，明确建设重点及各电压等级技术原则。

在规划评审过程中，规划目标与技术原则部分常见问题包括：①没有结合本地实际情况直接引用导则规定导致标准过低或过高；②对导则、规定中的要求如何过渡及落地（比如高中压电网如何过渡到目标网架）没有深入研究分析；③对影响配电网发展的常见问题（比如 10kV 间隔不足的解决思路、原则）缺乏统一认识等。本章主要根据近年来配电网规划编制与评审过程中对于规划目标设定与技术原则制定过程中遇到的一些典型问题列举典型案例进行分析。

4.1 110（35）kV 高压网架结构选择与过渡技术路线

110（35）kV 高压配电网是输电网和中压配电网的连接纽带，一方面高压配电网有效承接了上级输电网，另一方面高压配电网决定了中压配电网的发展规模。高压配电网从上一级电网或电源接受电能后，可以直接向高压用户供电，也可以向下一级中压（低压）配电网提供电源。

4.1.1 典型经验做法及评审要点

4.1.1.1 高压电网结构

高压电网的网架结构可分为辐射、环网、链式等，其中辐射分为单辐射和双辐射，环网分为单环和双环，链式分为单链、双链和三链等。

1. 辐射结构

辐射结构是指从上级电源点引出同一电压等级的一回或双回线路，接入本级变电站的母线（或桥），其中：

（1）单辐射，是由一个电源、一回线路供电的网架结构，不满足 $N-1$ 要求，单辐射结构示意如图 4-1 所示。

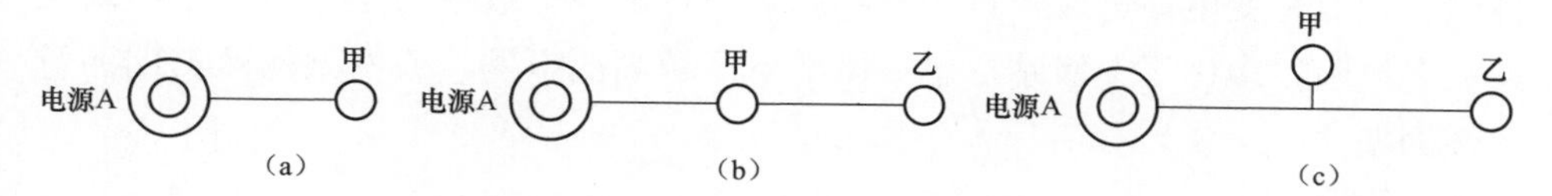

图 4-1 单辐射结构示意图

(a) 单线一站；(b) 单线两站（Π 接）；(b) 单线两站（T 接）

(2) 双辐射，是由同一电源的两回线路供电的网架结构，满足 $N-1$ 要求。双辐射结构示意如图 4-2 所示。

图 4-2 双辐射结构示意图

(a) 双线一站；(b) 双线两站

辐射结构（单辐射、双辐射）的优点是接线简单、投资低，适应发展性强；缺点是变电站进线来自同一电源，在上级电源或同塔双回进线退运时，有全站失电的风险。多用于上级电源点单一，双侧电源接线构建不宜的区域，或作为网架构建初期、上级站点不足时的过渡性结构。

2. 环网结构

从上级电源点引出同一电压等级的一回或双回线路，接入本级变电站的母线（或桥），并依次串接两座或多座变电站，通过另外一回或双回线路与起始电源点相连，能够满足 $N-1$ 要求。环网结构（单环、双环）示意如图 4-3 所示，其中：

(1) 单环，是由同一电源点不同路径的两回线路分别给两座变电站供电，变电站间通过一回线路联络。

(2) 双环，是由同一电源点不同路径的四回线路分别给两座变电站供电，变电站间通过两回线路联络。

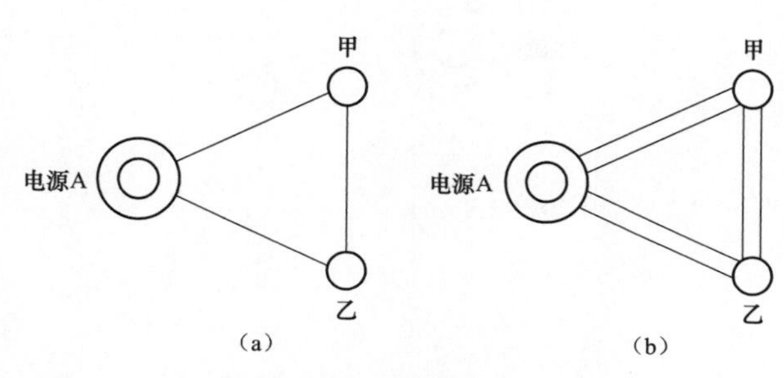

图 4-3 环网结构示意图

(a) 单环；(b) 双环

环网结构（单环、双环）的优点是对电源点要求少、扩展性强；适应发展性强；缺点是变电站进线来自同一电源，一旦出现上级电源退运时，会出现全站失电风险；多用于上级站点单一情况下区域高压电网，或网架构建初期的过渡性网架。

3. 链式结构

链式结构，是指从上级电源引出同一电压等级的一回或多回线路，依次T接或Π接到本级变电站的母线（或环入环出单元、桥），末端通过另外一回或多回线路与其他电源点相连，形成链状电网结构，满足 $N-1$ 要求。其中：

（1）单链，是由不同电源点的两回线路供电，站间一回线路联络，单链结构示意如图 4-4 所示。

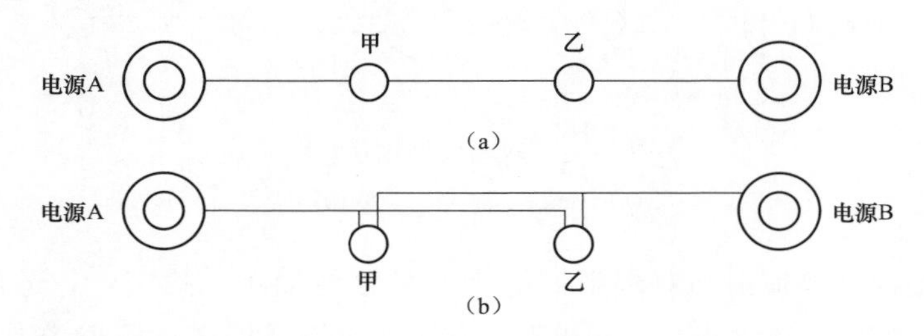

图 4-4　单链结构示意图

(a) Π接；(b) T 接

（2）双链，是由两个电源点各出两回线路供电，站间两回线路联络，双链结构示意如图 4-5 所示。

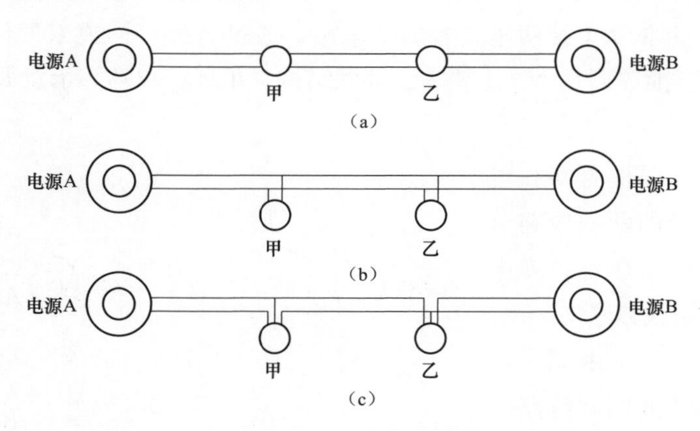

图 4-5　双链结构示意图

(a) Π接；(b) T 接；(c) T、Π接混合

（3）三链，是由两个电源点各出三回线路供电，站间三回线路联络，三链结构示意如图4-6所示。

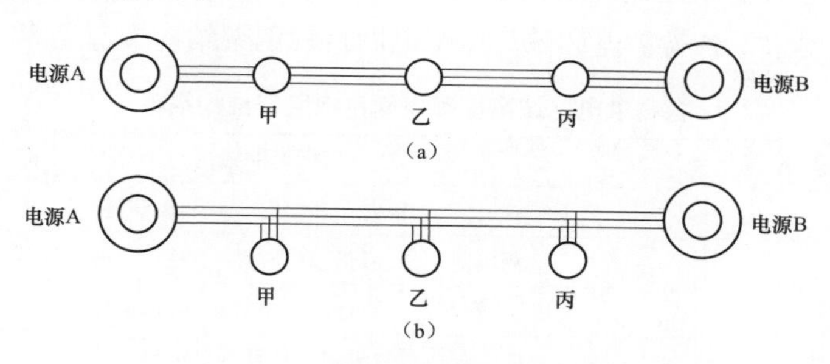

图4-6 三链结构示意图

（a）Π接；（b）T接

链式结构（单链、双链、三链）的优点是运行灵活、可靠性高，但电网建设投资相对较高，在城市建成区也面临通道难以打通的困难。链式结构广泛应用于大部分地区高压配电网中。

4.1.1.2 目标网架结构选取

高压电网结构选择要因地制宜，结合地区发展规划，选择与供电可靠性要求相匹配、技术经济合理、与现有电网衔接性强的结构方式，不同接线方式可靠性、投资情况对比见表4-1。

表4-1 各类电网结构综合对比

序号	网架结构	可靠性	是否满足 $N-1$ 准则	投资
1	单辐射	低	不满足	低
2	双辐射	一般	满足	一般
3	单环	一般	满足	一般
4	双环	较高	满足	较高
5	单链	较高	满足	较高
6	双链	高	满足	高
7	三链	高	满足	高

注 1. 本表 $N-1$ 校核时不考虑中压配电网进行负荷转移。

2. 双辐射结构时，如两条线路为同杆架设认为不满足 $N-1$ 准则。

目标网架结构合理选择是满足电网安全可靠、提高运行灵活性、降低网络损耗的基础。高压、中压和低压配电网三个层级之间，以及与上级输电网

（220kV 或 330kV 电网）之间，应相互匹配、强简有序、相互支援，以实现配电网技术经济的整体最优。根据 Q/GDW 10738—2020《配电网规划设计技术导则》相关要求，各类供电区域高压配电网目标网架结构推荐见表 4-2。

表 4-2 各类供电区域高压配电网目标网架结构推荐

供电区域类型	目标电网结构
A+、A	双辐射、多辐射、双链、三链
B	双辐射、多辐射、双环网、单链、双链、三链
C	双辐射、双环网、单链、双链、单环网
D	双辐射、单环网、单链
E	单辐射、单环网、单链

4.1.1.3 评审要点

高压电网结构应根据地区发展阶段、用电需求差异、上级电源布局等多种因素综合考虑后做出选择。高压电网网架结构评审可以从目标网架选择、过渡技术路线选取、结构强简有序等几个方面开展。

高压电网目标网架选择应遵循 Q/GDW 10738—2020《配电网规划设计技术导则》相关要求，从可靠性、经济性两个维度综合考虑目标网架结构选择合理性，C 类及以上地区建议以链式接线为主，辐射、环式接线为辅，D、E 类供电区根据地区实际需求及上级电源建设条件合理选择。同一地区同类供电区域的电网结构应尽量统一，对于不具备双侧电源供电的高压网架应校核中压配电网的转供能力是否满足规划建设目标要求。

高压网架结构过渡技术路线的选择以及过渡方案的制定是高压电网规划方案审查的重点，网架过渡技术路线制定应根据电网建设阶段供电安全水平要求和实际情况，通过建设与改造、分阶段逐步实现目标网架结构。其中：

（1）供电区域内采用辐射式、环式等单侧电源供电结构作为过渡方式时，应适当提高中压配电网的转供能力；

（2）D、E 类供电区域采用单链、单环网结构时，若接入变电站数量超过 2 个，可采取局部加强措施。

（3）正常运行时各变电站应有相互独立的供电区域，供电区不交叉、不重叠，故障或检修时，变电站之间应有一定比例的负荷转供能力，其中，A+、A 类供电区域宜控制在 50%～70%，B、C 类供电区域宜控制在 30%～50%。

高压网架结构选择与过渡路线制定过程中，除了考虑本层级容量配置、网络构满足 $N-1$ 方式外，还贯彻强简有序原则，在满足供电可靠性的前提下，实现高压中压电网层级协调发展和经济性最优。高压配电网网架结构、电气主接线和容载比等标准可根据中压配电网的实际需求适度强化或简化。比如，当区域内中压配电网具备较高的负荷转移能力情况时，可以适度考虑将规划的链式结构调整为投资较少的环网结构或辐射结构。

4.1.2 典型案例解析

4.1.2.1 目标网架选择

NC市是我国东南沿海重要港口城市，电压等级序列为500/220/110（35）10/0.38kV，市区高压配电网以110kV电压等级为主，35kV电压等级已经基本退出公用电压等级序列，规划中NC市共计划分为A+、A、B、C、D五类供电区域，市区主要为B类以上供电区。

NC市区110kV变电站以110/10kV双绕组变压器为主，远景规模按照三台主变压器设计，单台主变压器容量为31.5、40MVA和50MVA三种，变电站110kV侧主要采用内桥接线和内桥加线变组接线方式，110kV线路多采用截面为1×630、1×500、1×400mm² 的电缆或截面为240、300mm² 的架空线。

NC市区110kV电网主要采用辐射型或双侧电源链式接线模式，接线方式如图4-7所示。

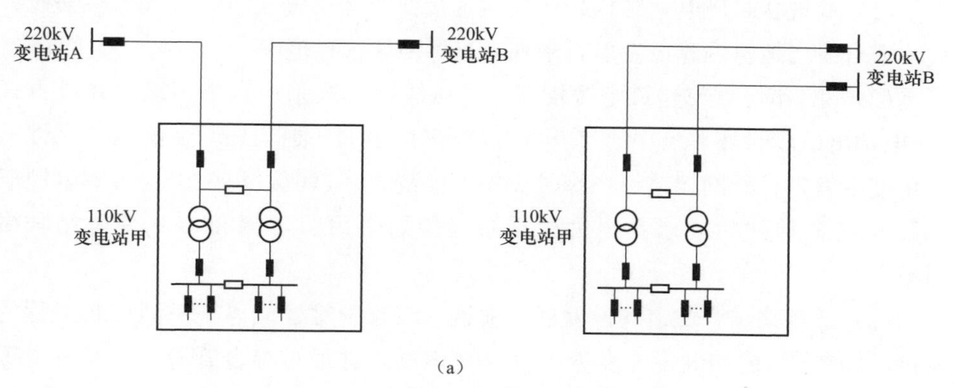

图4-7 110kV电网现状主要接线示意图（一）

(a) 辐射型接线

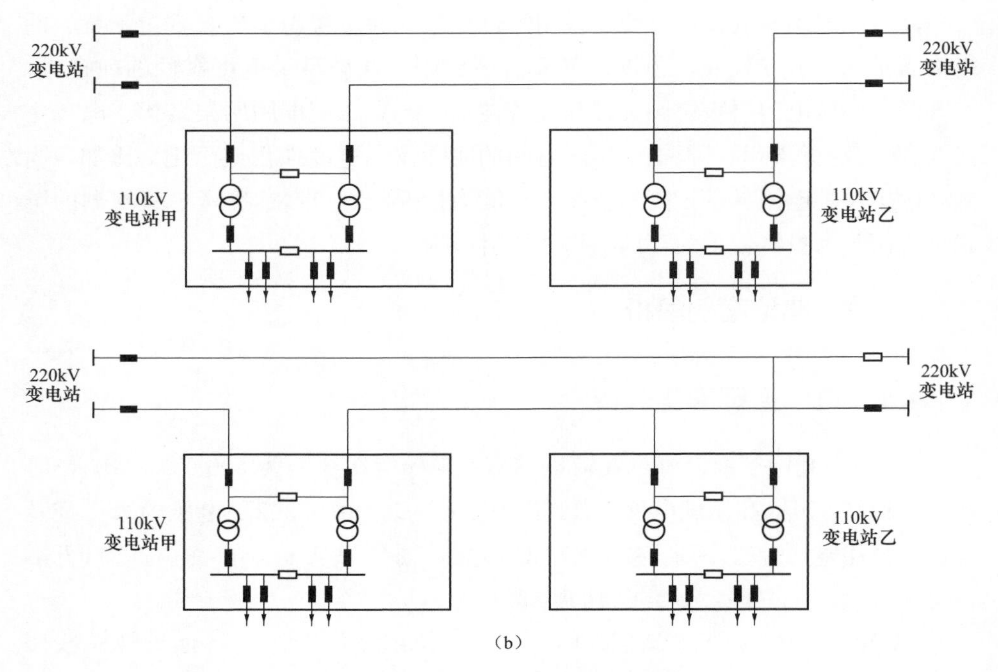

图 4－7　110kV 电网现状主要接线示意图（二）

（b）双侧电源链式接线（四线两站四变）

根据 Q/GDW 10738—2020《配电网规划设计技术导则》要求，NC 市高压目标网架可以选择双辐射、多辐射、双环网、单链、双链、三链这几类供电方式，其高压目标网架选择从以下几个方面展开：

（1）从现状高压电网结构、变电站主接线及运行方式看，环式、多辐射方式不适合于当地电网建设发展，未列入目标网架选择范围。

（2）NC 市区城市建筑密度较高，高压线路一般采用同塔多双路建设方式（变电站出口段除外），110kV 变电站进线多位于同一通道内，从满足可靠性需求角度出发，目标网架结构选择时优先考虑链式。过渡过程中出现单侧电源双辐射、双 T 接线时要求在电力设施布局规划中预留对侧 220kV 变电站联络通道。

（3）近年来结合城市建设发展、地铁、综合管廊建设等一系列市政工程的推进，NC 市区内相继投入多座 220kV 变电站，并通过综合管廊、地铁隧道等实现电力廊道互通，具备链式接线的条件。

（4）NC 市区 110kV 变电站远期三台主变压器建成后，主接线一般为“内桥+线路—变压器组”接线方式，无三台线路—变压器组接线、扩大内桥接线和单母分段接线方式，其220kV变电站供给能力、间隔配置、高压线路输送能力以及运行管理方式不支持三链接线方式。

综合上述各方面因素，NC市区110kV电网目标接线方式网架采用双侧电源双回链式接线，由2座220kV变电站作为电源，采用T、Π混合方式接入2座110kV变电站，变电站主接线采用内桥加线变组接线方式。110kV架空线路导线截面选择$300mm^2$钢芯铝绞线，电缆线路导线截面选择$630mm^2$截面电缆。110kV电网目标网架接线示意图如图4-8所示。

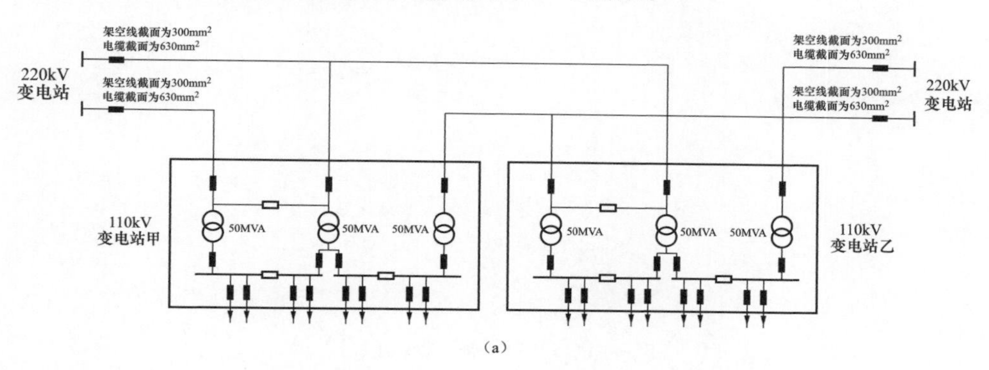

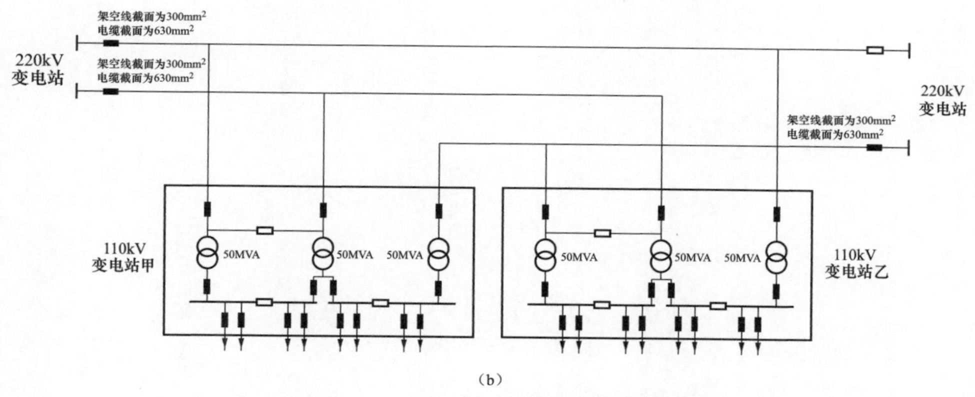

图4-8 110kV电网目标网架接线示意图

(a) 方式一；(b) 方式二

4.1.2.2 辐射结构向环网结构过渡

单辐射形成双环网接线过渡方式有两种，一种为单辐射—单环网—双环网，过渡方式示意如图4-9所示，另一种为单辐射—双辐射—双环网，过渡方式示意如图 4－10 所示。

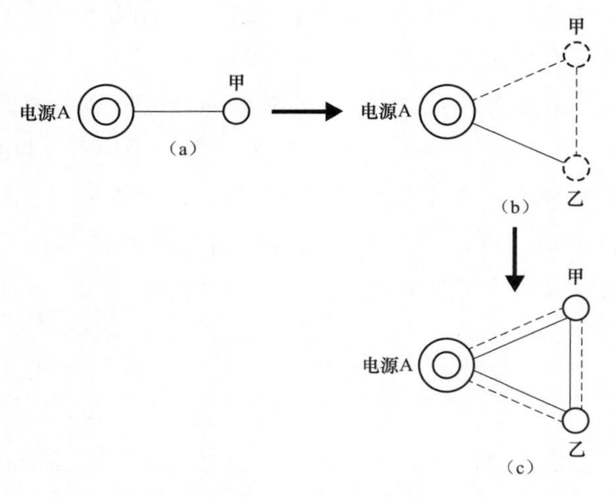

图 4－9　单辐射形成双环网接线（一）

（a）单辐射；（b）单环网；（c）双环网

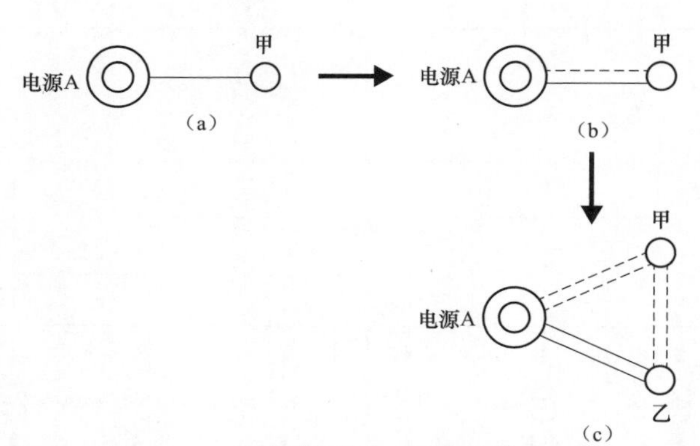

图 4－10　单辐射形成双环网接线（二）

（a）单辐射；（b）双辐射；（c）双环网

4.1.2.3　辐射结构向链式结构过渡

辐射结构向链式结构过渡流程如图 4－11 所示。

单辐射结构形成三链网架，过渡顺序为单辐射—单链（T 接）—双链（T 接）—双链（T、Π混合）或三链（T 接），过渡方式示意如图 4－12 所示。

单辐射结构形成三链网架，过渡顺序为单辐射—双辐射（T 接）—双链（T 接）—双链（T、Π混合）或三链（T 接），过渡方式示意如图 4－13 所示。

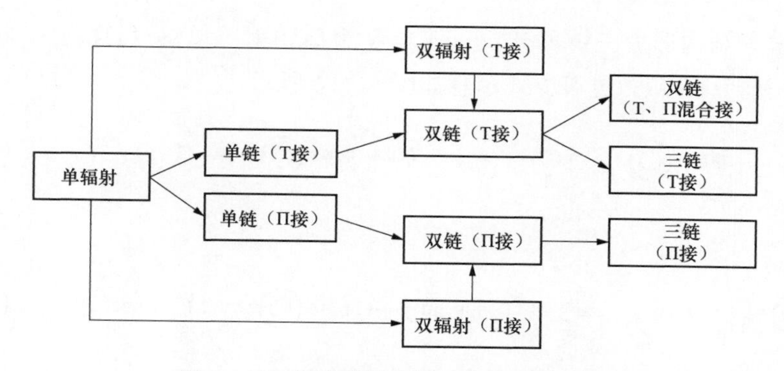

图 4-11 辐射结构向链式机构过渡流程

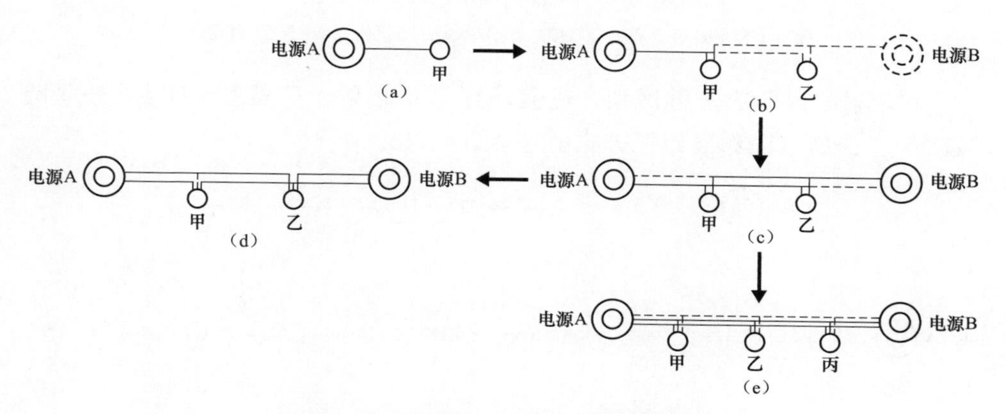

图 4-12 单辐射结构向三链网架过渡

（a）单辐射；（b）单链（T 接）；（c）双链（T 接）；（d）双链（T、Π混合）；（e）三链（T 接）

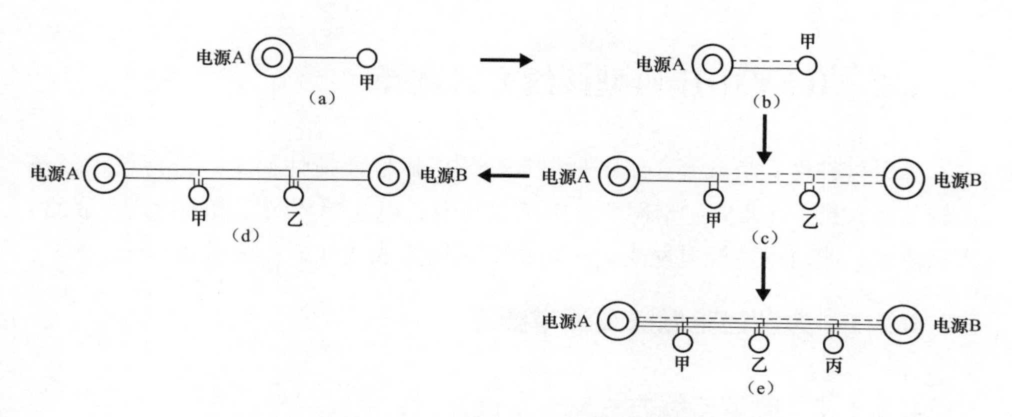

图 4-13 单辐射结构向三链网架过渡

（a）单辐射；（b）双辐射（T 接）；（c）双链（T 接）；（d）双链（T、Π混合）；（e）三链（T 接）

单辐射结构形成三链网架，过渡顺序为单辐射—单链（Π接）—双链（Π接）—三链（Π接），过渡方式示意如图 4－14 所示。

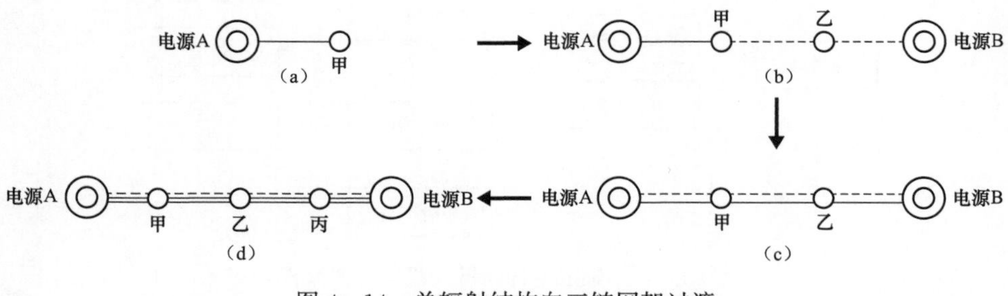

图 4－14 单辐射结构向三链网架过渡

（a）单辐射；（b）单链（Π接）；（c）双链（Π接）；（d）三链（Π接）

单辐射结构形成三链网架，过渡顺序为单辐射—双辐射（Π接）—双链（Π接）—三链（Π接），过渡方式示意见图 4－15。

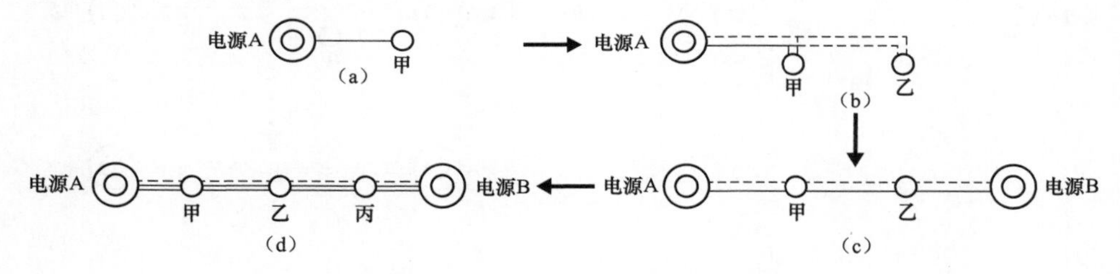

图 4－15 单辐射结构向三链网架过渡

（a）单辐射；（b）双辐射（Π接）；（c）双链（Π接）；（d）三链（Π接）

4.2 10kV 中压典型接线方式选择

针对可靠性、负载率、经济性、运行倒闸操作便捷性要求，进行技术经济比较分析，推荐 10kV 主干网架（电缆双环网、电缆单环网、多分段适度联络）适用范围，同时阐述配电网规划中对典型接线方式选取的经验做法。

4.2.1 典型经验做法及评审要点

4.2.1.1 典型接线方式

中压配电网接线方式主要以下 6 种，其中架空网包括多分段单辐射、多分段单联络和多分段适度联络 3 种；电缆网包括单环网、双环网和 N 供一备 3 种。

1. 架空多分段单辐射

架空多分段单辐射接线是有一座变电站中压母线供出单条线路，线路未与其他线路进行联络，典型接线示意图如图 4－16 所示。

2. 架空多分段单联络接线

架空多分段单联络是通过一个联络开关，将来自不同变电站的中压母线或相同变电站不同中压母线的两条馈线连接起来。架空多分段单联络典型接线示意如图 4－17 所示。

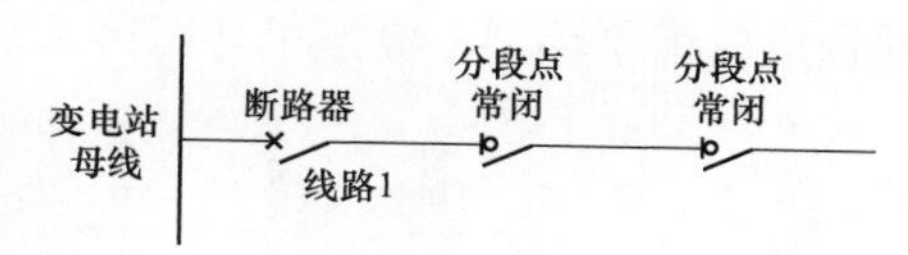

图 4－16 架空多分段单辐射典型接线示意

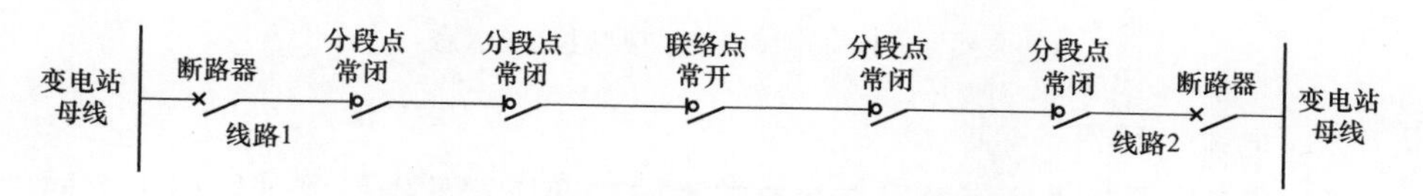

图 4－17 架空多分段单联络典型接线示意

3. 架空多分段适度联络

架空多分段适度联络结构是通过 n（一般不超过 3）个联络开关，将一条中压线路与来自不同变电站或相同变电站不同母线的其他三条中压线路联络，任何一个区段故障，均可通过联络开关将非故障段负荷转供到相邻线路，线路分段点的设置需要随网络接线及负荷变动进行相应调整。架空多分段三联络典型接线示意如图 4－18 所示。

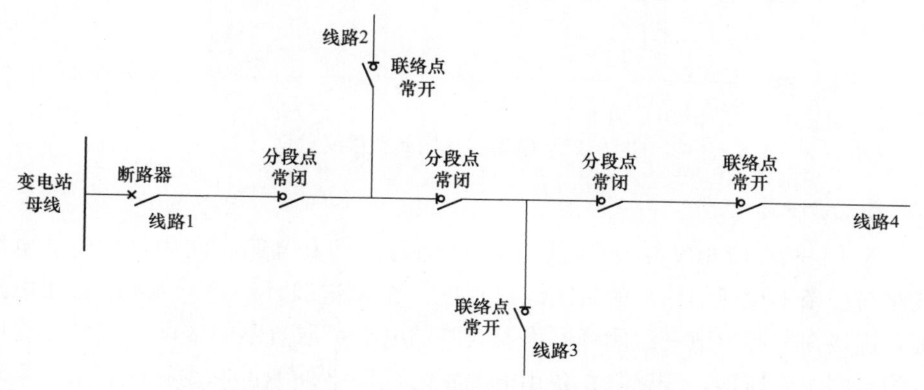

图 4－18 架空多分段适度联络典型接线示意

4. 电缆单环网

电缆单环网一般为变电站不同主变压器中压侧分别馈出 1 回中压电缆线路，经由若干环网室（箱）后形成单环结构作为主干网，两回线路可优先来自不同的高压电源，不具备条件时尽可能地来自同一高压电源的不同母线；配电室由环网室（箱）出线供电，采用辐射式和单环网形成次级网络，与主干网共同构成电缆单环网。电缆单环网典型接线示意如图 4－19 所示。

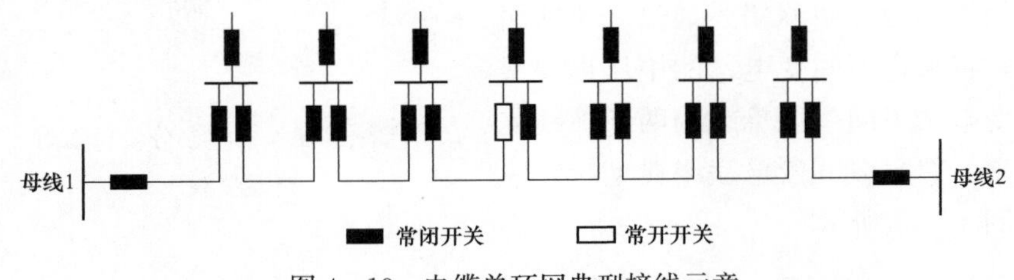

图 4－19　电缆单环网典型接线示意

5. 电缆双环网

电缆双环网是由 2 座及以上变电站不同主变压器的中压侧分别馈出 2 回中压电缆线路，经由若干开关站、环网室（箱）后分别形成两个并列单环构成主干环网，配电室由环网室（箱）出线供电，采用辐射式和单环网形成次级网络，与主干网共同构成电缆双环网。电缆双环网典型接线示意如图 4－20 所示。

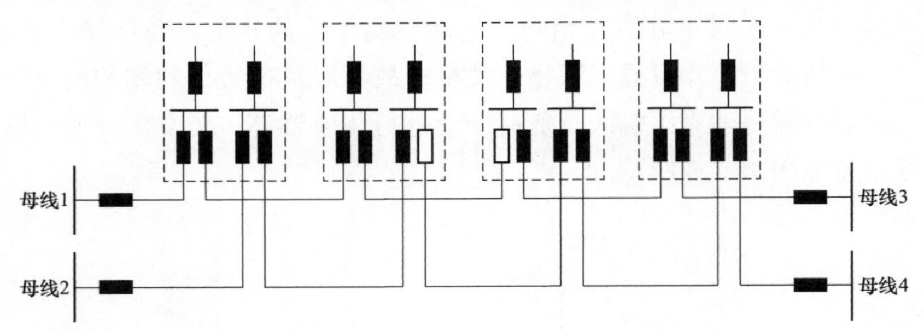

图 4－20　电缆双环网典型接线示意

6. N 供一备

N 供一备（$2 \leqslant N \leqslant 4$）接线指 N 条通过环网室（箱）向用户供电的电缆线路与一条不接任何用户的备用线路在同一个多进线环网室（箱）（备用电源柜）连接在一起形成一组闭环网络，线路的电源可取自不同变电所或同一变电所的不同主变压器，线路除在备用电源柜形成联络外不再形成其他联络。主环节点为环网室（箱），采用单母线接线。N 供一备（$2 \leqslant N \leqslant 4$）典型接线示意如图 4-21 所示。

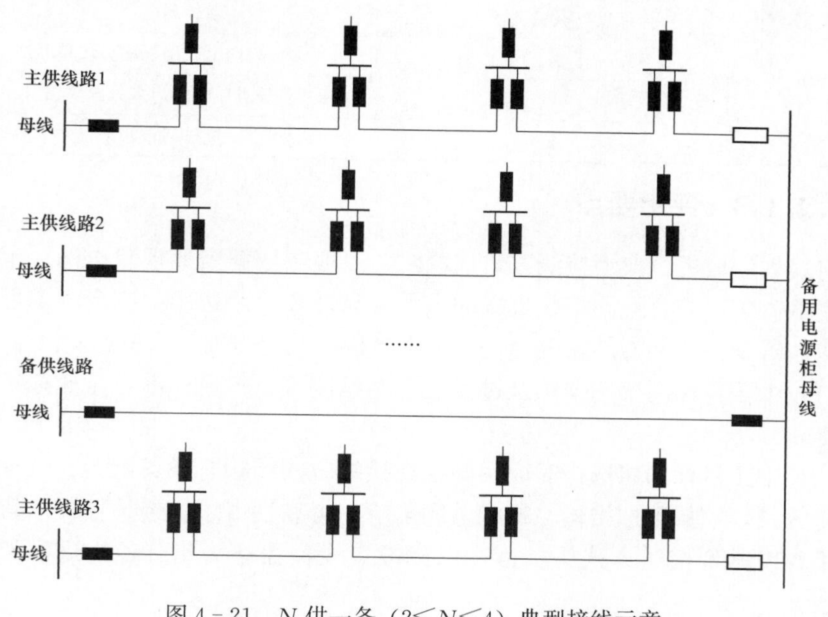

图 4-21 N 供一备（$2\leqslant N\leqslant4$）典型接线示意

4.2.1.2 目标网架结构选取

中压配电网目标网架应在饱和负荷预测的基础上，结合现状电网、电力需求情况，以上级电网规划为边界条件构建，目标网架应满足结构规范、运行灵活，非正常方式下负荷转移能力等要求。

中压目标网架应实现高、中、低压配电网三个层级的相互匹配、强简有序、相互支援，适应不停电作业开展需要，具备满足分布式电源、电动汽车充电设施接入的能力，满足配电自动化发展需求，具有一定的自愈能力和应急处理能力，并能有效防范故障连锁扩大。

各类供电区域中压配电网目标电网结构可参考 Q/GDW 10738—2020《配电网规划设计技术导则》并结合本地特点选取，具体见表 4-3。

表 4-3 中压配电网目标电网结构推荐表

线路形式	供电区域类型	目标网架结构
电缆网	A+、A、B	双环式、单环式
	C	单环式

续表

线路形式	供电区域类型	目标网架结构
架空网	A+、A、B、C	多分段适度联络、多分段单联络
	D	多分段单联络、多分段单辐射
	E	多分段单辐射

4.2.1.3 评审要点

对规划区域进行典型接线方式选取时，一般应依据当地现状电网、市政发展及用电需求，结合不同接线方式的供电可靠性和年总费用，综合考虑后再进行选取。对于中压网架结构选择评审应考虑以下几个方面。

（1）中压目标网架选择以及过渡技术路线应符合行业标准、企业标准的各项规定。

（2）中压目标网架选择时应明确各类接线方式结构、设备配置、规模控制及运行方式等，从可选结构、现状电网影响、可靠性需求、经济性需求等多方面入手，以典型接线方式为标准，以标准接线覆盖率为指标，推进网架结构优化。

（3）对于已形成标准接线的区域电网，应按供电区域的建设目标，进一步优化网架，合理调整分段，控制分段接入容量，提升联络的有效性，加强变电站之间负荷转移，逐步向电缆环网、架空多分段适度联络的目标网架过渡。对于网架结构复杂、尚未形成标准接线的供电单元，应进行简化线路接线方式研究，取消冗余联络及分段，明确主干路径，优化分支结构、规范配电变压器接入，一次性改造完成。

（4）对于处于建设发展的区域电网，在固化现有线路运行方式的基础上，结合变电站资源、用户用电时序、市政配套电缆沟建设情况、中压线路利用率等因素，按照投资最小、后期建设浪费最少、设施能够充分利用的原则合理确定规划期网架结构，逐步向远景目标网架过渡，有条件区域可按远景目标网架建设，分期实施。

（5）对于现状复杂接线以接线组为单位进行主干线联络方式和层级结构分析，明确主干线路分段与联络关系，梳理供电单元间隔利用情况，解决供电能力不足、可靠性不高等问题。

4.2.2 典型案例解析

分别选取 GB 网格、NC 网格为例，介绍如何选取架空网和电缆网目标网架接线方式。

4.2.2.1 架空网目标网架选择

GB网格属于C类供电区域，以一般商业和居住负荷为主，现状年网格内多数为单辐射线路，到目标年负荷为3.78MW/km²，区域电网接线图如图4-22（a）所示。该类型区域目标网架选择主要考虑以下几个方面：

（1）备选接线方式：通过目标年负荷密度水平分析该区域属于C类供电区，可以选择电缆单环式、架空多分段适度联络和架空多分段单联络三种方式。

（2）现状电网影响：该区域现状电网为架空线路，经查沿线无电缆通道及环网箱室建设空间，当地政府及相关部门无明确电缆化建设需求，因此目标年选择架空接线方式较为经济可行。

（3）可靠性需求：目标年该区域内无双电源供电用户，线路供电能力可以满足该区域负荷发展需求，采用多分段单联络方式能够满足非正常方式下负荷有效转移，可以在保障供电可靠性前提下，实现主干结构简洁清晰，

该区域目标年平均负荷密度较低，供电区域目标年负荷预测结果共计6.93MW，按照主干线截面为240mm²测算，目标年01线、02线两条线路可以满足供电需求，架空多分段单联络方式较为适合该区域线路。因此推荐该区域目标网架选择多分段单联络接线方式，将原有单辐射接线改造为单联络接线，在两线路末端进行联络，01线和02线改造前后对比示意如图4-22所示。

4.2.2.2 电缆网目标网架选择

以B类供电区域的NC网格为例，该区域目标年负荷为8.96MW/km²，网格内主要以商业、居住以及部分办公场所为主，属于城市建成区。现状电网为电缆架空混合网络，根据当地城市发展需求，存量架空线路有入地需求，区域电网接线图如图4-23（a）所示。对于该类区域目标网架选择应从以下几个方面考虑。

（1）备选接线方式：通过目标年负荷密度水平分析该区域属于B类供电区，可以选择电缆单环式、电缆双环式、架空多分段适度联络和架空多分段单联络四种方式。

（2）现状电网影响：该区域现状为架空电缆混合网络，市政有入地需求。考虑到混合网络今后在配电自动化建设、运维管理等方面的不利因素，目标网架应统一成同一类接线方式，因此目标网架宜考虑电缆网络。

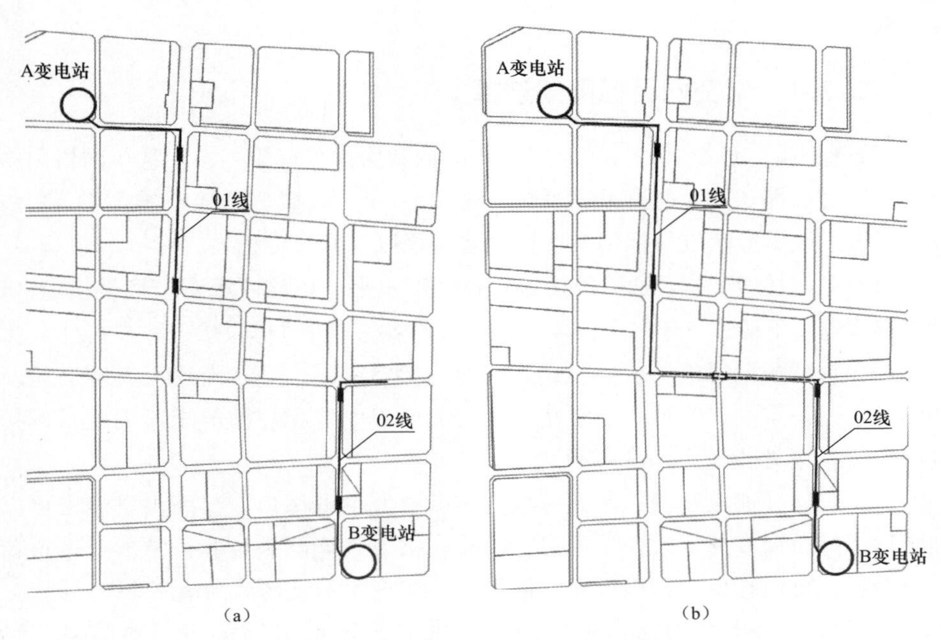

(a)　　(b)

图 4-22　多分段单联络改造前后对比

(a) 改造前；(b) 改造后

(3) 可靠性需求：从该区域用户供电可靠性需求情况看，以单电源供电的三级用户为主，无二级以上用户，无双路供电需求。即便未来出现双电源用户，也可从相邻的环间便捷获取电源点，从可靠性需求角度电缆单环式可以满足需求。

(4) 经济性需求：从该区域电网建设经济性角度出发，现状架空电缆混合网络中电缆线路都是通过户外环网箱进行负荷分配的，环网箱也都是单独建设并向下供电，未能对下级用户提供双路电源，与目前标准双环接线差距较大，如选择双环式接线作为目标网架，则需要在环网箱室建设上进行较大投入，建设投资、空间占用较多，经济性较低，选择电缆单环式接线建设投资更为经济。

结合上文分析结果，目标年 NC 网格选择电缆单环式作为目标网架接线方式。结合空间负荷预测结果、现状电网结构以及现有环网设施等多种因素综合考虑，目标年形成 A1 线—B1 线和 A2 线—B2 线两组电缆单环式接线，对 B2 线、A2 线现状架空主干线进行入地改造，解开原 B2 线与 A1 线在 A1-3 环网箱联络，解开 A2 线与 C1 线跨网格联络，并新建 5 座环网箱将现有架空线挂接负荷有序接入形成目标网架，改造前后接线图如图 4-23 所示。

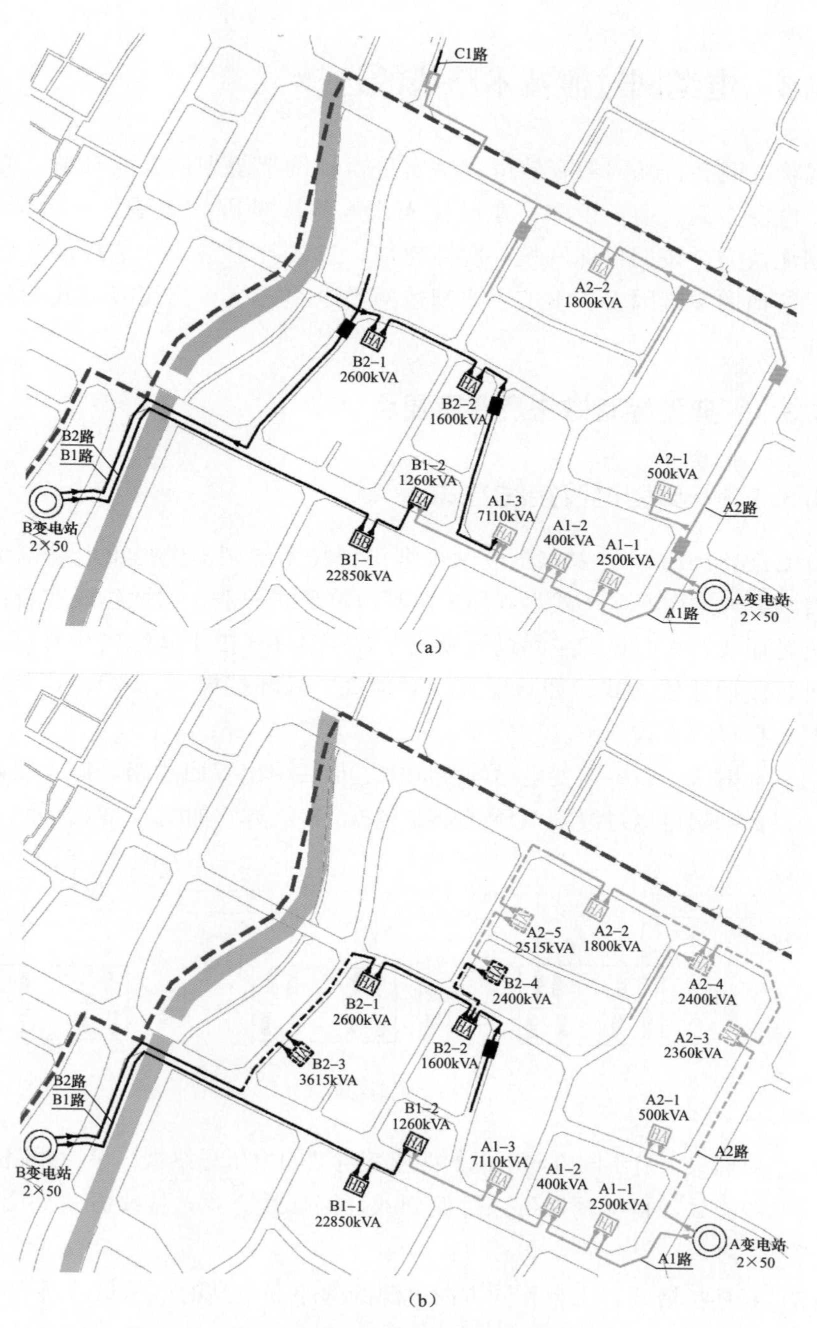

图 4-23 NC 网格改造前后对比

(a) 改造前；(b) 改造后

4.3 电缆网过渡技术路线的选择

现状电网到目标网架有效过渡是实现目标网架规划的重要环节。受区域发展、电源布局、通道设施、建设投入成本等多种因素影响，一般情况下，配电网无法完全按照目标网架一次性建成，过渡技术路线的选择成为影响规划成果落地的关键因素。本节主要阐述两类电缆网络典型接线方式的过渡技术路线。

4.3.1 典型经验做法及评审要点

4.3.1.1 典型过渡接线方式

Q/GDW 10738—2020《配电网规划设计技术导则》中提出电缆网络目标网架接线方式主要有单环式和双环式两种：单环式一般一次性建成或者由复杂联络拆解而成，无明显的中间过渡接线方式；双环式由于其结构相对复杂，存有多种过渡期接线方式，如双射式、对射式、双环扩展式、双环T接式等方式，其典型接线方式如下。

（1）双射式：自一座变电站的不同中压母线引出双回线路，形成双射接线方式，目标网架可以过渡到双环网接线方式，接线方式如图4-24所示。

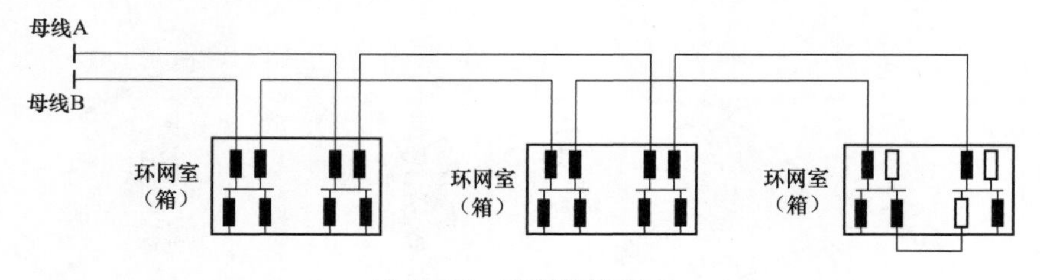

图4-24　双射接线方式

（2）对射式：自不同方向电源的两座变电站的中压母线馈出单回线路，组成对射线接线方式，目标网架可以过渡到双环网接线方式，接线方式如图4-25所示。

（3）双环扩展式：来自不同方向电源的两座变电站的中压母线各自引引出二对（4回）线路，形成双环扩展式接线方式，扩展出的双环应与目标网架接线相衔接，接线方式如图4-26所示。目标网架过渡到双环网接线方式。

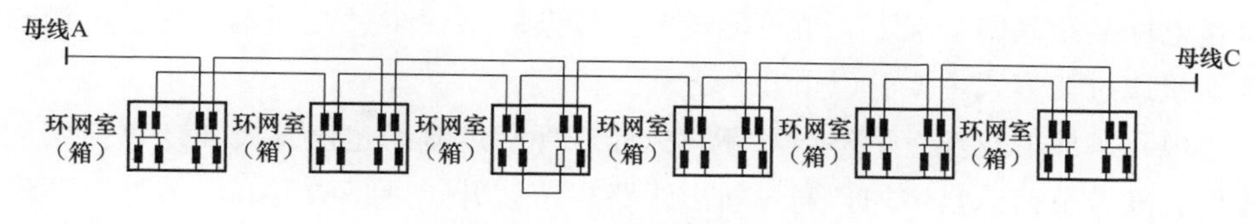

图 4－25 对射接线方式

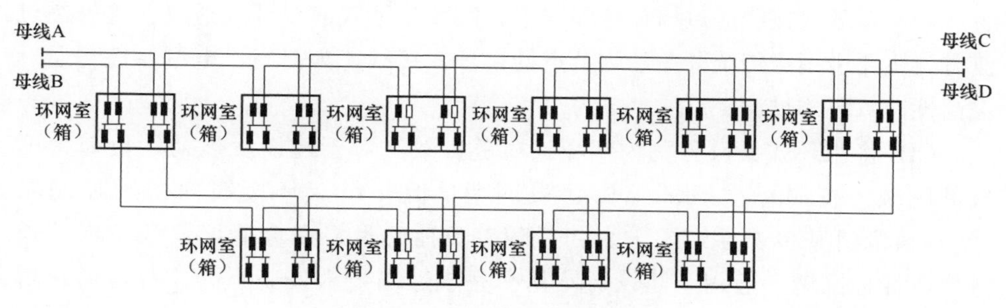

图 4－26 双环扩展式接线方式

（4）双环扩展 T 接式：自不同方向电源的两座或三座变电站的中压母线各自引出二对（6 回）线路，形成双环 T 接式接线方式，T 接的双路接线应与目标网架接线相衔接，目标网架可以过渡到双环网接线方式，接线方式如图 4－27 所示。

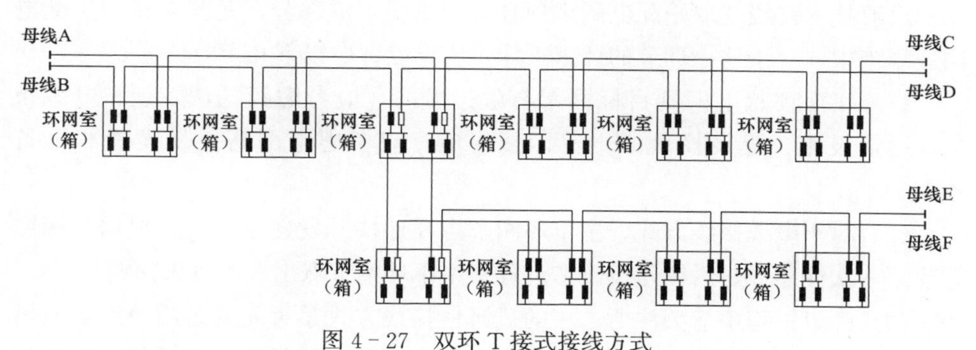

图 4－27 双环 T 接式接线方式

4.3.1.2 过渡技术路线

电缆网目标网架过渡技术路线可以分为两个维度：一是由复杂接线向标准接线的过渡，该路线涉及复杂接线方式的拆解和优化；二是由非标准接线向标准接线过渡。

从网架结构角度看，电网建设中电缆单环式接线多一次性建设完成，少数存量电网复杂联络情况下，也可能需要由复杂联络逐步过渡到单环网。电缆双环式接线过渡方式主要有以下几个方面：

（1）扩展型双环、T接型双环向标准双环网过渡。建设发展初期负荷密度较低，随着负荷总量增加，通过新出线路规范解开扩展型双环、T接型双环形成标准接线，实现向目标网架的过渡。

（2）单环式接线通过增加环间联络，实现单环式向双环式过渡。这一类过渡方式主要适用于传统开关站为节点的单环式接线，为提高供电可靠性与运行灵活性向双环式过渡。

（3）将双环式长链分割为双环式短链方式。对于建设发展初期负荷密度较低区域，按照标准双环结构建设网架，但一组双环接线内主干环网箱（室）数量明显多于导则要求。之后随着负荷总量，在合适位置开断双环长链形成目标网架。适用于建设开发基本完成但用户入住率不高、负荷尚在增长的区域。

（4）随着后期上级变电站出线能力增强，从对侧变电站出线，逐步将双射、对射等过渡接线方式过渡为标准双环接线。

4.3.1.3 评审要点

过渡技术路线选取是配电网规划方案的重要组成部分，尤其是在中压配电网规划当中。对于这一环节的评审工作，应重点考虑以下几个方面要点：

（1）实现现状电网到目标网架有效过渡时，应考虑到区域发展、电源布局、通道设施、建设投入成本等因素影响，应考虑电网高质量发展和设备效能。

（2）对于电缆接线方式，主干环网节点在地块开发建设时，应根据目标网架规划一次性建成，后续建设改造过程中主干环网节点出线不宜大幅调整。

（3）评审过程中应关注所选用的过渡性接线方式是否能满足用户对供电可靠性的需求，尤其是对于建设发展初期负荷密度普遍较低但存在跳跃式增长的不确定性时，所选接线方式是不宜存在供电瓶颈。

（4）对于选择扩展型双环式和T接型双环式作为过渡接线地区，评审时应关注过渡方案中过渡至标准接线时线路通道的预留情况，避免由于通道考虑不周，导致无法按照预期路径解开过渡接线，造成供电瓶颈或使网架结构复杂化。

（5）对于选择长链分割为短链作为过渡方式的地区，评审时应关注长链规模、路径、供电范围的合理性以及分割为短链时分割线路电源点建设时序与出线路径，避免出现分割线路无法送出或送出时间与负荷发展不匹配所产生的一系列问题。

4.3.2 典型案例解析

4.3.2.1 双射接线方式向双环接线方式过渡

在区域电源较为单一、短期无法形成双侧电源供电情况下，可以选择双射方式作为过渡接线（见图 4－28）。建设初期采用双射方式，待对侧供电电源建成后，新出线路与已建成双射线路形成联络。建设过程中在环网箱（室）下级形成的分支联络应同步解开，最终形成标准双环接线。过渡过程中环网箱（室）装接容量与接入主干环节点数量应按照线路载流量限额进行控制，满足正常供电需求并确保转供时不过载。

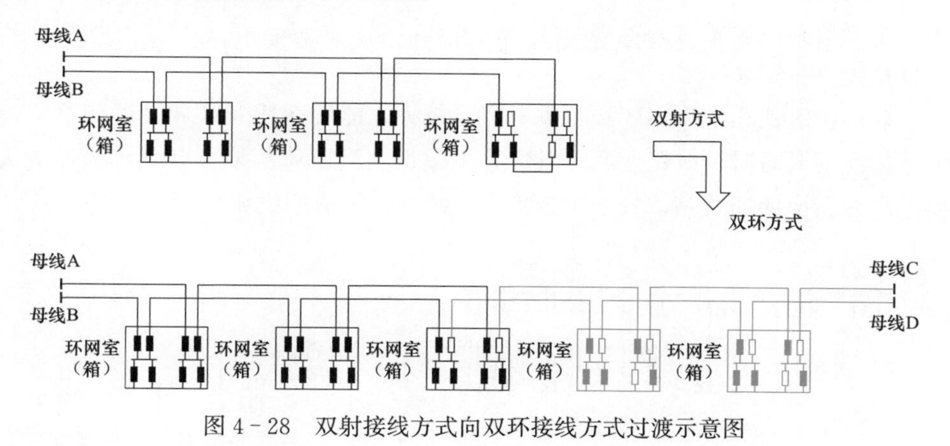

图 4－28 双射接线方式向双环接线方式过渡示意图

4.3.2.2 对射接线方式向双环接线方式过渡

当规划区具备双侧电源供电条件，但由于变电站出线间隔紧张或供电能力不足，在满足供电能力与运行安全情况下，可选用对射方式作为过渡接线（见图 4－29）。建设初期环网箱（室）装接容量与接入主干环节点数量应按照线路载流量限额进行控制，满足正常供电需求及转供时不过载；当上级变电站出线经调整可以满足需求后，由对射式接线的 2 座变电站的另一段母线各出 1 回线路至原线路末端形成 1 组典型双环接线。

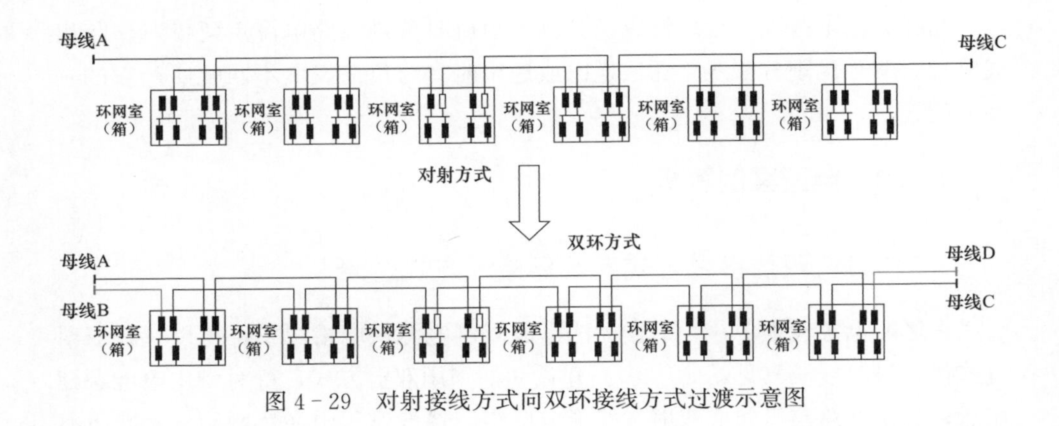

图 4-29 对射接线方式向双环接线方式过渡示意图

4.3.2.3 双环扩展、双环 T 接方式向双环接线方式过渡

当规划区具备双侧电源供电条件，区域用户开发较为分散、总体报装容量大、主干道路建设相对完善等条件下，可选用双环扩展式或 T 接型双环式作为过渡接线（见图 4-30）。

双环扩展式相较于双环式，供电范围较大，能够在适应区域发展初期负荷分散情况的同时减少线路迂回，避免重复建设。当负荷水平上升后，选择上级供电电源新出四回线路，分别割接扩展段线路，形成两组典型双环接线。

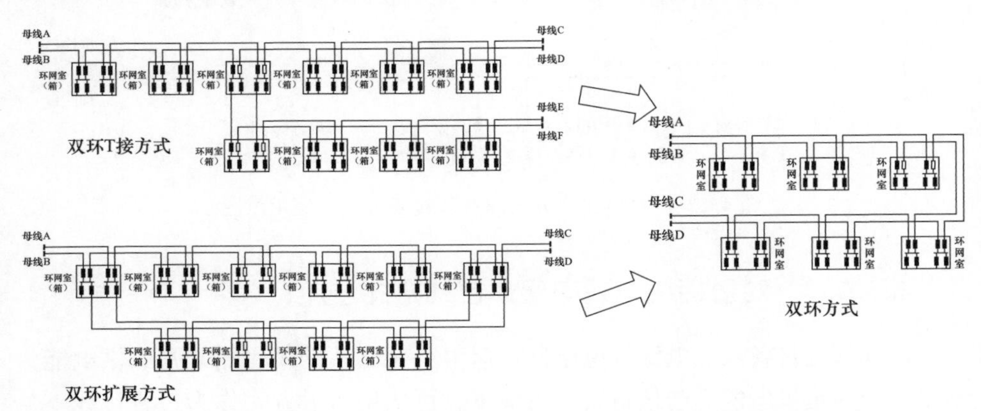

图 4-30 双环扩展、双环 T 接方式向双环接线方式过渡示意图

双环 T 接方式可用于线路负荷较重且新增用户较多、变电站出线紧张区域，能够有效解决线路负荷较重情况下新增负荷接入的问题。T 接型双环式在建设过程中应充分考虑与目标网架的对接，避免重复建设。双环扩展 T 接式与

目标网架接线相似，可由 1 座变电站的不同母线各新出 1 回线路在多联络点位置（T 接处）进行割接，形成两组典型双环接线。

4.3.2.4 双环长链向双环短链接线过渡

除由过渡接线方式向双环接线方式演变的技术路线外，将双环长链分割为短链也是一种较为普遍的过渡方式（见图 4－31），适用于建设开发基本完成、用户入住率较不高且负荷尚在增长区域，过渡方案如下：

（1）中压过渡接线方式仍选用电缆双环方式，过渡期主干线路环网箱（室）及以下电网结合用户报装及地区开发情况，按目标网架规划结果一次性建成。

（2）过渡期双环主干网架以线路最大供电能力为标准，尽可能覆盖有供电需求的区域，将环网箱（室）接入主干环，单个双环接线供电容量、节点数量以线路最大电流不超过运行限额。

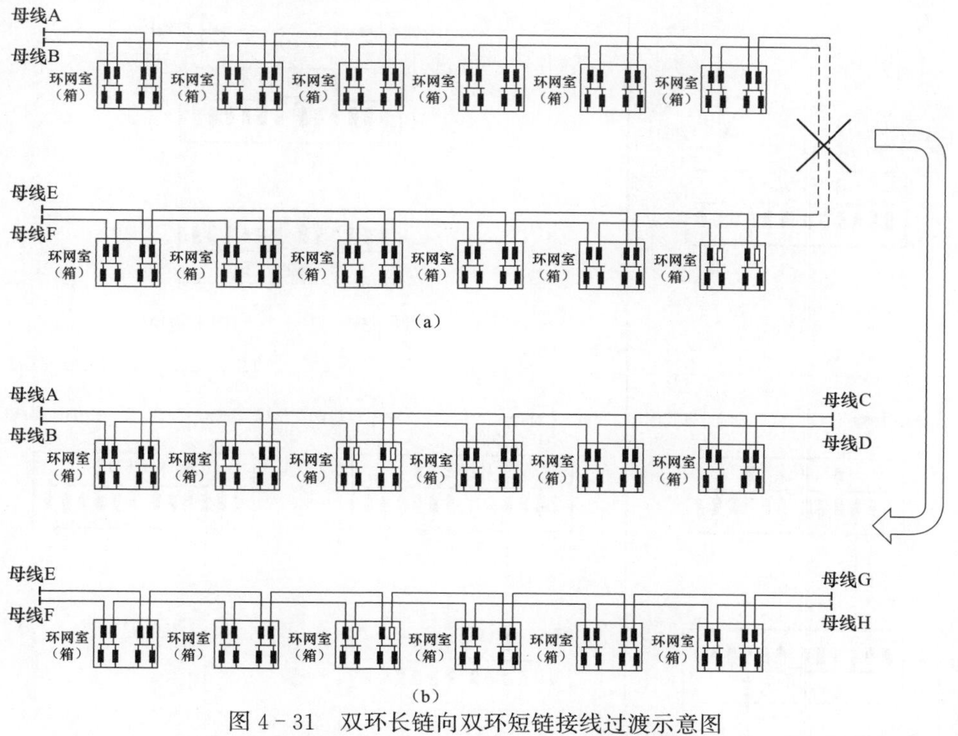

图 4－31 双环长链向双环短链接线过渡示意图

（a）过度年长链双环接线；（b）目标年长链变短链双环接线

（3）当区域负荷逐步增长，环网线路供电能力不能满足需求时，根据目标网架规划结构，结合新建变电站送出工程，针对性地开断已建成双环长链，形成两个或多个双环短链，满足供电需求同时也符合目标网架规划结果。

双环长链开断到双环短链的方式，对负荷密度快速上升的城市核心区有较强的适应性。一方面能够在城市建设发展初期按照目标网架获取相关通道资源，基础设施建设投入资本最小，另一方面环网箱（室）及用户接入均按照目标网架一次性建成，以较高的供电可靠性持续满足用户需求，后续网架结构优化、切改仅涉及变电站出线段，建设投入性价比较高。

4.3.2.5 单环式（开关站直供）向双环式过渡

采用单环式（开关站直供）接线方式地区，应根据实际运行需求与电网建设发展情况，由单侧电源双射方式、双侧电源直供方式向开关站双环方式过渡（见图 4 - 32），以提升供电可靠性与运行灵活性。过渡过程中环网装接容量与

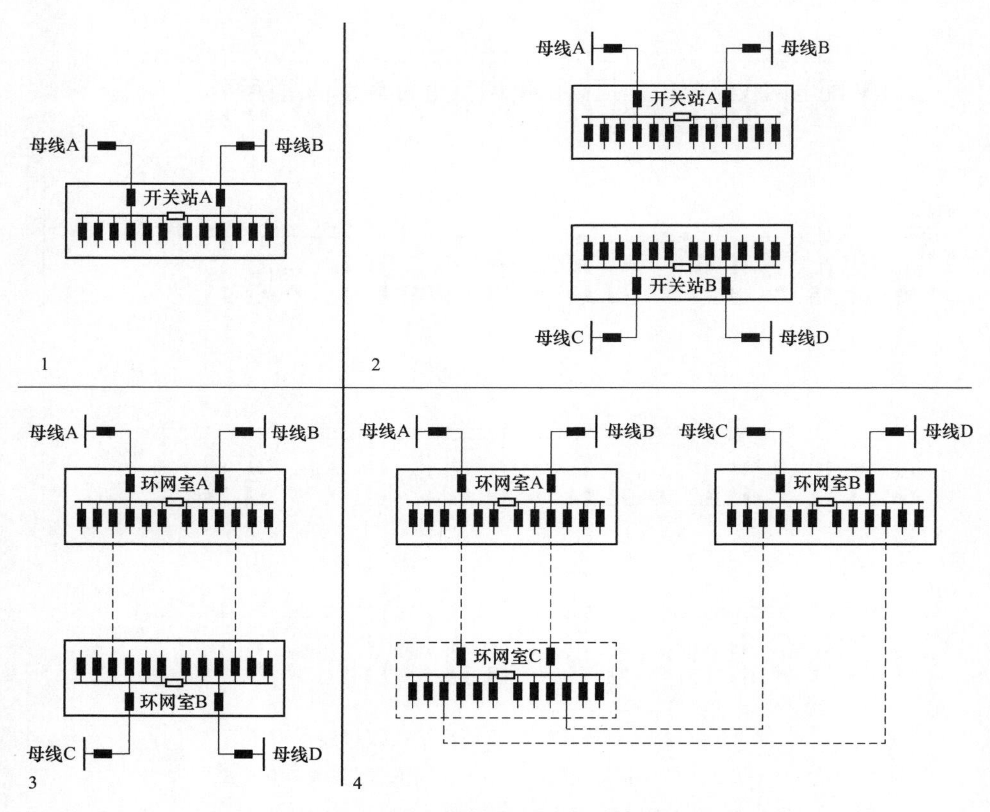

图 4 - 32　开关站接线过渡方式演变示意图

接入主干环节点数量应按照线路载流量限额进行控制，满足正常供电需求及转供时不过载要求，过渡方式分为以下三种情况。

(1) 具备双侧电源供电条件，在供电半径、电能质量允许条件下，应优先选择形成双侧电源直供式接线。待负荷发展成熟后，通过开关站不同母线进行联络形成双环接线。

(2) 不具备双侧电源供电条件，或形成双侧电源直供方式时一侧主供线路供电半径大幅超标，可采用单侧电源双辐射方式。待对侧供电电源及通道完善后，通过开关站不同母线间进行联络形成开关站双环接线。

(3) 过渡过程中开关站双环式内环入的开关站数量不宜超过3个，主干环内不再环入环网室（箱）等其他设施。

4.4 线路分段容量、分段数量合理优化

10kV配电网线路分段是提高配电网供电可靠性的有效措施。通过合理地控制分段数量和分段容量，达到控制线路计划检修、故障停电范围、提高供电可靠性的目的。理论上来讲，分段越多，每段上的用户就越少，每次由于故障或计划维修造成停电影响的用户数就越少，供电的可靠性也就越高。但实际上，线路分段过多，不仅会增加相关分段开关的投资，也造成维护工作量和设备事故率的增加，并不一定能有效提高供电可靠性。因此需要根据实际情况，结合管理目标，明确线路分段数量及分段容量的控制目标，指导配电网规划和建设改造。

实际工作中，如何合理控制分段数量和分段容量，主要存在以下争议和困难：

(1) 相关规划技术导则中，并没有明确的分段数量和分段容量控制目标规定。此外，不同地区的运维管理习惯不同，单纯确定某个数值作为分段数或分段容量的管控目标，在实际操作中，其适应性、合理性和说服力欠佳。

(2) 不同的规划区域，如县城区、地级市中心城区等，供电可靠性要求不尽相同。如何确定对应的分段数量及分段容量，尚没有明确的标准。

(3) 控制分段数往往难以兼顾分段容量的合理性。比如线路装接配电变压器容量较高，但实际负载较轻。若单纯从分段控制2～5段考虑，可能会造成部分分段容量偏高；若单纯从控制分段容量考虑，可能会造成分段数过多。

（4）在负荷发展成熟区域，各地块负荷已明确，分段数量和分段容量相对容易确定。但对于处于规划建设阶段、负荷发展不充分的区域，按照最终规模控制分段数和分段容量进而确定线路条数，部分线路可能会出现轻载运行，造成间隔资源的浪费。特别是部分城市新建大量住宅小区，用户报装容量大，但实际负荷低，无法按照管理目标进行相关分段数和分段容量的管控。

本节利用典型案例说明中压架空线路在不同情况下如何合理控制分段数量与分段容量。

4.4.1 典型经验做法

4.4.1.1 规划技术原则解读

Q/GDW 10738—2020《配电网规划设计技术导则》中指出，中压架空线路主干线应根据线路长度和负荷分布情况进行分段（一般分为3段，不宜超过5段），并装设分段开关，且不应装设在变电站出口首端出线电杆上。重要或较大分支线路首端宜安装分支开关。

同时，上述导则中供电安全准则指出“配电网供电安全水平，即‘$N-1$’停运后允许损失负荷的大小及恢复供电的时间应至少符合DL/T 256《城市电网供电安全标准》的要求”。配电网的供电安全水平分为一、二、三级，第一级供电安全水平对应负荷组为2MW以内。

对于第一级供电安全水平要求为：停电范围仅限于低压线路、配电变压器、分段开关间的中压线段或无联络的中压分支线路所影响的负荷，中压线路的其他线段不允许停电，恢复供电时间与故障修复时间相同。

根据上述导则可知，架空线路分段合理是指单条架空线路主干线分为3～5段，且满足第一级供电安全水平要求下，该段内负荷不应超过2MW，通过上述边界条件可以根据规划区建设区域特点、发展成熟程度和可靠性需求程度差异化控制分段数量与分段容量。

4.4.1.2 典型经验做法

对于线路分段数量、分段容量的控制，不应简单地以某个数值或数值区间作为统一的规定。应结合实际，按照供电安全准则，对线路分段数量和分段容量的控制。典型工作流程与做法如下。

（1）供电类别调查：参照城市总体规划或控制性详细规划，结合规划区域定位，明确规划区域供电类别和供电可靠性要求。结合现状电网情况以及政府要求、电力通道建设及规划情况，明确规划区域中压线路接线方式，如电缆单环网、电缆双环网或架空多分段适度联络等。

（2）电网现状调研：调研摸清现状电网情况，如线路架设方式、分段情况、分段容量、线路负载、区域负荷发展阶段（成熟区或发展建设区）以及故障发生情况等。

（3）装接容量分析：通过调研，了解电网线路装接容量情况。明确装接容量是否含主备供容量，特别对于大型新建小区的虚报容量需要进行核实。

（4）负荷水平分析：调研了解区域用户现状负载水平（装接容量与实际负荷情况）及同类别、同级别负荷成熟区域的负载水平。对线路装接容量数据进行处理后，参照成熟区域折算为负荷，参照供电安全准则进行把握管控。由控制分段负荷和负载水平倒推分段容量和分段数控制目标。

（5）分段数量及容量选定：

对于B类及以上供电区，首先可以根据配电变压器平均负载率与分段负荷控制要求测算出分段容量的上限，其次结合规划区线路平均装接容量测算分段数量的区间范围，最后根据规划区供电可靠性需求对停电时户数的要求，测算分段内停电的用户数量上限，三者相结合确定线路分段数量与容量值。该方法同样适用于电缆线路主干线接入环网箱（室）的容量及数量。通过对大量B类及以上供电区的相关数据统计分析发现，架空线路分段数控制在3～4段为宜，分段容量不宜超过4000kVA。

C类及以下供电区其负荷分布并不均衡，同时线路供电半径普遍较长，因此除用上述方法进行测算外，还要结合主干线长度、故障发生情况以及停电影响确定分段数，并结合实际情况对高跳闸率线路的故障频发段加装分段开关，不能完全局限于容量或配电变压器台数的限制。

4.4.2 典型案例解析

4.4.2.1 案例基本情况

选定某B类城市建设区某个网格中压配电网为案例进行解析。为该网格供电的10kV公网线路共计23条，配电变压器平均负载率为33.5%，接线方式以电缆单辐射、电缆单环网、架空多联络方式为主，现状电网拓扑结构图如图4-33所示。

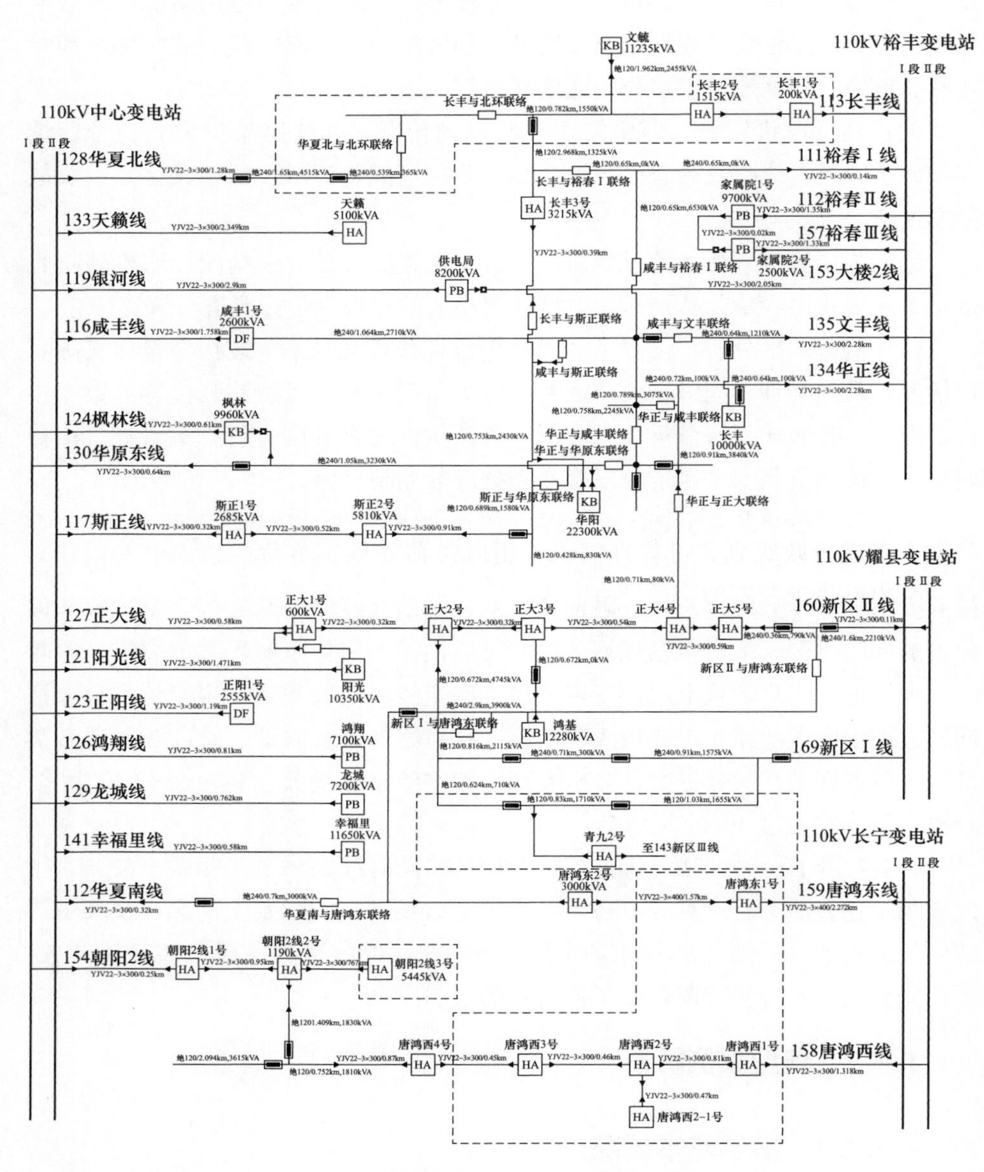

图 4－33 案例网格中压拓扑结构示意图

4.4.2.2 电网中存在的问题

通过对典型案例的规划方案进行分析发现其存有以下几方面问题：

（1）规划区部分线路实际负载率较低，现有线路可以满足近期负荷需求，配电变压器平均负载率在30%左右，大容量环网箱（室）实际供电负荷均未超过2MW。

（2）该网格存在多条移交公网的住宅小区电缆线路，采用环网室或配电室直接供电，现有条件无法进行分段容量控制。

针对上述问题，结合前文提及的分段容量和分段数合理优化方法进行确定。

4.4.2.3 案例优化方案

本次案例优化采用“明确供区、强化主干、合理分段、规范分支、差异推进”的思路，具体过程如下。

1. 明确供电类别

根据《××新区（经济技术开发区）控制性详细规划》，结合××市地区特点，考虑行政级别、可靠性需求、用电负荷发展、负荷性质、重要用户构成、变电站供电范围的完整性、与地方规划有效衔接等因素，确定此次规划的××新区为B类供电区域。

结合现状电网情况以及政府要求，电力通道建设及规划情况，明确规划区域中压线路过渡网架接线方式以电缆单环网、架空多分段单联络为主。规划区域的供电可靠性（RS-1）要求在99.965%以上。

2. 摸清现状

规划区域现状电网线路主要为架空线路和电缆线路，线路分段情况、分段容量、线路装接容量和负载等情况见表4-4。

规划区域为建设区，通过调研得知，该区域存在大量住宅小区。但除部分老小区外，新建小区空置率较高。经计算，规划区域线路平均装接容量负载率不足20%。此外，调研得知该区域经济发展吸引力较弱，人口呈现外流趋势，预计近几年小区入住率将持续低位增长。

3. 装接容量核实

对该区域装接容量进行核实，该区域各小区装接配电变压器容量为考虑住宅户数、相关户均容量指标和小区配套消防、公共服务和商业用电的实际需量提报，非主备供报装容量。

4. 负荷控制

调研规划区域典型住宅小区用户现状负载情况见表4-5。

表 4-4　　案例网格现状分段容量及分段数统计

序号	线路名称	装接容量(kVA)	线路负荷(MW)	线路负载率(%)	装接容量负载率(%)	分段数	平均分段容量	各分段容量(kVA)					分段不合理	备注
								分段1	分段2	分段3	分段4	分段5		
1	169 新区Ⅰ线	20625	2.34	39.47	11.34	3	6875	4940	8115	7570			√	分段容量不合理
2	160 新区Ⅱ线	14520	2.21	47.33	15.24	3	4840	975	2210	6945	4390		√	分段容量不合理
3	158 唐鸿西线	7255	1.20	19.22	16.52	5	1451	0	0	0	0	7255	√	分段容量不合理
4	159 唐鸿东线	19580	3.14	33.57	16.03	3	6527	0	3000	4300	12280		√	分段容量不合理
5	111 裕春Ⅰ线	6530	0.59	12.60	9.03	2	3265	0	6530					—
6	112 裕春Ⅱ线	9700	3.31	49.64	34.14	1	9700	9700						配电室直供线路
7	157 裕春Ⅲ线	2500	0.78	12.50	31.18	1	2500	2500						配电室直供线路
8	134 华正线	12335	2.50	35.64	20.27	4	3084	100	7495	900	3840			—
9	135 文丰线	13570	1.90	30.53	14.03	2	6785	0	13570				√	分段容量不合理
10	153 大楼 2 线	4100	1.09	18.80	26.66	1	4100	4100						配电室直供线路
11	112 华夏南线	3000	0.54	8.13	18.09	2	1500	0	3000					—
12	116 咸丰线	13860	2.66	39.88	19.20	3	4620	2600	11260	0				—
13	117 斯正线	17670	2.49	37.38	14.11	4	4418	2685	5810	0	9175			—
14	119 银河线	4100	1.12	16.84	27.40	1	4100	4100						配电室直供线路
15	121 阳光线	10350	1.98	29.65	19.12	1	10350	10350						阳光开关站直供
16	123 正阳线	2555	0.55	12.73	21.59	1	2555	2555					√	分段数不合理
17	124 枫林线	9960	1.77	26.50	17.75	1	9960	9960						枫林开关站直供
18	127 正大线	9450	2.48	39.74	26.22	4	2363	600	0	3740	5110	0		—
19	130 华原东线	26545	5.21	78.09	19.63	2	13273	0	26545					华阳开关站主供线路
20	133 天籁线	5100	1.40	22.50	27.51	1	5100	5100					√	专改公线路，分段数不合理
21	141 幸福里线	11650	0.64	13.68	5.49	1	11650	11650					√	专改公，配电室直供；分段容量不合理
22	126 鸿翔线	7100	0.84	26.83	11.78	1	7100	7100					√	专改公，配电室直供；分段容量不合理
23	129 龙城线	7200	1.04	44.31	14.39	1	7200	7200					√	专改公，配电室直供；分段容量不合理

表 4-5 案例网格区域用户现状负载水平调研结果

序号	小区名称	配电变压器容量	低压户数	入住率(%)	最大负荷电流(A)	配电变压器负载率	小区建成时间
1	幸福里	11650	556	30	41.04	6.1%	2015年
2	鸿翔意境	7100	1381	25	53.66	13.1%	2017年
3	天籁小区	7100	670	35	90.01	22.0%	2015年
4	龙记学府城+海林御苑	14800	3238	35	113.77	13.3%	2015年
5	枫林小区	13470	2500	70	95.47	12.3%	2010年
6	阳光小区+中央公园	13500	2256	60	210.46	27.0%	2003年
7	龙城国际街区	3800	1597	65	66.47	30.3%	2011年
8	梅乐园	14600	2850	20	78.75	9.3%	2017年
9	未来城	10000	2838	65	35.4	21.5%	2012年

根据调研，规划区域同类地区成熟小区配电变压器负载率在20%～30%，规划区域成熟小区配电变压器负载率25%左右。按照供电安全准则，规划区域（B类）分段负荷控制在1～1.5MW。考虑裕量，线路负荷按照装接容量25%负载率考虑，倒推分段容量控制在4000～6000kVA。

4.5 主干环网节点接入容量、数量的控制与优化

城市电网一般采用电缆单环网或双环网方式，其中主干环网节点［指环入主干网络的环网箱（室）或开闭所的母线］一方面承担着主干网络构建、拓展完善和将负荷从上级向下级分配的任务，另一方面承担将用电层故障隔离在本节点范围内、避免故障延续至主干层或电源层、控制故障影响范围的使命。主干线上主环节点过少，容易造成每座环网箱（室）所带负载过重、故障停电范围扩大的风险。主环节点过多，容易造成每座环网箱（室）容量冗余，资源浪费的情况。因此主干环网节点接入容量、数量的控制与优化对于电网供电能力提升以及电网结构的优化有着深刻影响。本节以电缆双环网、单环网和开关站接线等不同类型电缆网接线方式为例，阐述其对接入容量、数量的控制与合理优化方案。

4.5.1 典型经验做法及评审要点

4.5.1.1 典型经验做法

1. 典型接线组环网节点控制理论

一般以一组典型接线组的供电能力及其接入容量上限作为条件约束，通过控制环网节点数量及其接入容量，实现中压网络结构合理及其供电的安全性。

（1）典型接线组供电能力约束。电缆网常用的典型接线方式有单环网和双环网两种，参照 $N-1$ 校验原则，单环网和双环网的供电能力是典型接线组最大传输容量的50%，不同主干型号的接线组供电能力计算见表4-6。

表4-6 不同主干型号的接线组供电能力计算表

导 线 型 号		YJV22-3×240	YJV22-3×300	YJV22-3×400
排管敷设45℃运行的供电能力（MW）		7.6	8.9	10
单环网	线路规模（条）	2		
	接线组供电能力（MW）	7.6	8.9	10
双环网	线路规模（条）	4		
	接线组供电能力（MW）	15.2	17.8	20

（2）主环网节点数量及其接入容量控制。通过控制主环网节点供电负荷范围，确定典型接线组主干线路串接环网节点数量，一般主环网节点供电负荷控制在2MW以内，对于分散、容量小、负荷低于1MW的环网节点可不环入主网节点，作为支线。通常不同主干型号的接线组主干环网节点数量见表4-7。

表4-7 不同主干型号的接线组主干环网节点数量

项目	主环网节点数（段）	
	单环网	双环网
YJV22-3×240	4～6	8～13
YJV22-3×300	4～8	9～15
YJV22-3×400	5～8	10～17

根据不同用电性质，结合规划地区实际情况选取接入配电变压器的负载率，根据主环网节点供电负荷上限计算各环网节点接入配电变压器容量，作为接入容量的控制边界。

2. 在电网规划中的应用

在目标网架规划结果指导下，依据环网节点数量及其接入容量的控制原则，通过有效梳理与优化主干、分支环网节点，合理网架结构布局，最终形成以标准接线为单位、主干与分支环网节点清晰简洁的网架结构。

（1）主干、分支环网节点辨识。主干环网节点一般特征：将负荷从上级向下级分配；构建、拓展与完善主干网络功能；将用电层故障隔离在本节点范围内，避免故障延续至主干层或电源层，控制故障影响范围。

通常将接入容量（含下级分支环网节点接入容量）在3MVA以上的节点、容量不足3MVA但接入重要负荷或位于联络通道的节点作为主干环网节点，其他情况可视作分支环网节点。

（2）非标接线的优化。在目标网架规划结果指导下，结合负荷发展不同阶段，存量电网重点解决网架结构复杂、不满足供电安全标准等存量问题，优化环网节点数量及其接入容量的同时完善网架结构；增量电网重点满足负荷快速增长的需求，严格控制主干环网节点数量及其接入容量，在满足技术经济情况下，尽量做到一步到位，减少后期的重复投资。

4.5.1.2 评审要点

（1）改造后接线组主干环网节点数量及总装接配电变压器容量适中，形成了运行经济、供电可靠（满足$N-1$校验）的典型电网结构。

（2）主干环网节点接入容量不宜过大，避免在主环网节点停电时造成较多失电负荷，同时判断容量较大、多电源供电要求的用户节点是否环入主干网。

4.5.2 典型案例解析

本案例选取某市的B类供电区域的JC供电单元，介绍主干环网节点接入容量、数量的控制与优化在电网中的应用。

4.5.2.1 基本概况

JC单元位于某地级市中心城区，土地性质主要以商业、行政办公与居住为主。当前除少量地块未开发外，其余大部分区域已整体建成。JC单元由2座110kV变电站的4条10kV线路供电，线路均采用YJV22－3×300型号电缆。JC单元中压电网地理接线及电气联络示意图分别如图4－34和图4－35所示。

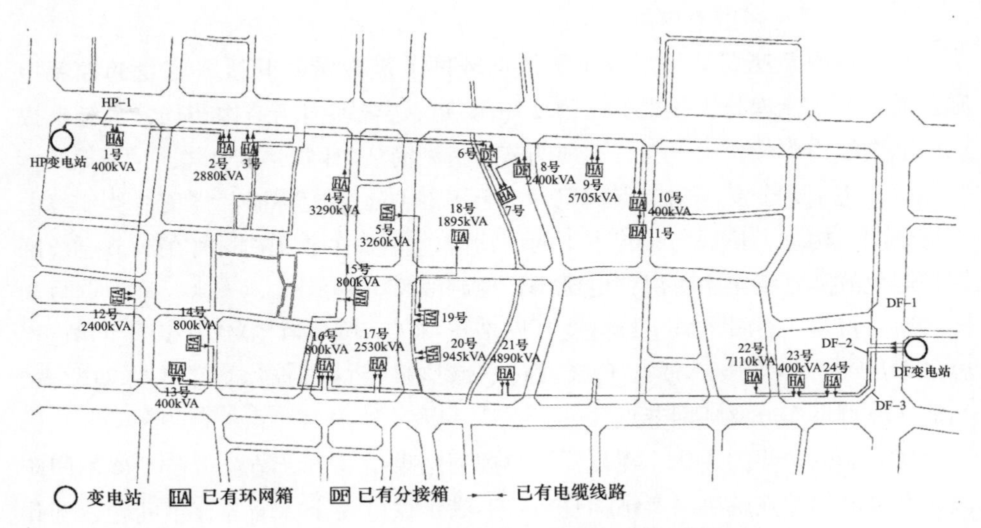

图 4-34　JC 单元中压电网地理接线示意图

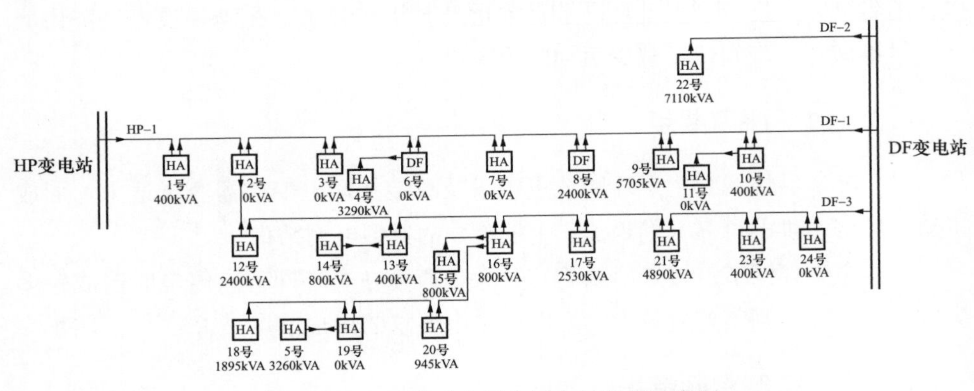

图 4-35　JC 单元中压电网电气联络示意图

4.5.2.2　存在问题分析

经对 JC 单元现状电网结构和环网节点分析发现，供电单元内电网存在以下问题。

（1）DF-2 线接线方式为单辐射，供电可靠性较低。

（2）DF-1 线、DF-3 线和 HP-1 线构成一组非标准接线，其中 DF-3 线重载运行。

（3）JC 供电单元内环网节点分析见表 4-8，环网节点主要存在如下两点问题：

1）4、5、19 和 20 号环网箱装接配电变压器容量超过 3MW，但仍作为分支环网节点。16 号和 22 号主干环网箱总装接配电变压器容量超过 7MVA，存在较大范围停电的风险，需调整网架结构将接入较大容量的分支环网节点环入主环，将接入容量过大的主环网节点分流。

2）8 号分接箱环入主环且不具备配电自动化改造条件，可适时对其改造为环网箱。

表 4-8 JC 供电单元内环网节点分析表 kVA

节点编号	节点类型	直接接入容量	供电总容量	现状主干/分支	存在问题	是否改造	改造后主干/分支	备注
1号	环网箱	400	400	主干	—	否	主干	主环通道
2号	环网箱	2880	2880	主干	冗余联络	是	主干	拆除冗余联络
3号	环网箱	0	0	主干	—	否	主干	主环通道
4号	环网箱	3290	3290	分支	接入容量较大	是	主干	环入主环
5号	环网箱	3260	3260	分支	接入容量较大	是	主干	环入主环
6号	分接箱	0	3290	主干	自动化改造受限	是	分支	调整为分支
7号	环网箱	0	0	主干	自动化改造受限	是	分支	调整为分支
8号	分接箱	2400	2400	主干	自动化改造受限	是	主干	改造为环网箱
9号	环网箱	5705	5705	主干	接入容量较大	否	主干	一般居民用电
10号	环网箱	400	400	主干	—	否	主干	主环通道
11号	环网箱	0	0	分支	—	是	分支	住宅报装 1.5MVA
12号	环网箱	2400	2400	主干	—	否	主干	主环通道
13号	环网箱	400	1200	主干	—	否	主干	主环通道
14号	环网箱	800	800	分支	—	否	分支	—
15号	环网箱	800	800	分支	—	否	分支	—
16号	环网箱	800	7700	主干	接入容量较大	是	主干	分支切改
17号	环网箱	2530	2530	主干	—	否	主干	主环通道
18号	环网箱	1895	1895	分支	—	否	分支	—
19号	环网箱	0	5155	分支	接入容量较大	是	主干	环入主环，分支切改
20号	环网箱	945	6100	分支	接入容量较大	是	主干	环入主环，分支切改
21号	环网箱	4890	4890	主干	接入容量较大	否	主干	一般居民用电
22号	环网箱	7110	7110	主干	接入容量较大	是	主干	新建环网箱切改
23号	环网箱	400	400	主干	—	否	主干	主环通道
24号	环网箱	0	0	主干	—	否	主干	主环通道

4.5.2.3 规划方案解析

针对当前电网存在问题和近期报装情况，提出JC供电单元规划方案，JC供电单元规划方案地理接线示意如图4-36所示。

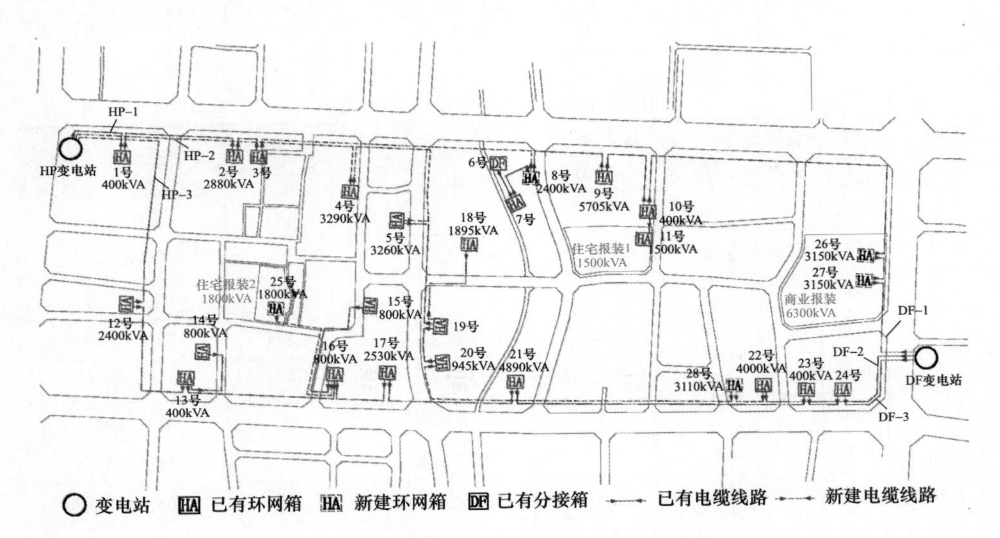

图4-36 JC供电单元规划方案地理接线示意图

1. 典型接线构建

(1) HP站新出HP-2线和HP-线3两回电缆线路分别接入4、12号环网箱，拆除12号环网箱至2号环网箱的联络线。

(2) 4号环网箱新出一回电缆至5号环网箱，拆除4号环网箱至6号分接箱的联络线。

(3) 新建28号环网箱新出一回电缆至22号环网箱，并新出支线切改22号环网箱的3110kVA配电变压器容量。新出另一回电缆至20号环网箱，拆除20号环网箱至16号环网箱的联络线。

至此形成DF-1线和HP-1线、DF-2线和HP-2线、DF-3线和HP-3线3组站间单环网。

2. 新增报装接入

(1) 住宅报装1（容量1500kVA）：由11号环网箱（现状无接入容量）出线至小区各配电室。

(2) 住宅报装2（容量1800kVA）：新建25号环网箱，从该环网箱出线至小区各配电室，并新出一条电缆线路至 16 号环网箱。

（3）商住报装（容量 6300kVA）：新建 26 号和 27 号环网箱分别出线至小区和商业区配电室，环网箱就近环入 DF－1 线。

3．新建环网箱替换主环分接箱

新建 8 号环网箱切改 8 号分接箱出线并新出两路电缆分别至 3 号和 9 号环网箱，拆除 8 号分接箱，6 号分接箱和 7 号环网箱由主环网节点改为分支环网节点，主干接线方式保持单环网不变。

通过以上规划方案的实施，JC 供电单元内形成 3 组站间单环网，主环网节点数量及其接入容量得到控制与优化，同时满足近期报装的用电需求，JC 供电单元规划方案实施后电气联络示意见图 4－37。

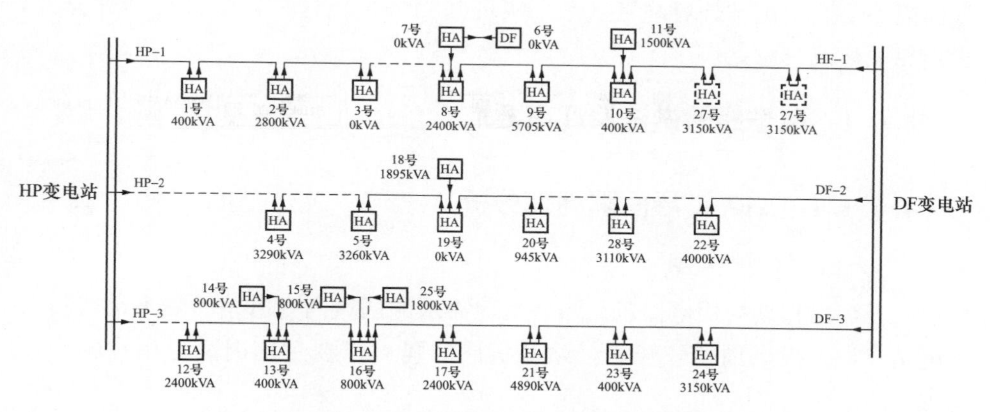

图 4－37 JC 供电单元规划方案实施后电气联络示意图

各接线组主环网节点数量及装接配电变压器总容量情况见表 4－9。

表 4－9 接线组主环网节点数量及装接配电变压器总容量情况表

环网组	主环网节点数量（个）	总装接配电变压器容量（MVA）	主环网节点接入容量（MVA）		
			平均	最大	最小
DF－1、HP－1	8	19.5	2.4	5.7	0
DF－2、HP－2	6	16.5	2.8	4	0.9
DF－3、HP－3	7	17.9	2.6	4.9	0.4

注 一般主环网节点接入容量在 2000～4000kVA；通常向配电变压器负载率较低的住宅小区供电且超过 4000kVA 的主环网节点，无特殊要求且接入容量不明显过大时，可不考虑安排整改方案。

4.6 站外扩展间隔使用利弊分析

随着国民经济的高速发展，城市建设进程日益加快，用户对电力的需求愈加迫切。但由于用户周边变电站剩余间隔较少或无备用间隔，部分区域电网建设用地紧张，新增变电站建设周期较长，配电网日益增多的接入需求与有限的电网间隔资源之间形成了较大矛盾。配电网间隔资源不足的状况已严重影响到用户的供电可靠性和社会经济的发展。

如何对存在负荷需求的周边变电站间隔进行科学合理的站外扩建，满足周围用电需求，对配电网建设具有重要的意义。本节针对部分地区由于变电站出线间隔不足而使用站外环网箱（室）实现间隔的扩充这一做法进行利弊分析，提出相关建议与意见。

4.6.1 典型经验做法及评审要点

4.6.1.1 站外扩展间隔利弊分析

1. 站外扩展间隔优点

（1）满足短期内用电需求。当有负荷需求的区域内变电站间隔不足或新增变电站建设、投运周期较长时，站外扩展间隔可以在短期内满足用户的用电需求。

（2）适应农村地区负荷发展趋势。对于农村区域，负荷增长速度较为缓慢，当周围变电站间隔不足时，利用站外间隔扩建这一方法应对此类问题，能够以较低成本满足负荷需求。

2. 站外扩展间隔风险

（1）供电能力较低、安全性较差。当用户负荷需求发展较为迅速，负荷量日益增多时，站外扩展间隔所带负荷越来越重，导致相应变电站负荷也越来越多，容易造成变电站重过载，存在供电安全较低的问题。

（2）转供能力弱。站外扩展间隔转供能力较差，由于开关站或环网箱（室）进线受限，若间隔扩展较多，当联络变电站发生故障停运时，本侧变电站无法将线路负荷全部转供，可能造成部分用户失电的情况，供电可靠性较低。

综合考虑以上优缺点，对于站外扩展间隔的利用，需要考虑规划区域负荷发展速度快慢，在保证供电安全性和可靠性的同时，推荐在过渡网架中使用。站外扩展间隔利弊见表4-10。

表4-10 站外扩展间隔利弊

项目	优 点	风 险
站外扩展间隔	满足近期用电需求	供电能力较低、安全性较差
	适应农村地区负荷发展趋势	倒供能力弱

4.6.1.2 典型经验做法

1. 规划建成区

对于规划建成区，区域内负荷已经趋于饱和，且土地开发完善，新增变电站较为困难，若区域内有新增负荷，且周围变电站间隔不足时，建议联络的两座变电站同时采用站外扩展间隔方式建设，环网箱（室）进线采用大容量电缆导线，出线按照当地主干线建设标准建设。规划建成区变电站站外扩展间隔示意图如图4-38所示。

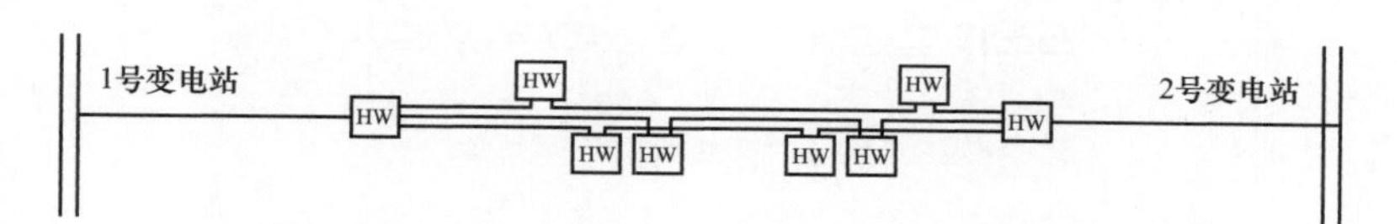

图4-38 规划建成区变电站站外扩展间隔示意图

2. 规划建设区

对于规划建设区，区域内负荷处于快速增长阶段，若有电力需求的区域周边变电站间隔不足，且变电站建设时序较长，满足不了新增负荷时，可以采用站外间隔扩展方式作为过渡网架。环网箱（室）进线宜采用大容量电缆导线，出线直接与联络变电站站内间隔出线进行互联。在新增变电站建设完成时，可以由新变电站新出线路切改环网箱（室）部分负荷，保留部分线路继续由站外扩展间隔所出线路供电。规划建设区变电站站外扩展间隔示意图见图4-39所示。

3. 自然发展区

对于自然发展区（农村区域），负荷发展速度较为缓慢，变电站一般建设在镇域中心位置，变电站间隔一般备用于镇中心重要负荷或用户，向周边农村供电可采用站外扩展间隔，开闭所进线宜选择两回大容量电缆导线。自然发展区变电站站外间隔扩展示意图如图 4-40 所示。

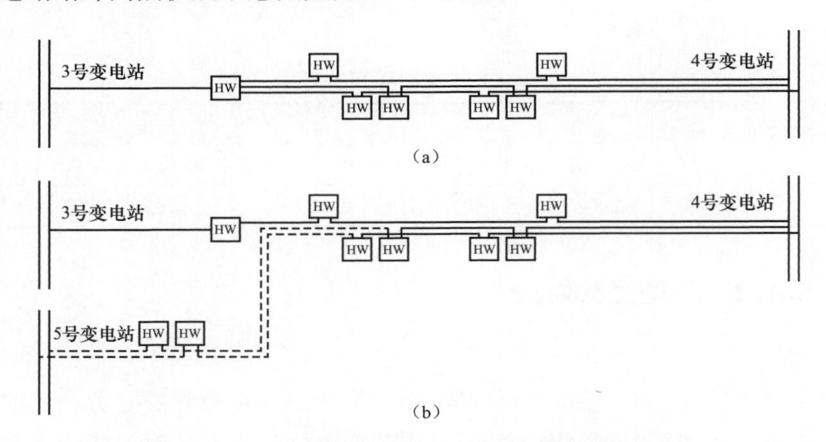

图 4-39 规划建设区变电站站外扩展间隔示意图

(a) 过渡年；(b) 目标年

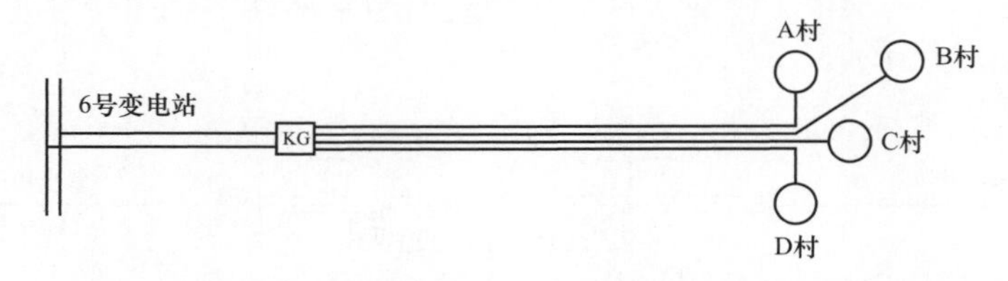

图 4-40 自然发展区变电站站外间隔扩展示意图

4.6.1.3 评审要点

（1）必要性是否充分：规划区域采用站外扩展间隔形式来进行电网建设的必要性应充分，采用此种方式建设后应带来合理的电网效益。

（2）建设方式：规划区域内站外扩展间隔建设形式和当地电网发展相适应。对于规划建成区和自然发展区，采用的开闭所、环网箱（室）型号和线路线径应满足用户的负荷需求；对于规划建设区，站外扩展间隔建设形式能过渡到目标网架。

4.6.2 典型案例解析

4.6.2.1 规划建成区

以某 B 类区域 KF 区作为规划建成区案例解析如何进行站外扩展间隔。该区域周围变电站所剩间隔较少，故采用站外扩展间隔方式为用户供电。由BX站新出1回型号为YJV22－3×400的电缆线路作为环网箱（室）的进线，再由环网箱（室）新出3回型号为YJV22－3×400的电缆线路，BY站新出1回型号为YJV22－3×240的电缆线路作为环网箱（室）的进线，由环网箱（室）新出3回型号为YJV22－3×240的电缆线路，然后两个环网箱（室）的6回线路构成联络，形成一组单环网和一组双环网。KF区变电站站外扩展间隔接线示意图见图4－41。

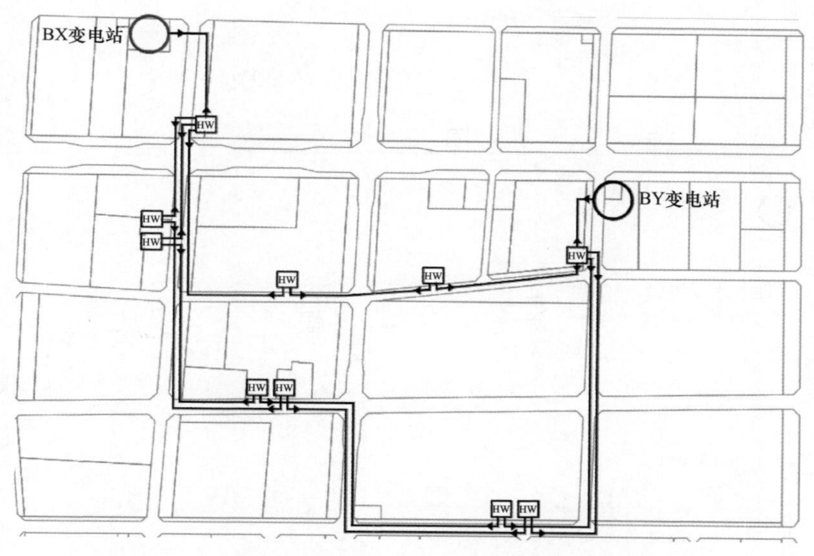

图4－41 KF区变电站站外扩展间隔接线示意图

4.6.2.2 规划建设区

采用某B类区域CN区作为规划建设区案例解析如何进行站外扩展间隔。

该区域内现处于负荷快速发展阶段，但XJ站剩余间隔不足，且新建变电站KD站未完工，因此过渡年由XJ站新出2回型号为YJV22－3×400的电缆线路，作为开闭所进线，再由开闭所新出3回型号为YJV22－3×300的电缆线路，并与CR站的3回线路构成3组单环网。

在KD站投运后，由KD站新出1回型号为YJV22－3×300的电缆线路切改开闭所的1回线路的负荷，再将开闭所的1回线路转接至XJ站内间隔。CN区过渡年和目标年站外扩展间隔接线示意图如图4－42所示。

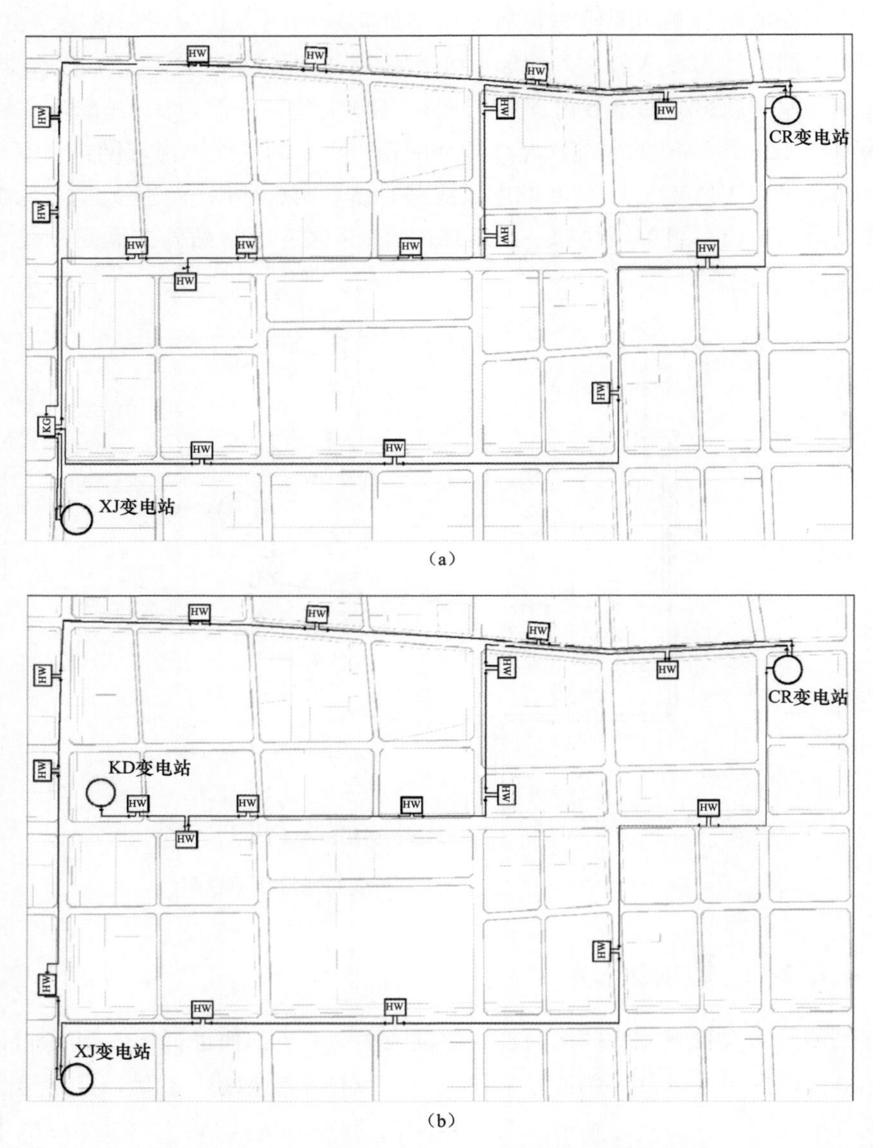

图 4-42 CN区过渡年和目标年站外扩展间隔接线示意图

（a）过渡年；（b）目标年

4.6.2.3 自然发展区

采用某D类农村区域NY镇作为自然发展区案例解析站外扩展间隔。

该区域变电站位于镇域中心，主供镇区一些居住、商业、工厂等负荷，镇中心周边的农村负荷不高且位置较为分散。

根据负荷预测结果，若按照常规方法，由变电站站内间隔出线为其供电需要占用4～5个间隔，但该变电站站内间隔已不足，因此采用站外扩展间隔方式供电。由GN站新出2回型号为YJV22－3×400的电缆线路作为MZ开闭所进线，再由MZ开闭所新出5回型号为JKLYJ－120的架空线路为周围村庄供电，用此方式建设节省了GN站2～3个间隔，并保证了用户供电安全和可靠性。NY镇变电站站外扩展间隔接线示意图如图4－43所示。

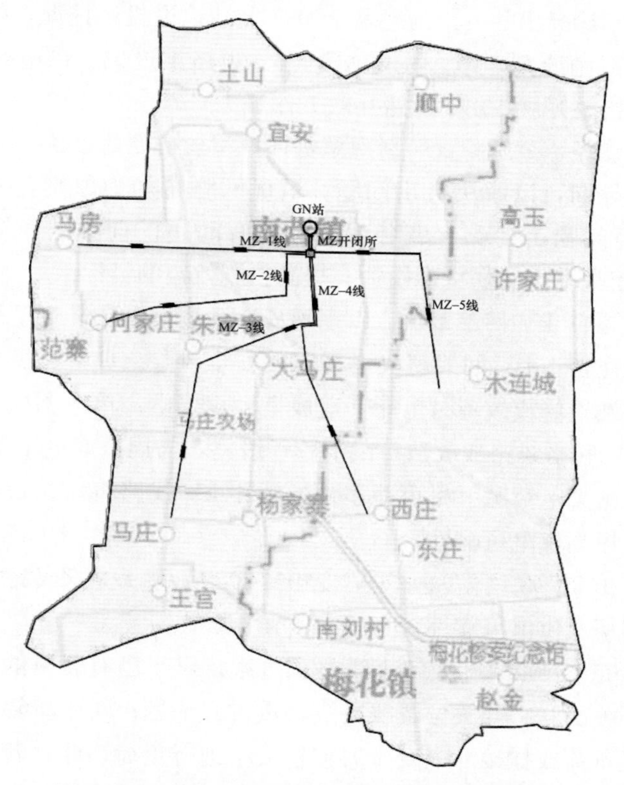

图4－43 NY镇变电站站外扩展间隔接线示意图

4.7 10kV网架提升的主要做法

坚强的10kV网架是保障电网安全可靠运行、满足多元用户灵活接入的前提，对于提高供电可靠性、优化营商环境、减少频繁停电和投诉、业扩报装、获得电力指标都有极大的帮助。随着我国配电网的快速发展，10kV 网架薄弱问题日益突出，对 10kV 网架进行优化完善是配电网规划的重点和难点之一。

4.7.1 典型经验做法及评审要点

4.7.1.1 典型经验做法

结合配电网诊断出的突出问题及上级变电站建设投运情况，按照“分类统筹、分步推进”的原则，结合变电站配出、线路重过载、供电半径超标等问题，系统性分析，开展 10kV 线路互联工作。

1. “分类统筹、分步推进”精准解决电网薄弱问题的做法

以问题为导向，以解决突出问题、最优网络布局为原则，充分分析现有 10kV 网架运行问题，实现在最合理解决现有问题的前提下，尽可能地提高 10kV 线路的互联率，实现精准投资、提高投资效益的目标。

2. 通过完善 10kV 网架解决上级电网安全风险及重过载治理的做法

（1）通过完善 10kV 网架解决上级电网安全风险。单电源变电站供电可靠性差，在变电站检修或故障时可能会造成全乡镇停电。单电源变电站可通过增加一小段 10kV 联络线路或改造一段卡脖子线路，与周边变电站实现站间联络，在单电源变电站失电情况下尽可能多地通过 10kV 线路将该站负荷转移至周边变电站，大大提高供电可靠性。

（2）新增 10kV 联络解决 35kV 变电站单电源、设备重载、轻载等问题，提高设备利用率及供电可靠性。

（3）通过完善 10kV 网架解决线路重过载。对于已有联络的线路，优先通过调整分段开关、联络开关位置解决线路重过载问题；对于单辐射线路，结合线路的每一段负荷或挂接配电变压器容量大小进行负荷切改；若一个分段或一个分支上的负荷已经接近于或超过整条线路的额定输送能力，则需通过新建线路切改该段负荷。

在进行 10kV 网架提升工程时，联络线选取及联络点设置需按照如下原则。

联络线选取原则：

（1）优先选择通过联络后可转供负荷、解决重过载的线路。

（2）优先选择通过联络后可分解大分支、优化供电半径的线路。

(3) 优先选择解决“乡与乡”或“站与站”之间的联络，提升整乡或整站停电时的转供能力。

(4) 优先选择设备状况较好、供电可靠性高的线路做联络。

(5) 优先选择站间路径最优、通道距离最短的线路做联络。

(6) 优先考虑带有重要用户的线路进行联络，保障重要用户双电源。

线路联络点设置原则：

(1) 联络点尽可能设置在两条线路主干部分的末端，但避免分支线路之间尾端相连。

(2) 结合两端线路的挂接配电变压器容量及线路分段情况，平衡负荷分配、满足两侧线路级差配合选择联络位置。

(3) 联络点的位置结合网格划分，尽量避免跨网格联络。

4.7.1.2 评审要点

(1) 对10kV线路进行站间联络时，应考虑到联络线路的负荷以及线径问题，联络之后应满足线路 $N-1$ 校验，提高供电可靠性。

(2) 新建联络线路切改大分支线路时，分段开关、联络开关以及环网箱(室) 等开关建设应满足要求，当故障发生时，能有效隔离故障段。

(3) 通过完善10kV网架，应有效解决上级电网变电站单电源、重过载或轻载问题，应满足投资经济性要求。

(4) 通过完善10kV网架，当单电源变电站失电时，应能有效转移该站的负荷，提高供电可靠性。

4.7.2 典型案例解析

4.7.2.1 网架提升解决电网薄弱问题

1. 电网现状

JL镇共有34个行政村，258个自然村，户籍人口4.57万人。区内现有35kV变电站1座，主变压器2台，总容量16.3MVA；10kV公用线路6条，全长138.06km，主干线路型号以LGJ-50为主，分支线路型号多为LGJ-35；10kV公用变压器台区218台，总容量40305kVA；10kV线路均为辐射供电，17个村完成了村庄改造工作。其10kV电网状况及村庄改造程度相对落后。10kV线路现状见表4-11。

表 4-11 10kV 线路现状表

序号	线路名称	主干线径	供电半径	线路总长度	最大负载率	故障停电次数	线路投运年限
1	JL-1线	LGJ-50	6.09	6.9	66%	6	1994
2	JL-2线	LGJ-50	11.3	49.07	84%	7	1994
3	JL-3线	LGJ-50	10.45	22.39	85%	5	1994
4	JL-4线	LGJ-50	13.09	33.7	72%	6	1987
5	JL-5线	LGJ-50	11.7	17.8	49%	8	1994
6	SD-1线	JKLYJ-185	6.7	8.2	42%	0	2008

2. 主要存在问题

(1) 线路线径细，5 条 10kV 线路主干导线均为 LGJ-50，其中 JL-3 线和 JL-2 线存在重过载问题。

(2) 现有 10kV 网架为单辐射型，无联络线路，检修及故障停电情况下，负荷无法转移，供电可靠性极差。

(3) 5 条线路平均运行年限 30 年，电杆存在大量裂纹，导线断点较多，部分位置 10kV 线路（裸导线）存在跨房现象，安全距离不足，安全隐患大，电网抗风险能力不足。

(4) 10kV JL-2、JL-3 和 JL-4 线配电变压器挂接容量大，均超过 12MVA 以上，大负荷时存在重载情况，不能满足新增负荷的用电需求。

3. 规划方案

(1) 开展站间联络，提高供电可靠性。结合乡村台区改造工作，同步改造 10kVJL-1 线和 JL-2 线原有双回线路。在原双回路终端处将 JL-1 线继续往北延伸 1.66km 与 10kV SD-1 线联络，合理分段，实现 35kV JL 变电站和 SD 变电站的站间联络，保证街道政府重要用户的双电源供电，也最大限度保证了站间转供负荷能力。JL-1 线、SD-1 线地理接线图如图 4-44 所示，JL-1 线、SD-1 线拓扑示意图如图 4-45 所示。

(2) 新增配出线路，优化供电范围。35kV JL 变电站现有 10kV 备用间隔 5 个，本期规划新建 10kV JL-6 线（0.95km），切改原 10kVJL-2 线洼王分支线路至 JL-6 线转带，转移 JL-2 线负荷，同时在原洼王分支 T 接处安装联络开关一组，形成 JL 变电站不同母线间的 10kV 联络；新建 10kVJL-7 线（2.7km），切改 10kVJL-3 线白杨分支线路负荷，在 JL-3 线主干线路 41 号杆处加装联络开关，形成 35kV JL 变电站不同母线间的 10kV 联络，提高供电可靠性。JL-6 线、JL-7 线地理接线图如图 4-46 所示，JL-6 线、JL-7 线拓扑示意图如图 4－47 所示。

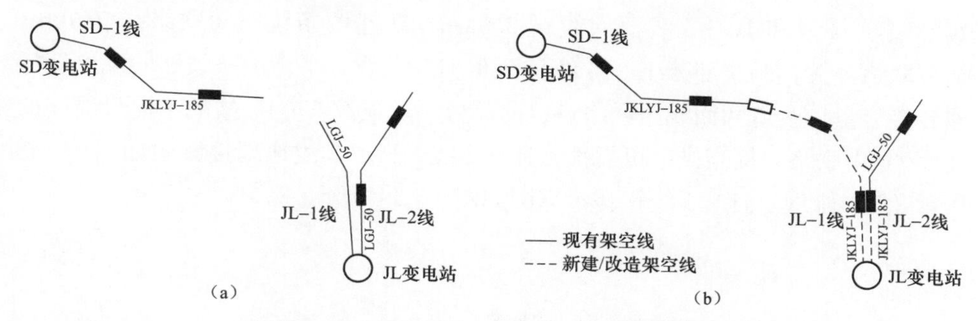

图 4－44　JL－1 线、SD－1 线地理接线图

(a) 改造前；(b) 改造后

图 4－45　JL－1 线、SD－1 线拓扑示意图

(a) 改造前；(b) 改造后

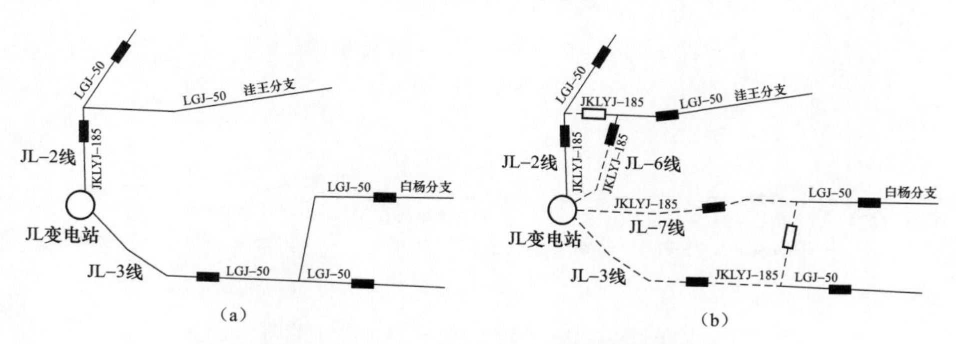

图 4－46　JL－6 线、JL－7 线地理接线图

(a) 改造前；(b) 改造后

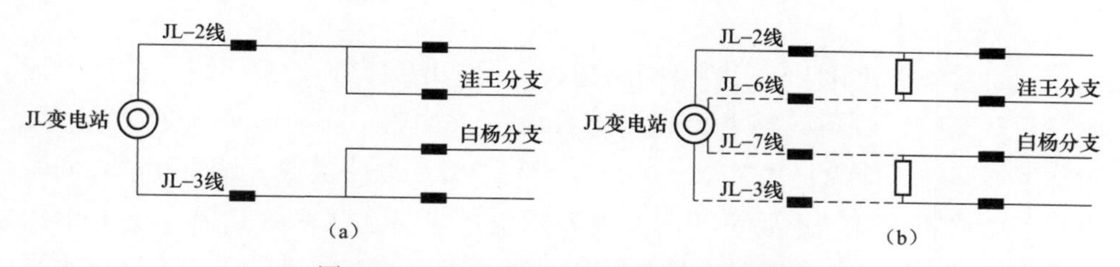

图 4－47　JL－6 线、JL－7 线拓扑示意图

(a) 改造前；(b) 改造后

（3）改造部分主干线路，合理分段，优化供电分区，形成环网供电。改造10kV JL－4线和JL－5线双回线路2.5km，新建两条线路间联络线0.9km，加装联络开关，调整部分JL－4线负荷至JL－5线，平衡两条线路间配电变压器装接容量，改造两回线路联络点以前部分，形成35kV JL站的不同母线间的10kV站内联络，提高供电可靠性。JL－4线、JL－5线地理接线图如图4－48所示，JL－4线、JL－5线拓扑示意图如图4－49所示。

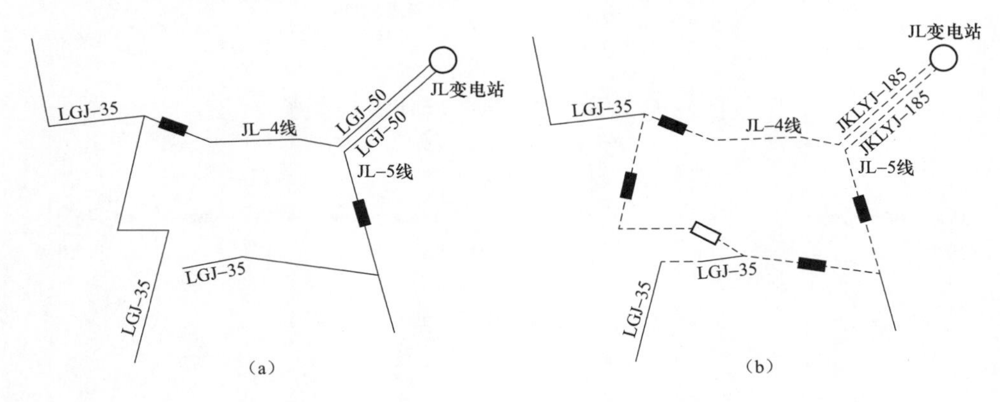

图4－48　JL－4线、JL－5线地理接线图

（a）改造前；（b）改造后

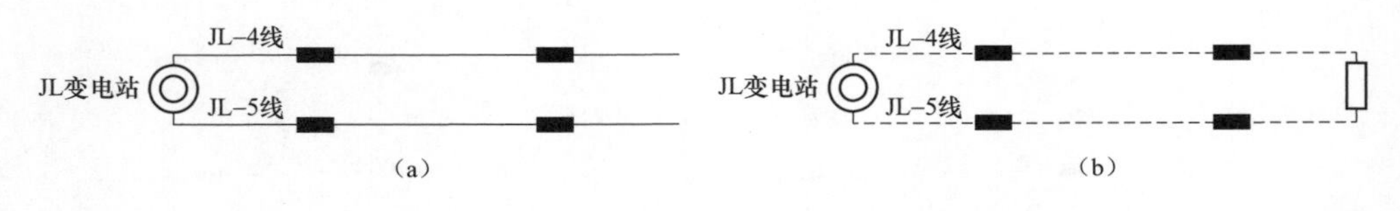

图4－49　JL－4线、JL－5线拓扑示意图

（a）改造前；（b）改造后

4. 成效分析

项目实施后优化了10kV电网结构，通过新增线路，调整了供电分区，消除了重载线路，单条线路平均装接容量由11.6MVA/条降低至8.2MVA/条，增加了线路接入能力；通过JL－1线与SD－1线的联络实现了站间互联，同时保证了街道和政府等重要负荷的双电源用电，线路互联率由0提升至100%，极大提高供电灵活性；通过差异化设计，解决了街道、负荷集中处绝缘化水平低、线径细的问题，满足区域经济社会发展需求。

4.7.2.2 完善10kV网架解决上级电网安全风险及重过载问题

(1) 现状问题。35kV HZ变电站为单电源变电站，主变压器容量10MVA，10kV出线3回。度夏期间，HZ变电站、KZ变电站均接近满载。HZ变电站满载原因主要是由于HZ-1线最大负荷6.5MW，且主供乡政府、医院、小学及韩镇大街等重要负荷，无法转移。现状10kVHZ-1线与KZ-1线均为120绝缘导线，线路状况较好。HZ变电站、KZ变电站供电现状示意图如图4-50所示。

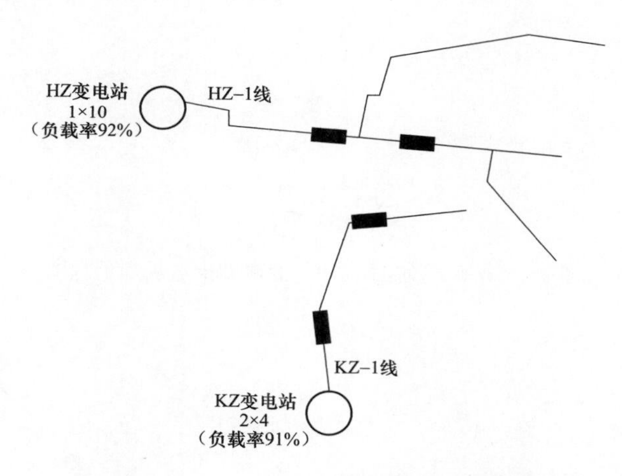

图4-50 HZ站、KZ站供电现状示意图

(2) 解决措施。

1) 将该县35kV WFZ变电站一台10MVA主变压器与KZ变电站一台4MVA主变压器对调（WFZ站轻载原因是周边110kV变电站投运后转供了其大部分负荷）。

2) 新建10kV KZ-1线与HZ-1线联络线路，长度0.5km，新增联络开关1台，在将HZ-1线负荷合理分割的同时将原辐射式线路建设为单联络标准接线，一次性解决KZ变电站、HZ变电站重载、HZ-1线重载、KZ-1线轻载。HZ变电站、KZ变电站供电规划示意图如图4-51所示。

4.7.2.3 新增10kV联络解决35kV变电站满载问题

(1) 现状问题。35kV LG变电站度夏期间接近满载，主变压器容量2×

10MVA，无增容扩建可能，35kV ZC 变电站度夏期间负载率 42.03%。10kV LG-2 线主供镇政府、医院和小学等重要负荷。LG 变电站、ZC 变电站供电现状示意图如图 4-52 所示。

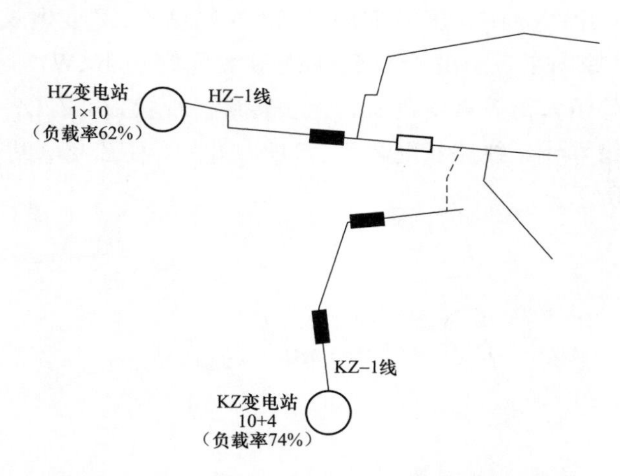

图 4-51　HZ 变电站、KZ 变电站供电规划示意图

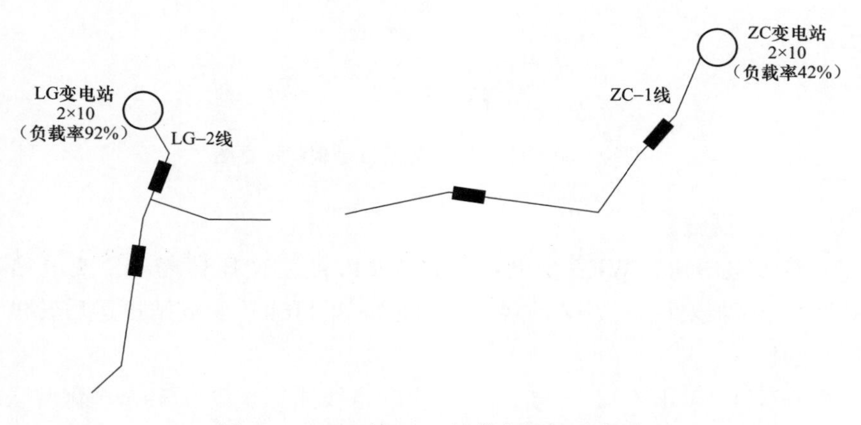

图 4-52　LG 站、ZC 站供电现状示意图

（2）解决措施。结合现场勘查情况，参照供电半径、导线型号等主要参数指标要求，仅增加一台开关实现 10kV LG-2 线与 ZC-1 线联络，即可通过 ZC-1 线转移 LG 站 4MW 负荷。LG 变电站、ZC 变电站供电规划示意图如图 4-53 所示。

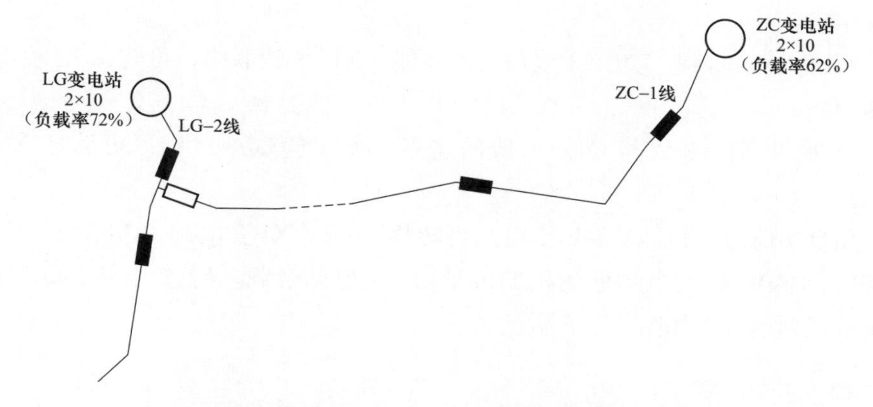

图 4-53 LG 变电站、ZC 变电站供电规划示意图

4.7.2.4 同时解决重过载和轻载问题的联络工程

（1）现状问题。110kV XJ 变电站 2 台主变压器，额定容量 80MVA，110kV QL 站 1 台主变压器，额定容量 63MVA。夏大负荷日，110kV XJ 变电站所带负荷 75.9MW、负载率 94.82%、主变压器重载，110kV QL 变电站所带负荷 14.9MW、负载率 23.63%、主变压器轻载。QL-6 线（负载率 65%）与 XJ-3 线（负载率 76%）虽然联络，但由于两条线路容量裕度，无法进行负荷的有效转移。XJ 变电站、QL 变电站供电现状示意图如图 4-54 所示。

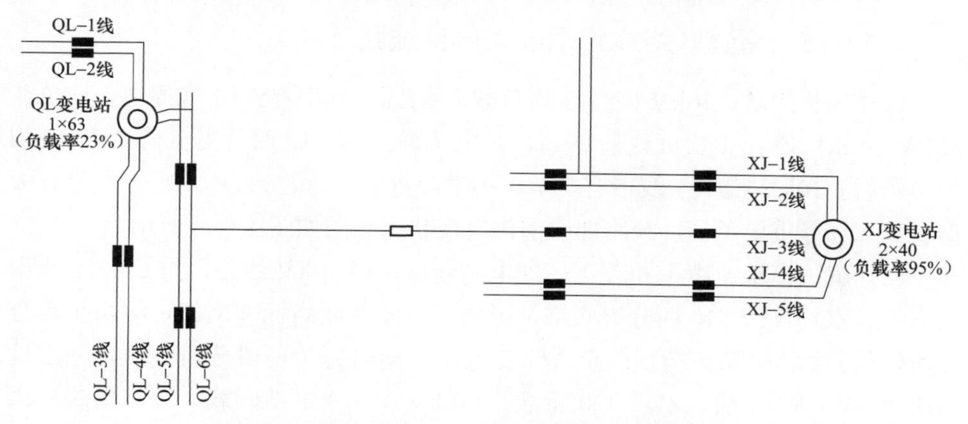

图 4-54 XJ 变电站、QL 变电站供电现状示意图

（2）解决措施。

1）将 QL-1 线、QL-2 线与 XJ-1 线、XJ-2 线联络，可转移 XJ 变电站

6MW 负荷。

2）将 QL－3 线、QL－4 线与 XJ－4 线、XJ－5 线联络，可转移 XJ 变电站 8MW 负荷。

3）断开 XJ－3 线与 QL－6 线的连接，跳接至 QL－4 线，可满足 $N-1$ 校验。

项目实施后，110kV QL 变电站可转移 110kV XJ 变电站 14MW 负荷，同时解决 110kV XJ 变电站重载和 110kV QL 变电站轻载。XJ 变电站、QL 变电站供电规划示意图如图 4－55 所示。

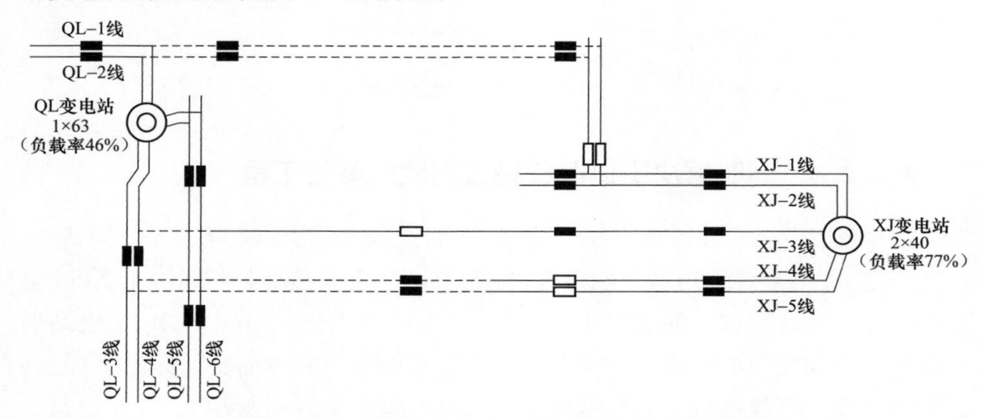

图 4－55 XJ 变电站、QL 变电站供电规划示意图

4.7.2.5 新建联络线路切改大分支线路工程

（1）现状问题。10kV CY－1 线负载率 94%，其中 CY－1 线周庄支线负荷 3MW，10kV ZQ－1 线负载率 89%，其中 ZQ－1 线 310 西分支负荷 2MW，均为单辐射。10kV CY－1 线带有中学、小学等重要负荷，10kV ZQ－1 线带有大型农贸市场等重要负荷。线路切改前供电现状示意图如图 4－56 所示。

（2）解决措施。由 110kV YG 变电站新出一回 10kV 线路，与 CY－1 线周庄支线、ZQ－1 线 310 西分支联络，形成三分段两联络标准网架，将两个大分支所带的共约 5MW 负荷切改至 YG 变电站，同时完善前段分段开关，一次性解决 10kV CY－1 线、ZQ－1 线重载、110kV YG 变电站轻载。线路切改后供电规划示意图如图 4－57 所示。

4.7.2.6 变电站新建配出线路切分现有线路负荷工程

（1）现状问题。该区域 110kV ZJ 变电站满载、35kV GS 变电站重载、

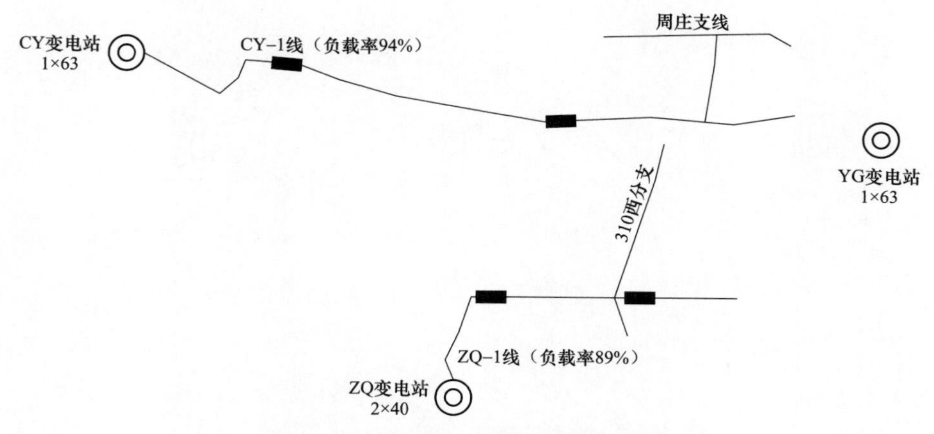

图 4－56 线路切改前供电现状示意图

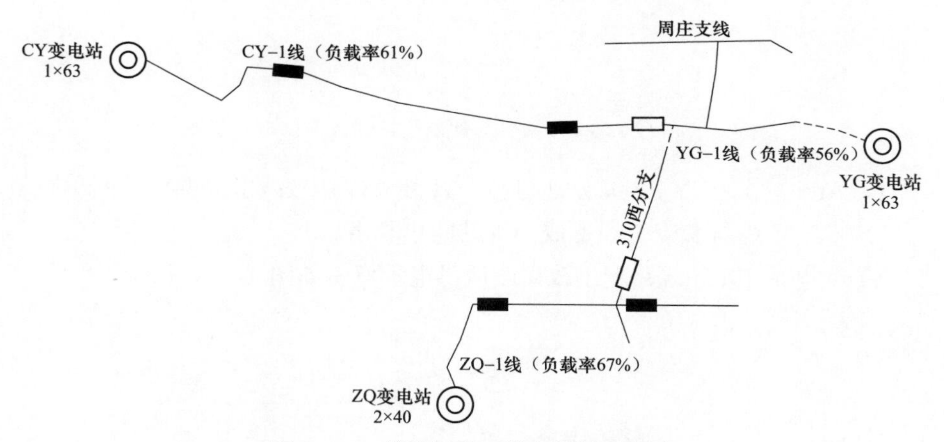

图 4－57 线路切改后供电规划示意图

35kV LS 变电站单电源，现有 10 条 10kV 线路均为单辐射线路，供电可靠性低。ZY 变电站 10kV 线路配出切改前供电示意图如图 4－58 所示。

（2）解决措施。由 110kV ZY 变电站新出 8 回 10kV 线路，分别与周边的 110kV ZJ 变电站、35kV GS 变电站、LS 变电站、DJ 变电站 10kV 配出线路形成互联互供，重新分配负荷，极大保障了供电可靠性。改造后该区域接线情况如下：

1）ZY－1 线、ZY－2 线、ZY－3 线分别与 ZJ－1、ZJ－3、ZJ－2 线形成三组站间单联络。

2）ZY－4 线与 ZJ－5 线、LS－1 线形成一组站间两联络。

3）ZY－5 线与 ZJ－4 线、LS－2 线形成一组站间两联络。

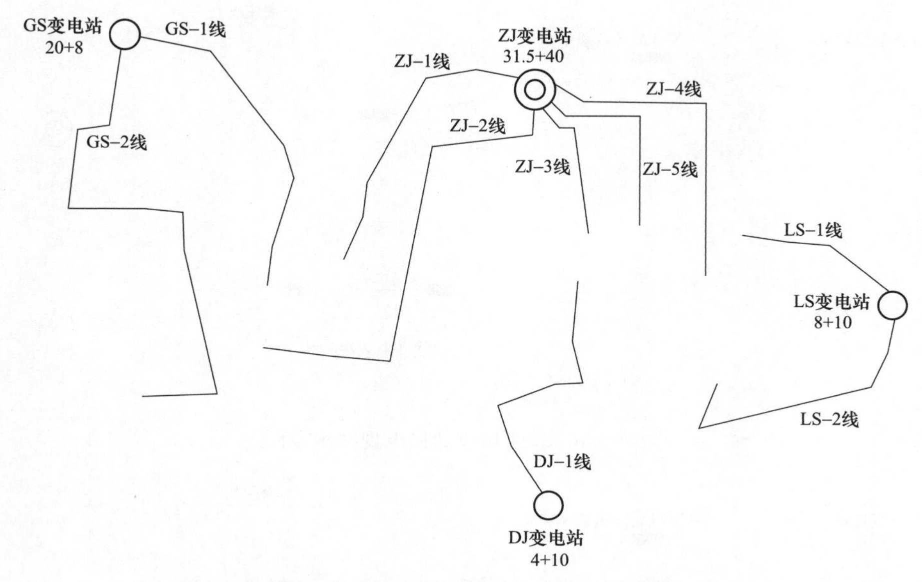

图 4－58　ZY 变电站 10kV 线路配出切改前供电示意图

4）ZY－6 线、ZY－7 线分别与 GS－1 线、GS－2 线形成两组站间单联络。

5）ZY－7 线与 DJ－1 线形成一组站间单联络。

ZY 变电站 10kV 线路配出改切改后供电示意图如图 4－59 所示。

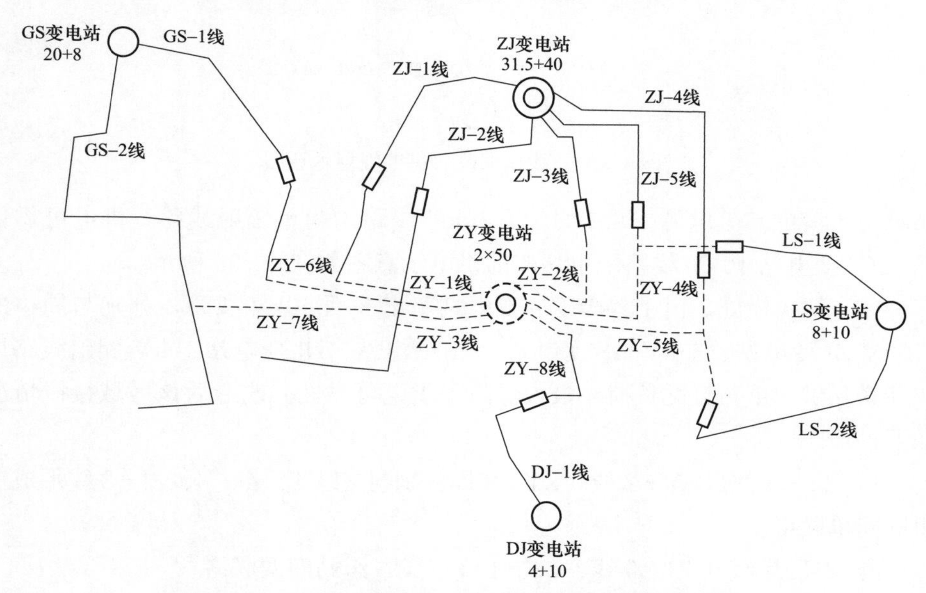

图 4－59　ZY 变电站 10kV 线路配出切改后供电示意图

4.8 高可靠性用户供方案选取

高可靠性用户是指停电后可能造成重大政治影响、环境污染、重大人身伤亡或者重大经济损失的用户，因此在供电要求上需要两回及以上供电线路，在其中一回或者几回线路停运时，其他线路能保证用户的正常供电。近年来，随着国家产业结构的不断升级，高可靠性供电用户也越来越多，对电网发展的适应性、电站间隔以及周边电网如何优化调整提出了新的挑战。本节通过目标网架供电裕量分析，优化重要用户接入系统方案，确保极端情况下保障重要用户供电的能力。

4.8.1 典型经验做法及评审要点

4.8.1.1 典型经验做法

根据供电可靠性的要求以及中断供电危害程度，重要用户可进一步细化分类，为特级重要用户、一级重要用户、二级重要用户和临时性重要用户。

（1）特级重要用户，是指在国家事务中具有特别重要作用，中断供电将可能危害国家安全的电力用户。

（2）一级重要用户，是指中断供电将可能产生下列后果之一的电力用户；

1）直接引发人身伤亡的；

2）造成严重污染环境的；

3）发生中毒、爆炸、火灾的；

4）造成重大政治影响的；

5）造成重大经济损失的；

6）造成加大范围社会公共秩序严重混乱的。

（3）二级重要用户，是指中断供电将可能产生下列后果之一的电力用户；

1）造成较大环境污染的；

2）造成较大政治影响的；

3）造成较大经济损失的；

4）造成一定范围社会公共秩序严重混乱的。

（4）临时性重要用户，是指需要临时特殊供电保障的电力用户。

1）重要电力用户的供电电源应采用多电源、双电源或双回路供电。当任何一路或几路以上电源发生故障时，至少仍有一路电源能对该重要用户持续供电。

2）特级重要电力用户宜采用双电源或多路电源供电；一级重要电力用户宜采用双电源供电；二级重要电力用户宜采用双回路供电。

4.8.1.2 评审要点

（1）重要电力用户的供电电源应采用多电源、双电源或双回路供电。当任何一路或一路以上电源发生故障时，至少仍有一路电源应能对保安负荷持续供电。

（2）特级重要电力用户宜采用双电源或多路电源供电，一级重要电力用户宜采用双电源供电，二级重要电力用户宜采用双回路供电。

（3）临时性重要电力用户按照用电负荷的重要性，在条件允许情况下，可以通过临时敷设线路等方式满足双回路或两路以上电源供电条件。

（4）重要电力用户供电电源的切换时间和切换方式宜满足重要电力用户允许断电时间的要求。切换时间不能满足重要负荷允许断电时间要求的，重要电力用户应自行取技术手段解决。

（5）由双电源或多路电源供电的重要电力用户，宜采用同级电压供电。但根据不同负荷需要及地区供电条件，亦可采用不同电压供电。采用双电源或双回路的同重要电力用户，不应采用同杆架设供电。

（6）重要电力用户供电系统应当简单可靠，简化电压层级，重要电力用户的供电系统设计应按 GB 50052《供配电系统设计规范》执行。如果用户对电能质量有特殊需求，应当自行加装电能质量控制装置。

4.8.2 典型案例解析

4.8.2.1 特级重要用户

某地区特级重要用户采用 3 条线路供电（2 条为不同变电站专线直供，1 条来自变电站出线的第一座环网室），供电线路至少来自 2 个 220kV 供区的 2～3 个不同 110kV 变电站，供电线路的电缆路径完全分开，实现 3 条进线来自 3 个不同电源，满足 $N-2$ 供电需求。特级重要用户接线方式示意如图 4－60 所示。

特级重要用户采用三段母线接线方式，配电室 3 条 10kV 进线，分别接入

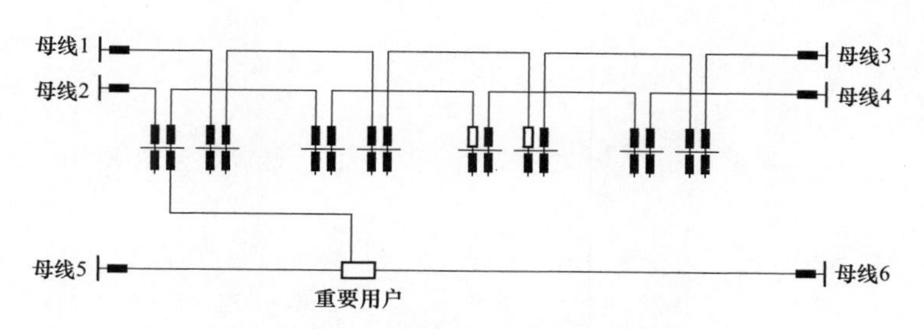

图 4-60 特级重要用户接线方式

Ⅰ、Ⅱ、Ⅲ段母线，Ⅰ段母线与Ⅱ段母线间存在联络线，Ⅱ段母线与Ⅲ段母线间存在联络线。进线柜采用负荷开关，出线柜采用断路器，三段母线配电室一次主接线示意如图 4-61 所示。

对于特级重要用户配电室内部布局方面，Ⅲ段母线应与Ⅰ、Ⅱ段母线分开布置，并预留安全距离，三段母线配电室内部布局平面示意如图 4-62 所示。

4.8.2.2 一级重要用户

对于一级重要用户，可采用 3 种接线方式。

（1）用户供电电源分别来自不同的 110kV 变电站，两路进线分别来自不同变电站出线的第一级环网室（箱），两条线路的电缆路径不重叠。进线电源来自变电站出线第一级环网室（箱），最大程度减少因相邻用户故障造成的干扰，不同路径进线能实现线路 $N-1$ 停运方式下另一路线路可靠供电。以双电源供电为例，一级重要用户接线方式如图 4-63 和图 4-64 所示。

（2）采用两路来自不同 110kV 变电站的 10kV 专线，接入专用（该环网室不接入非重要用户）环网室不同 10kV 母线，进线电缆路径完全分开；再由专用环网室Ⅰ、Ⅱ段母线各出一路 10kV 线路至重要用户，同一用户进线电缆路径也完全分开。此接线方式供电可靠性相对较高，主要针对重要用户较为集中的区域，一级重要用户接线方式如图 4-65 所示。

4.8.2.3 二级重要用户

针对二级重要用户，采用双环式的双回直供接线方式，从双环式中与用户最近的节点引出双回线路为用户供电，保证双回线路供电。

此接线方式上级电源多来自同座变电站不同母线，能够供电可靠性满足 $N-1$ 校验，但当相邻用户发生事故，有可能引起重要用户的电压闪变或波动，适用于一般性双电源用户供电，二级重要用户接线方式示意如图 4-66 所示。

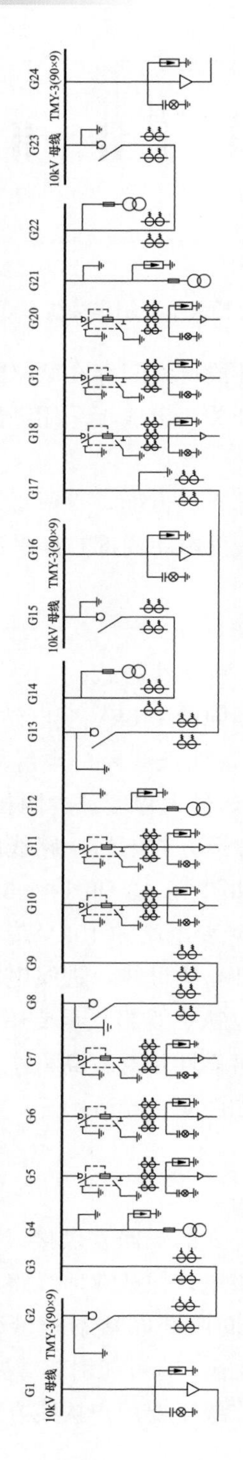

图 4－61　三段母线配电室一次主接线示意图

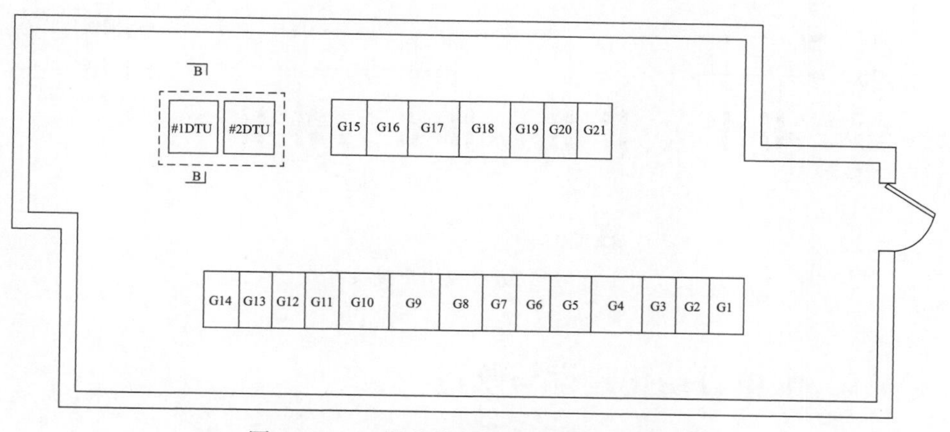

图 4-62　三段母线配电室内部布局平面图

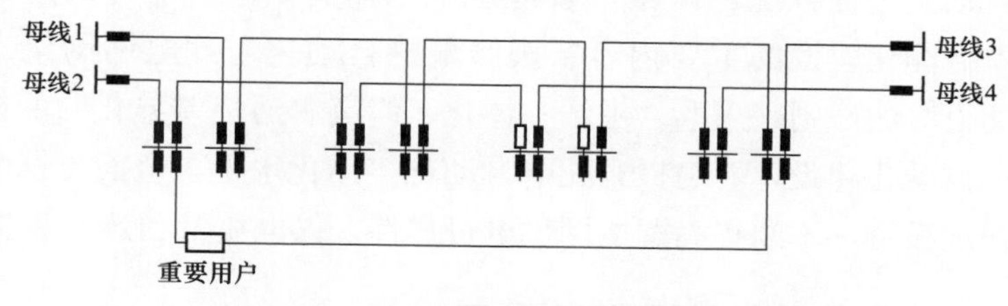

图 4-63　一级重要用户接线方式（一）

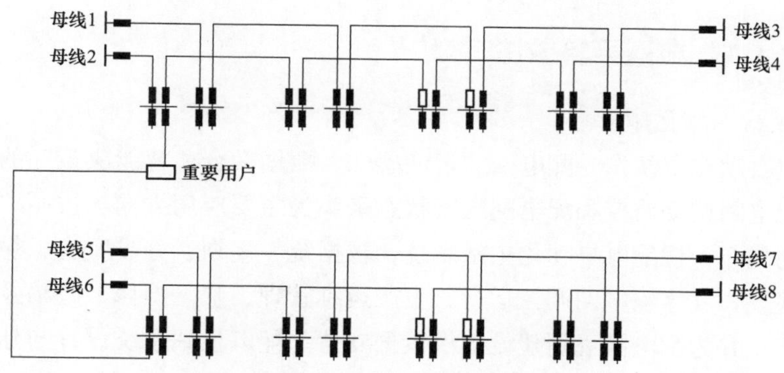

图 4-64　一级重要用户接线方式（二）

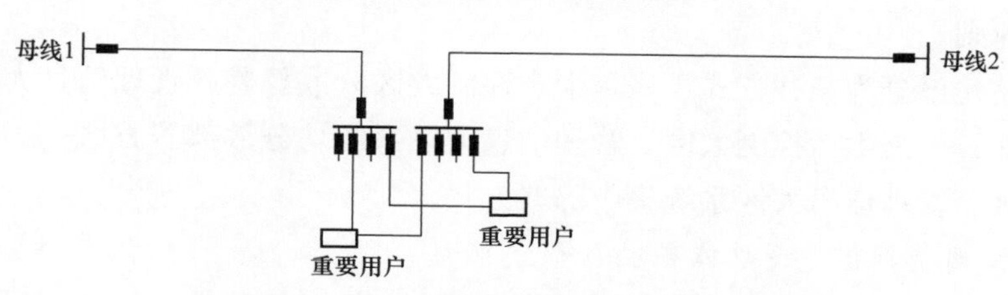

图 4-65　一级重要用户接线方式（三）

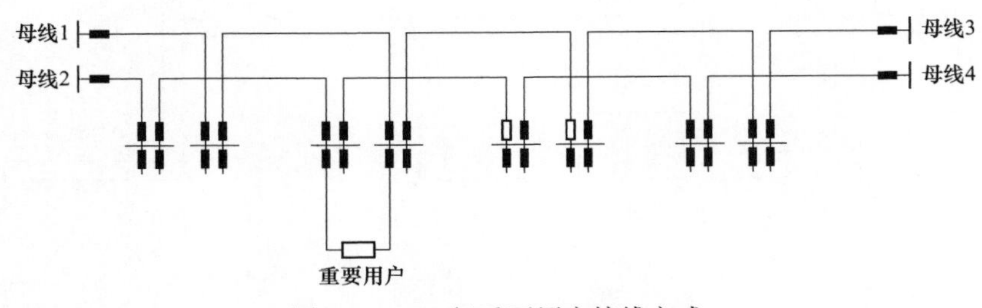

图 4-66 二级重要用户接线方式

4.9 配电自动化建设与改造

配电自动化是提升配电网生产管理水平和提高供电可靠性的重要技术手段，是配电智能化建设的重要内容。按照配电自动化与配电网网架“统筹规划、同步建设”的原则，采取“主站一体化、终端和通信差异化”的模式，全面推进配电自动化建设，着力提升配电自动化实用化水平，全面支撑配电网精益管理和精准投资，不断提高配电网供电可靠性、供电质量和效率效益。

4.9.1 典型经验做法及评审要点

4.9.1.1 典型经验做法

1. 主站一体化建设

配电自动化主站作为配电网“智能感知、数据融合、智能决策”的重要环节，以配电网调度监控和配电网运行状态采集为主要应用方向。按照“地县一体化”构建新一代配电自动化主站系统，根据统一规划、分步实施思想开展配电主站建设，支撑配电网调控运行、生产运维管理、状态检修、缺陷及隐患分析等业务，并为配电网规划建设提供数据支持。配电主站系统设计与建设中采用标准通用的软硬件平台，遵循标准性、可靠性、可用性、安全性、扩展性、先进性原则。

主站建设分为三种方式：一是生产控制大区分散部署、管理信息大区集中部署方式；二是生产控制大区、管理信息大区系统均分散部署方式；三是生产控制大区、管理信息大区系统集中部署方式。

2. 终端差异化建设总体要求

在统一配电自动化主站建设标准的基础上，针对不同供电区域、目标网架和供电可靠性要求，差异化部署终端设备。

（1）增量配电网同步实施配电自动化。对于新建配电线路和开关等设备，按照配电自动化规划，结合配电网建设改造项目同步实施配电自动化建设。对于电缆线路中新安装的开关站、环网箱等配电设备，按照“三遥”[❶] 标准同步配置终端设备；对于架空线路，根据线路所处区域的终端和通信建设模式，选择“三遥”或“二遥”[❷] 终端设备，确保一步到位，避免重复建设。

（2）存量配电网开展差异化改造。对于存量配电线路，结合老旧设备改造和配电网提升工程，通过进行开关自动化改造或增加接地短路故障指示器，提升接地、短路故障的快速监测能力。电缆线路选择关键开关站、环网箱进行改造，杜绝片面追求“全三遥”造成的一次设备大拆大建；架空线路改造以新增“三遥”或“二遥”成套化开关为主，原有开关原则上不拆除。

3. 配电自动化终端选点

以一次网架和设备为基础，统筹规划，结合配电网接线方式、设备现状、负荷水平和不同供电区域的供电可靠性要求进行自动化改造，原则上关键分段开关、联络开关、重要分支首开关应配置配电自动化终端。同杆架设的多回线路，应在同一杆塔处，同步完成多回线路对应开关的改造。

（1）分段开关终端布点原则。分段开关的配电自动化改造应综合考虑分段开关之间的用户数量和线路长度，一般选取关键位置的分段开关开展改造。以标准3分段网架为例，建议线路主干线上选取不少于2个关键分段开关进行改造；对于长度较长的线路，可在主干线上增设配电自动化开关。

（2）联络开关终端布点原则。考虑负荷转供需求，建议对联络开关进行配电自动化改造。其中，针对小区供电线路形成的多级电缆接线，可只改造小区首级开关站或配电房的中压开关柜、环网柜；对于已部署“三遥”终端或“二遥”“三遥”终端混合部署的线路联络开关，按“三遥”进行改造；对于已部署“二遥”终端的线路联络开关，如互为联络的线路部署有“二遥”终端，可按二遥进行改造。

（3）分支开关终端布点。对于配电变压器数量大于3台或者容量大于1000kVA或长度大于1km的分支线路，建议分支线首段断路器作为分支开关，并进行配电自动化改造，其“二/三遥”属性与主干线开关“二”“三遥”属性

---

❶ 指遥测、遥信、遥控功能。

❷ 指遥测、遥信功能。

一致。同时根据配电网级差保护情况，建议分支开关启用分级保护功能，并具备远程调定值和“二遥”上传功能。

典型接线方式配电自动化布点选取：

1）电缆网。

a. 单环网（见图 4－67）：按照配电自动化终端布点原则，涉及一次设备新建、改造均应同步完成配电自动化改造；存量设备每条线路建议至少选取两个关键开闭所、环网箱（室）的开关进行自动化改造；联络开关建议进行自动化改造，优先实现三遥功能。

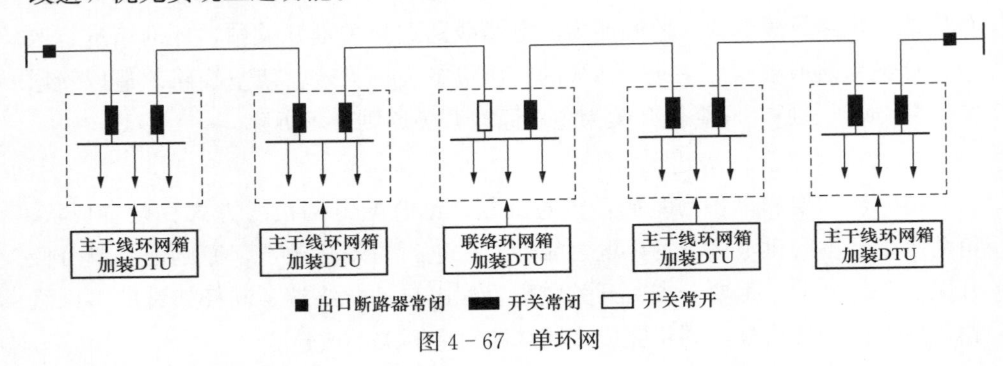

图 4－67 单环网

b. 双环网（见图 4－68）：按照配电自动化终端布点原则，涉及一次设备新建、改造均应同步完成配电自动化改造；存量设备每条线路建议至少选取两个关键开闭所、环网箱（室）的开关进行自动化改造；联络开关建议优先进行自动化改造，优先实现“三遥”功能。

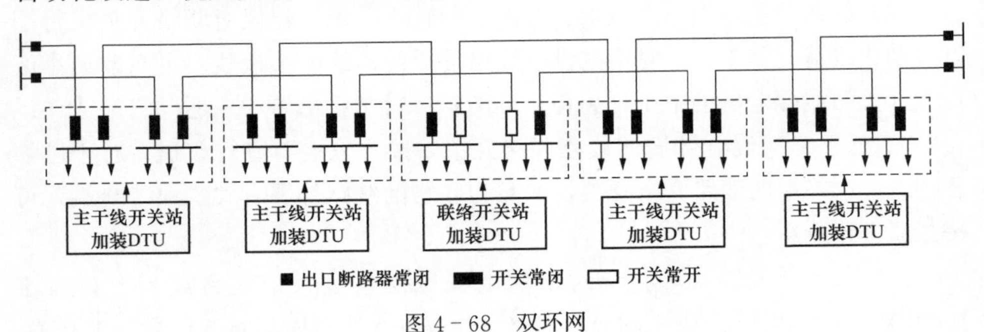

图 4－68 双环网

2）架空网。

a. 辐射式（见图 4－69）：按照配电自动化终端布点原则，涉及一次设备新建、改造均应同步完成配电自动化改造；存量设备每条线路建议至少选取两个关键分段开关进行自动化改造；对于长度较长的线路，可在主干线上增设配电自动化开关。

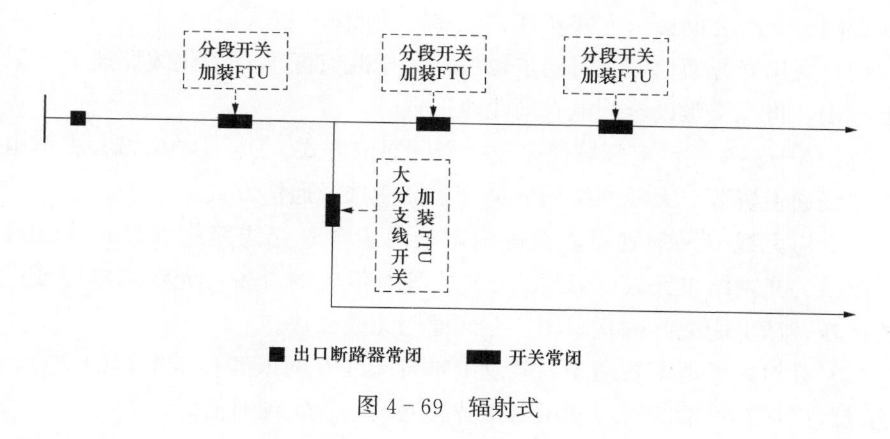

图 4-69 辐射式

b. 多分段适度联络（见图 4-70）：按照配电自动化终端布点原则，一次设备新建、改造时均应同步完成配电自动化改造；存量设备每条线路建议至少选取两个关键分段开关进行自动化改造；联络开关建议进行自动化改造，并优先实现三遥功能。对于长度较长的线路，可在主干线上增设配电自动化开关。

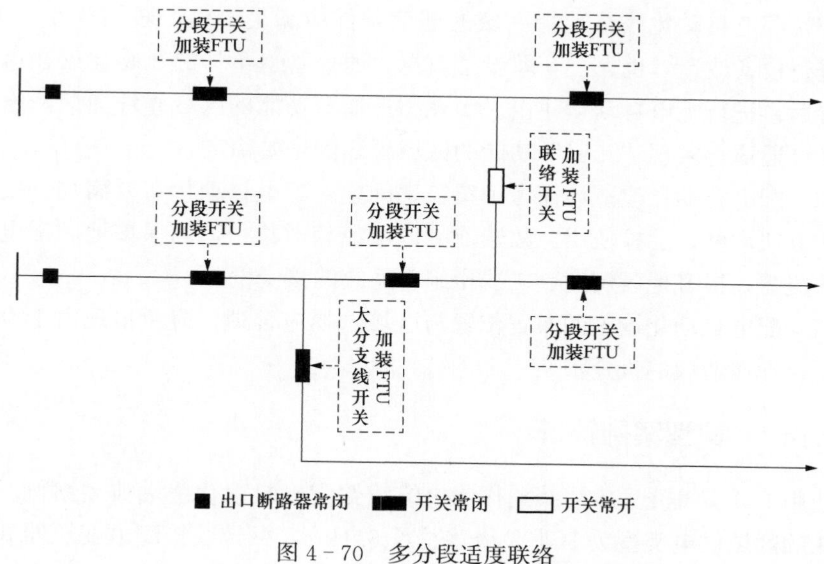

图 4-70 多分段适度联络

4. 配电自动化通信配置

（1）按照光纤、无线专网、载波优先顺序，实现配电终端“三遥”功能；无线专网、无线公网通信方式实现“二遥”功能。

（2）采用光纤通信方式时同步敷设。对于既有配电自动化线路改造，采用就近原则，将光缆敷设至配电自动化改造点。

（3）A+、A类供电区域优先选择光纤通信方式。B、C类区域，根据电缆和架空线通道资源、无线网络信号强度，灵活选择通信方式。

（4）对无线专网规划覆盖范围内，须同步考虑光线路终端设备（OLT）、光纤配线、光网络单元（ONU）、分光器等通信传输设备，光缆随电缆或架空导线区域，新上配电终端宜采用公专网通用无线模块。

（5）针对光纤地下管道光缆敷设困难且无线专网未能稳定覆盖的站点，需要建设“三遥”终端的，可利用电缆载波通信装置实现通信。

4.9.1.2 评审要点

（1）网架条件不足的线路即使进行配电自动化改造也无法在故障态下实现倒供，故配电自动化改造应优先选择网架较好比如双环网和单环网、线路负载率满足倒供电的线路。对于网架条件不足的线路可以在一次网架完善后再考虑自动化建设。

（2）配电自动化改造选择区域的通信条件应满足要求，通信条件不满足，即使进行设备改造，也无法获取设备信息。通信管道不佳的线路建议在市政施工完善后再进行配电自动化建设。实现“三遥”功能的区域光纤通信网络有空余的光纤通道，实现“二遥”功能的区域无线信号要稳定。

（3）配电自动化改造还需考虑覆盖率问题。配电自动化需要满足一定的覆盖率才方便调度、运检使用，故选取的区域应相对集中，确保该地区配电自动化有效覆盖，提升地区调度、一线班组对系统的接受度。

（4）配电自动化设施的布置位置与区域选择应合理，避免出现由于设备选择的不合理而造成的投资浪费。

4.9.2 典型案例解析

选用F市某10kV电缆线路作为电缆线路配电自动化终端典型案例。该线路所在的区域供电类型为B类，线路总长6.1km，共计装接配电变压器33台，总容量9100kVA，采用电缆单环式接线，如图4-71所示。

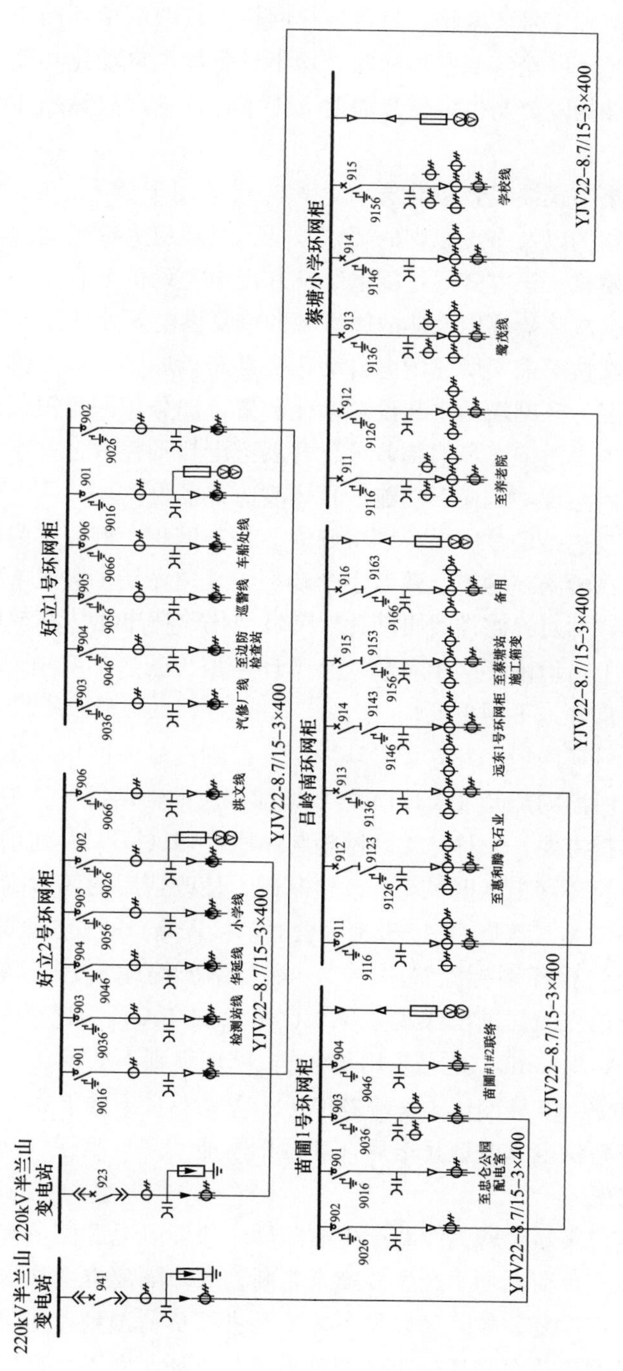

图 4－71　案例线路接线示意图

该线路涉及苗圃1号环网箱、吕岭南环网箱、蔡塘小学环网箱、好立1号环网箱和好立2号环网箱等5座环网箱，均不具备配电自动化功能。线路发生故障后，整个故障的隔离与供电恢复需要人工干预，导致故障隔离时间及非故障区段恢复时间较长。

本案例采用集中式馈线自动化方式，该方式适用于A+、A、B类区域电缆线路，对网架结构以及布点原则的要求较低，可适应大多数情况，是国内配电自动化的主流模式。该方式通过配电终端和配电主站的配合，实现对配电网故障的诊断定位、故障隔离以及非故障区域的恢复供电等处理。

本次改造方案按照前文所述配电自动化终端布点原则，首先摸排5座环网箱自动化建设情况，环网箱均未装设自动化装置，部分环网箱预留相关空间或电操机构，因此考虑对上述环网箱差异化开展配电自动化改造，结合当地自动化部署需求改造后实现“三遥”功能。具体改造方案为：

（1）本次需改造站房5座，分别将好立1号环网柜、好立2号环网柜、苗圃1号环网柜、吕岭南环网柜、蔡塘小学环网柜5座站房加装具有“三遥”功能的自动化终端，并对线路馈线自动化（FA）系统进行调试。

（2）该线路上吕岭南环网柜及蔡塘小学环网柜为新建环网柜，同时所有间隔电操机构运行良好，不用更换。

（3）好立1号环网柜、好立2号环网柜及苗圃1号环网柜均无电动操动机构及配电自动化所需的配套TA、TV，故增加相应的辅助设备。为保证配电站点设备安全及维护方便，设计一次环网柜与站所终端（DTU）通信设备共箱运行。因此整体更换环网柜老旧机箱、改造基础，使改造后的箱体满足新增电操机构、辅助设备TA、TV、DTU机柜（含通信接入箱）的安装要求。

（4）线路上每台环网柜配置一台“三遥”站所终端DTU，配套交换机、光纤配线架及通信光缆。进出线配置A、C相保护TA及零序TA，主线配置A、C相测量TA（400mm^2电缆采用600/5，精度级别不低于0.5级）。TV柜提供48V操作电源（TV变比10kV/220V/110V，容量不低于3kVA），并为配电终端和通信设备供电。改造完毕后，环网柜间能实现“三遥”功能，同时支持FA功能的实现。

（5）故障定位策略选取为线路产生故障后，故障点电源侧所有主干开关均产生故障，故障点负荷侧均不产生故障来判断。故障隔离方案选取为跳开故障点前后开关。是否恢复非故障区段供电，需要进行负荷预判，如果转供侧现有负荷与需要转供的负荷之和超过转供侧可承载的负荷，则不合联络开关，停止转供，避免造成转供侧因过负荷跳闸。

上述改造方案实施后，线路故障处理过程依次为：①配电终端上送过流信息、开关跳闸动作信息。②配电主站收集故障线路全面的故障信息。③配电主站根据开关跳闸变位信号以及终端过流量测信息，结合拓扑信息开始故障定位。④配电主站根据故障定位结果生成可操作的故障隔离与恢复方案。⑤配电主站以遥控方式执行故障处理策略。

通过本次改造该线路故障隔离在变电站出线开关动作后，全线短暂失电，非故障区域的恢复供电时间降低至分钟级，调度员可以自行选择故障隔离方式，整定较为简单且以推广。

NY 镇变电站站外扩展间隔接线示意图如图 4－72 所示。

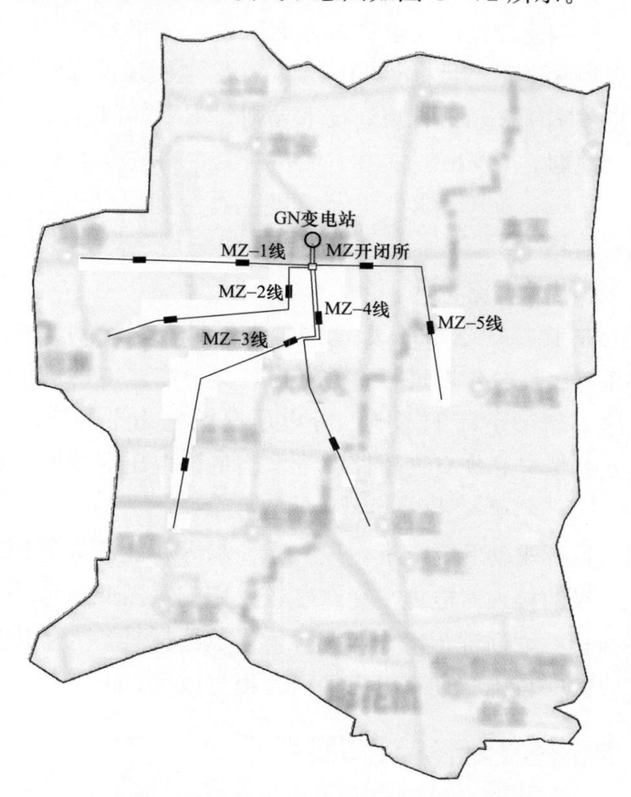

图 4－72　NY 镇变电站站外扩展间隔接线示意图

第5章 110（35）kV高压配电网规划

110（35）kV高压配电网规划工作主要包括电力平衡、高压电网规划、35kV电压等级优化几个部分：电力平衡是以电力负荷预测为基础，结合地区能源资源、电源建设条件及前期工作调研，对规划区未来电力供应与负荷需求之间的平衡进行分析；高压电网规划是在电力平衡基础上，充分考虑地区国民经济发展情况、电网建设发展需求等多方面因素，在相关规划技术原则指导基础上测算不同规划水平年、目标年110（35）kV电网建设规模以及网架结构变化。本章选用相关案例展示现行规划技术导则要求下如何开展各电压等级电力平衡及高压电网规划。

5.1 电力平衡

根据Q/GDW 10738—2020《配电网规划设计技术导则》要求，电力平衡应分区、分电压等级、分年度进行，并考虑各类分布式电源和储能设施、电动汽车充换电设施等新型负荷的影响。分电压等级电力平衡应结合负荷预测结果、电源装机发展情况和现有变压器容量，确定该电压等级所需新增的变压器容量。

在“双碳”目标驱动的影响下，风、光、水等新能源大规模并网，储能设施在不同电压等级的接入对电力平衡产生较大影响，因此新形势下电力平衡需对传统电力平衡相关原则进行优化与完善，本节选择具备大规模新能源地区电网为例介绍“双碳”目标驱动下电力平衡流程与做法。

5.1.1 典型经验做法及评审要点

5.1.1.1 典型经验做法

高压配电网的电力平衡是在规划区全社会最大负荷预测结果的基础上，首先测算各电压等级接入的电源（含常规电源和新能源发电）、直供用户负荷以及储能设施的规模，预测至规划目标年其变化情况；其次根据规划区不同电压等级电网实际情况，提出相关电压等级电力平衡原则，据此在全社会最大负荷预测结果上测算出所平衡电压等级的网供负荷；最后根据规划期内各年度容载比要求，计算出规划水平年、规划目标年高压建设规模的推荐范围及规划期高压电网建设规模。

在以往的配电网规划工作中，由于分布式电源渗透率较低，110、35kV电力平衡时通常不考虑分布式电源出力或考虑较低的出力系数。随着“双碳”目标的提出，新能源尤其是分布式新能源快速发展，部分区域已出现负荷低谷期电力倒送现象，电力平衡应充分考虑不同类型、不同电压等级分布式电源出力以及储能设施接入等灵活资源对网供负荷的影响，平衡场景除了传统的负荷高峰平衡外，还应考虑电源大出力时的平衡场景，按照Q/GDW 10738—2020《配电网规划设计技术导则》所规定的容载比计算规划水平年和目标年的高压变电容量。具体流程可参考图5-1所示。

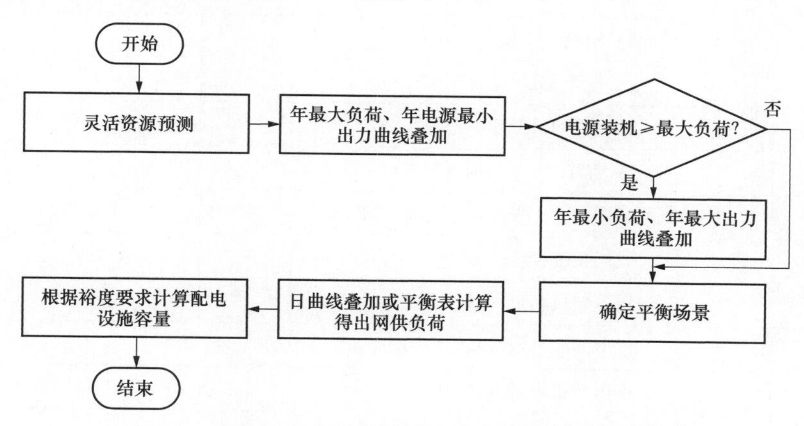

图5-1 考虑灵活资源接入情况下配电网电力平衡流程图

图5-1所示流程适用于高压配电网电力平衡，所述灵活资源配电网灵活资源主要包括分布式电源、储能、电动汽车充电负荷、可中断负荷、可控负荷等。考虑灵活资源影响后电力平衡应做到常规能源和新兴能源、分区负荷/电源和总量负荷/电源、近中期负荷/电源和远景负荷/电源的全方位衔接。其中，年负荷曲线叠加得出的最大、最小负荷并非最终平衡结果，仅作为判断平衡场景出现时间段的依据。

为简化计算过程，当电源装机容量小于最大负荷时，只需要确定负荷高峰平衡场景出现时间；当电源装机容量大于等于最大负荷时，需要确定负荷高峰平衡和电源出力高峰平衡两种场景出现时间。确定平衡场景后，调取时段内典型日负荷曲线，通过曲线叠加或平衡表计算网供负荷，进而根据裕度要求计算变（配）电设施容量。高压配电网电力平衡可通过曲线叠加或平衡表计算，从通用性角度出发本书采用平衡表方式开展电力平衡，分压电力平衡表如表 5-1 所示。

表 5-1 分压电力平衡表

序号	类别	现状年	水平年	中间年	目标年
1	全社会用电负荷（MW）				
1.1	规划计算负荷（MW）				
2	地方公用电厂厂用电（MW）				
3	自发自用负荷（含孤网）（MW）				
4	220kV 及以上电网直供负荷（MW）				
5	110kV 电网直供负荷（MW）				
6	35kV 电网直供负荷（MW）				
7	220kV 直降 35kV 负荷（MW）				
8	220kV 直降 10kV 负荷（MW）				
9	110kV 直降 10kV 负荷（MW）				
10	35kV 上网且参与电力平衡发电负荷（MW）				
10.1	光伏装机容量（MVA）				
10.2	风电装机容量（MVA）				
10.3	水电装机容量（MVA）				
10.4	火电装机容量（MVA）				
11	10kV 及以下上网且参与电力平衡发电负荷（MW）				
11.1	光伏装机容量（MVA）				
11.2	风电装机容量（MVA）				
11.3	水电装机容量（MVA）				
11.4	火电装机容量（MVA）				
12	储能装接容量（MVA）				
12.1	35kV 上网且参与电力平衡装接容量（MVA）				
12.2	10kV 及以下上网且参与电力平衡装接容量（MVA）				
13	110kV 网供负荷（MW）				

续表

序号	类 别	现状年	水平年	中间年	目标年
14	35kV网供负荷				
15	现状变电容量				
16	容载比选择				
17	与现状相比需增加变电容量				

表5-1中：110kV网供负荷（13）＝∑110kV公用变压器降压负荷＝规划计算负荷（1.1）－地方公用电厂厂用电（2）－自发自用负荷（含孤网）（3）－110（66）kV及以上电网直供负荷（4＋5）－220kV直降35kV负荷（7）－220kV直降10kV负荷（8）－35kV及以下上网且参与电力平衡发电负荷（10＋11）－储能负荷（12）；35kV网供负荷（14）＝∑35kV公用变压器降压负荷＝规划计算负荷（1.1）－地方公用电厂厂用电（2）－自发自用负荷（含孤网）（3）－35kV及以上电网直供负荷（4＋5＋6）－220kV直降10kV（8）－110kV直降10kV（9）－10kV及以下上网且参与电力平衡发电负荷（11）－储能负荷（12.2）。

表5-1中，容载比（序号16）根据Q/GDW 10738—2020《配电网规划设计技术导则》所7.3.4规定选择，即根据行政区县或供电分区经济增长和社会发展的不同阶段，对应的配电网负荷增长速度可分为饱和、较慢、中等、较快四种情况，总体宜控制在1.5～2.0。不同发展阶段的110～35kV电网容载比选择范围见表5-2。

表5-2　行政区县或供电分区110～35kV电网容载比选择范围

负荷增长情况	饱和期	较慢增长	中等增长	较快增长
年负荷平均增长率（K_p）	$K_p \leqslant 2\%$	$2\% \leqslant K_p \leqslant 4\%$	$4\% \leqslant K_p \leqslant 7\%$	$K_p > 7\%$
110～35kV电网容载比	1.5～1.7	1.6～1.8	1.7～1.9	1.8～2.0

此外，电力平衡时规划计算负荷应根据平衡场景选取，通常电力受入场景选峰荷，电力送出场景选谷荷；变电容量应根据平衡场景调整，即受入平衡时应剔除上送为主的变电站容量，送出平衡时应剔除下供为主的变电站容量。

对于不同电压等级不同类型电源参与电力平衡的比例，应充分分析历史年实际运行情况，按照平衡场景取连续多年数据进行确定。电源类型及出力特征相似可按一定规则进行打捆统计，110kV及以下电源应按一次能源类型分类，同类电源中可按照单机装机容量6kW以下的可打捆进行计算。

考虑到随着“双碳”目标的逐步推进，不同类型规划区会出现长时间的电力倒送现象，即图5-1中所示的电源出力持续大于规划区负荷情况，因此可以将规划区分为能源受入型和能源送出型两个场景，差异化进行不同类型电源参与电力平衡的比例确定，本书结合所相关数据给出推荐结果。

1. 能源受入型场景不同类型电源参与电力平衡的原则

对于能源受入型场景，规划计算负荷可以按全社会最高负荷考虑，规划区内6MW及以上小火电按50%的装机容量参与平衡；6MW及以上小水电可按10%的装机容量参与平衡；6MW以下小火电暂不考虑参与平衡；6MW以下小水电按10%的装机容量参与平衡；光伏午高峰按20%的装机容量参与平衡，晚高峰不参与平衡，中间时段可按典型日曲线折算；风电不作为顶峰机组，考虑风电特性按照5%参与平衡；统调储能资源按装接容量100%参与平衡；以地市为单位开展电力平衡分析时，采用各县最大负荷累加值，还应充分考虑各行政区县（供电分区）之间的负荷特性差异，确定负荷同时率。

2. 能源送出型场景不同类型电源参与电力平衡的原则

对于能源送出型场景，规划计算负荷可按全社会最高负荷的10%～30%考虑，具体数值应根据年最小负荷曲线确定；规划区内6MW及以上小火电按70%的装机容量参与平衡；统调水电站、6MW及以上小水电按85%的装机容量参与平衡；6MW以下小火电暂不考虑参与平衡；6MW以下小水电按85%的装机容量参与平衡；光伏按80%出力平衡；风电按40%出力平衡；统调储能按100%的容量参与平衡。

5.1.1.2 评审要点

对于新形势下电力平衡的评审工作，应重点关注地区电源、储能以及多元负荷发展的趋势，分析其参与平衡的元素是否全面、参与平衡的原则是否符合当地实际情况，具体可考虑以下几个方面：

（1）电力平衡应分区、分电压等级、分年度进行，充分考虑各类分布式电源、电动汽车、储能装置等的影响。

（2）分电压等级电力平衡应结合新形势下负荷预测结果和现有变压器容量，确定该电压等级所需新增的变压器容量。

（3）当水电能源的比例较高时，电力平衡应根据水火电源在不同季节的构成比例，分丰期、枯期进行电力平衡计算。

（4）应评审规划区是否有开展不同类型电源出力对最大负荷影响分析，关注规划区不同类型电源参与平衡的具体原则准确性。

5.1.2 典型案例解析

选择拥有多种类型电源及储能接入的县级供电公司辖区作为典型案例解析样本，其基本情况如下。

XS县位于我国东部沿海地区，现状全社会最大负荷为1231MW，县域内拥有风、光、水等多种资源禀赋，风电装机共计35MW，水电装机30MW，光伏电站装机95MW；县域电网电压等级序列为220/110/35/10/0.38kV，其中35kV变电站均为用户专用变压器，现状110kV变电站共计16座，变电容量共计1930MVA。

XS县现存一座装机为35MW的沿海风力发电场，以35kV电压等级并网；现有水电站3座（均为非径流式水电站），其中35kV上网电站两座，装机容量共计25MW，10kV上网电站1座，容量为5MW；县域内建有大量分布式光伏电站，并网电压等级为10kV或0.38kV，装机容量共计95MW。

根据XS县能源发展规划可知，"十四五"期间县域内将全面推进分布式光伏建设，规划增加分布式光伏装机约105MW，从该规划所提出的相关分布式光伏项目看，其并网电压等级将为10kV或0.38kV，不会出现35kV及以上集中式光伏电站，"十四五"期间无新建风电、水电站的计划。同时根据收资调研，近期规划区内将新建若干电网侧储能站，以10kV电压等级接入，容量共计6MW。

根据预测XS县目标年全社会大负荷将达到1530MW，规划初期负荷年均增长率大于7%，处于较快增长阶段，后逐步回落，到目标年进入饱和阶段。

基于上述信息分析可知，XS县全社会最大负荷高于县域电源总装机，属于能源受入型区域，电力平衡时规划计算负荷采用全社会最大负荷，平衡原则参考前文能源受入型场景不同类型电源参与电力平衡的原则，考虑县域内无35kV公用电网，因此分压电力平衡仅开展110kV电力平衡，具体平衡结果见表5-3。

表5-3　　XS县110kV电力平衡表

序号	类　别	现状年	水平年	水平年	水平年	目标年
1	全社会用电负荷（MW）	1231	1360	1426	1501	1530
1.1	规划计算负荷（MW）	1231	1360	1426	1501	1530

续表

序号	类　别	现状年	水平年	水平年	水平年	目标年
2	地方公用电厂厂用电（MW）	0	0	0	0	0
3	自发自用负荷（含孤网）（MW）	30	30	30	50	50
4	220kV 及以上电网直供负荷（MW）	0	0	0	0	0
5	110kV 电网直供负荷（MW）	45.8	45.8	45.8	45.8	45.8
6	35kV 电网直供负荷（MW）	30	30	30	30	30
7	220kV 直降 35kV 负荷（MW）	30	30	30	30	30
8	220kV 直降 10kV 负荷（MW）	20	25	30	35	40
9	35kV 上网且参与电力平衡发电负荷（MW）	4.25	4.25	4.25	4.25	4.25
9.1	光伏装机容量（MVA）	0	0	0	0	0
9.2	风电装机容量（MVA）	35	35	35	35	35
9.3	水电装机容量（MVA）	25	25	25	25	25
9.4	火电装机容量（MVA）	0	0	0	0	0
10	10kV 及以下上网且参与电力平衡发电负荷（MW）	19.5	24.5	30.5	35.5	40.5
10.1	光伏装机容量（MVA）	95	120	150	175	200
10.2	风电装机容量（MVA）	0	0	0	0	0
10.3	水电装机容量（MVA）	5	5	5	5	5
10.4	火电装机容量（MVA）	0	0	0	0	0
11	储能装接容量（MVA）	6	6	6	6	6
11.1	35kV 上网且参与电力平衡装接容量（MVA）	0	0	0	0	0
11.2	10kV 及以下上网且参与电力平衡装接容量（MVA）	6	6	6	6	6
12	110kV 网供负荷（MW）	1075.45	1194.45	1249.45	1294.45	1313.45
13	现状变电容量（MVA）	1930	1930	1930	1930	1930
14	容载比	1.8～2.0	1.8～2.1	1.7～1.9	1.7～1.9	1.5～1.7
15	与现状相比需增加变电容量（MVA）	5～220	220～458	194～443	270～592	40～302

根据平衡结果可知，到规划目标年 XS 县 110kV 网供负荷为 1313.45MW，按照容载比 1.5～1.7 计算，与现状相比需要增加变电容量 40～302MVA。

5.2 高压电源布局与容量匹配

高压电网规划是在电力平衡基础上，通过设定建设目标、匹配负荷密度、发挥供电能力、利用空间资源、投资经济高效以及层级匹配等多方面因素综合分析，开展变电站布点规划，并协调不同电压等级间容量匹配。本节将逐一阐述变电站选址、定容以及间隔资源配置等方面内容，通过典型方案分析说明在一定的负荷水平和负荷特性下的高压电源布局与容量匹配。

5.2.1 典型经验做法及评审要点

5.2.1.1 典型经验做法

1. 确定变电站位置

变电站位置的选择，应根据技术、经济条件比较确定。变电站的位置可按以下原则选择：

（1）变电站的布置应因地制宜、紧凑合理，在保证供电设施安全经济运行、维护方便的前提下尽可能节约用地，并为变电站附近区域供配电设施预留一定位置与空间。原则上，A＋、A、B类供电区域可采用户内或半户内站，根据情况可考虑采用紧凑型变电站；C、D、E类供电区域可采用半户内或户外站，沿海或污秽严重等对环境有特殊要求的地区可采用户内站。

（2）变电站站址选择时应接近负荷中心、进出线方便、接近电源侧、设备运输方便、不应设在剧烈振动或高温场所、不宜设在多尘或有腐蚀性气体的场所，当无法远离此类场所时，不应设在污染源盛行风向的下风侧。

（3）变电站站址选择不应设在有爆炸危险环境的正上方或正下方，且不宜设在有火灾危险环境的正上方或正下方。当与有爆炸或火灾危险环境的建筑物毗连时，应符合现行GB 50058《爆炸和火灾危险环境电力装置设计规范》的规定。

（4）根据现行规划技术原则，变电站原则上不采用地下或半地下型式，在站址选择确有困难的中心城市核心区或国家有特殊要求的特定区域，在充分论证评估安全性的基础上，可建设地下或半地下变电站。

2. 容量选取

变电站的供电范围以及主变压器的容量和数量，应综合考虑负荷密度、空间资源条件，以及上下级电网的协调和整体经济性等因素确定。为保证充裕的供电能力，除预留远期规划站址外，还可采取预留主变压器容量（增容更换）、预留建设规模（增加变压器台数）、预留站外扩建或升压条件等方式，包括所有预留措施后的主变压器最终规模不宜超过4台。

Q/GDW 10738—2020《配电网规划设计技术导则》给出了各类供电区域

推荐的变电站最终规模与容量配置，具体见表 5－4。

表 5－4　　各类供电区域变电站最终容量配置推荐表

电压等级（kV）	供电区域类型	台数（台）	单台容量（MVA）
110	A+、A类	3～4	63、50
	B类	2～3	63、50、40
	C类	2～3	50、40、31.5
	D类	2～3	40、31.5、20
	E类	1～2	20、12.5、6.3
66	A+、A类	3～4	50、40
	B类	2～3	50、40、31.5
	C类	2～3	40、31.5、20
	D类	2～3	20、10、6.3
	E类	1～2	6.3、3.15
35	A+、A类	2～3	31.5、20
	B类	2～3	31.5、20、10
	C类	2～3	20、10、6.3
	D类	1～3	10、6.3、3.15
	E类	1～2	3.15、2

注　上表中的主变压器低压侧为 10kV；对于负荷确定的供电区域，可适当采用小容量变压器；A+、A、B类区域中 31.5MVA 变压器（35kV）适用于电源来 220kV 变电站的情况。

3. 间隔配置

计算远景年变电站出线间隔时，首先要进行远景年负荷预测以及电力平衡计算，确定变电站的位置以及容量，然后计算规划区域容载比是否合理，随后进行主干导线截面选取，最后进行变电站间隔数量确定以及校验，间隔配置流程图如图 5－2 所示。

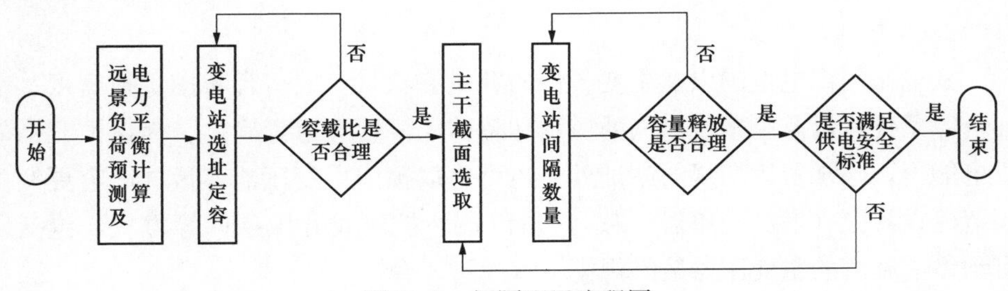

图 5－2　间隔配置流程图

针对部分地区现状电网存在变电站容量与负荷不匹配、变电站容量与主干导线截面不匹配，造成变电站容量不能完全释放或线路利用效率不高等问题，可按照表5-5选择合理的变电站10kV间隔数量。

表5-5 变电站10kV间隔数推荐表

110～35kV主变压器容量(MVA)	10kV出线间隔数	10kV主干线截面(mm^2)	
		架空线	电缆
63	12及以上	240、185	400、300
50、40	8～14	240、185、150	400、300、240
31.5	8～12	185、150	300、240
20	6～8	150、120	240、185
12.5、10、6.3	4～8	150、120、95	—
3.15、2	4～8	95、70	—

5.2.1.2 评审要点

(1) 本环节评审应关注规划区负荷的空间分布及其发展阶段，审查规划中供电区域内变电站建设时序是否合理，变电站内主变压器台数最终规模配置是否合理。

(2) 评审中应关注规划变电站站址布置是否紧凑合理，保证供电设施安全经济运行、维护方便为前提的条件下做到尽可能节约用地，是否有预留充换电站、数据中心站等的位置的考虑。

(3) 评审中应综合考虑负荷密度、空间资源条件，以及上下级电网的协调和整体经济性等因素，确定规划变电站的供电范围以及主变压器的容量序列是否负荷相关规划技术导则。同一规划区域中，相同电压等级的主变压器单台容量规格是否超过3种，规划目标年同一变电站的主变压器规格是否统一。

(4) 评审中应关注变电站选取的容量是否与10kV出线间隔数量相匹配，变电站容量是否得到充分利用。

5.2.2 典型案例解析

选取某A类供电区域内一个供电网格(简称BH网格)为例进行介绍高压电源与容量的层级匹配分析。

5.2.2.1 基本情况

根据某市电力实施布局规划，2018～2022年该市新区新建一座220kV变电JZ站，新增主变压器2台，变电容量480MVA。由于市政建设及土地利用规划对220kV LH变电站进行迁建工程，远景年将新建一座220kV DQ变电站，新增主变压器3台，变电容量720MVA，220kV电源点建设情况如图5-3所示。

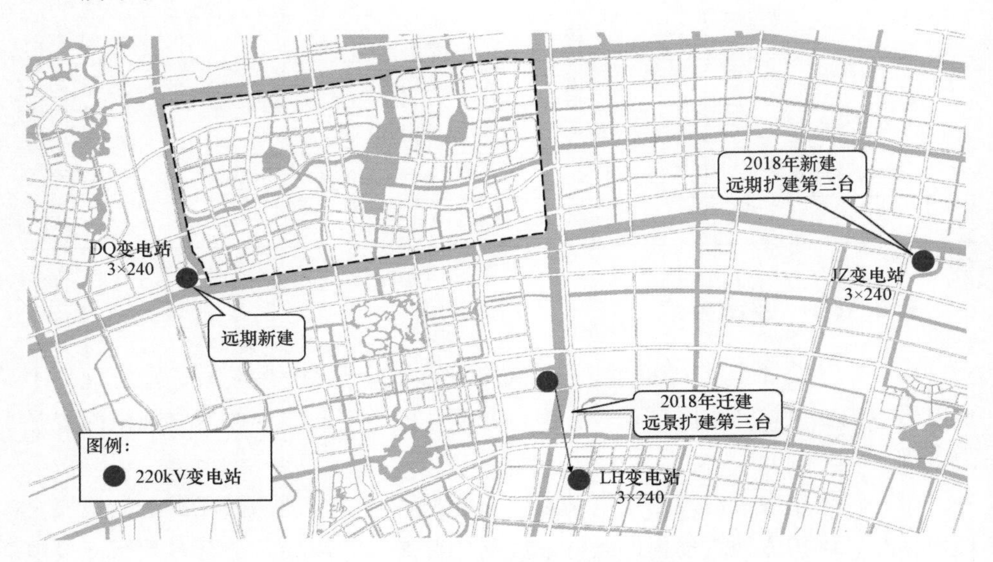

图5-3 220kV电源点建设情况

5.2.2.2 远景负荷预测及电力平衡

本次规划依据负荷预测结果，同时考虑各电压等级接入的电源和直供用户负荷等因素，扣除电厂厂用电，220、110kV电网直供负荷，220kV直降35kV供电负荷，220kV直降10kV负荷，35kV及以下上网参与电力平衡发电负荷等因素，进行110kV公用电网供电负荷预测。

该网格内无35kV公用电网。10kV网供负荷主要考虑220、110、35kV电网直供负荷、10kV以下电源等因素，BH网格10～110kV分年度网供负荷预测结果见表5-6，BH网格110kV公用电网电力电量平衡见表5-7。

表5-6　BH网格10-110kV分年度网供负荷预测结果　MW

区域	类型	现状年	规划年	远景年
BH网格	全社会	9.86	106.89	402.95
	110kV大用户负荷	0	39.7	101.3
	110kV网供负荷	9.86	67.19	301.65
	10kV网供负荷	9.86	67.19	301.65

表5-7　BH网格110kV公用电网电力电量平衡表

网格编号	规划年预测负荷（MW）	容载比	规划年所需变电容量（MVA）		远景年预测负荷（MW）	容载比	远景年所需变电容量（MVA）
			下限	上限			
SBNB_BH_01A	26.3	1.8～2.0	47	52	58.85	1.7	100
SBNB_BH_02A	44.16		79	88	98.82		167
SBNB_BH_03A	34.78		62	69	100.21		170
SBNB_BH_04A	19.56		35	39	43.77		74
合计	134.8		223	248	301.65		512

5.2.2.3　变电站选址定容

根据电力平衡结果可知，规划年规划区全社会最大负荷为168.9MW，其中110kV网供负荷134.8MW。按照1.8～2.0容载比计算，需要110kV变电容量在223～250MVA，按照单台主变压器容量为50MVA计算，需要110kV主变压器5～6台，考虑到区外盘棋变与海星变为区域内提供约50MVA供电容量，因此规划年建设两座110kV变电站可满足网格负荷发展需求。

远景年规划区全社会最大负荷为402.95MW，110kV网供负荷为301.65MW。按照容载比1.7进行建设，需110kV变电容量512MVA，按照单台主变压器容量为50MVA计算，需要110kV主变压器10台，考虑到区外PQ变电站与HX变电站为区域内提高大约100MVA容量，即需要3座110kV变电站。

根据该网格开发建设需求，绿地为首批开发建设项目，因此优先建设GW变电站，同时由于WS变电站所在位置结合HX变电站、PQ变电站及GW变电站能够在滨海新城内形成对称4角供电，有利于过渡网架建设，更好地覆盖全区。同时优先建设WS变电站与GW变电站能够有利于地块北部的建设，因此新建GW变电站与WS变电站工程提前实施。110kV电源点规划方案见表5-8，110kV变电站规划结果如图5-4所示。

表 5-8　　110kV 电源点规划方案见

项目名称	性质	最终建设规模	所址位置	规划实施时间
110kV GW 输变电工程	新建	3×50MVA	JY 大道西侧与 YH 路北侧交叉口	规划年
110kV WS 输变电工程	新建	3×50MVA	HZW 大道东侧与 YH 路南侧交叉口	规划年
110kV CZ 输变电工程	新建	3×50MVA	ZX 路东侧与 BH 路北侧交叉口	远景年

图 5-4　110kV 变电站规划结果

5.2.2.4　容载比校核

根据逐年变电站新建情况，计算出该网格阶段年容载比，结合远景年容载比，判断逐年容载比是否合理，BH 网格阶段年容载比情况见表 5-9。

表 5-9　　BH 网格阶段年容载比情况

变电站	变电站远景年容量（MVA）	区域分配容量（MVA）		
		现状年	规划年	远景年
110kV HX 变电站	150	20	50	50
110kV PQ 变电站	150	20	20	50

续表

变电站	变电站远景年容量(MVA)	区域分配容量(MVA)		
		现状年	规划年	远景年
110kV GW变电站	150	—	100	150
110kV WS变电站	150	—	100	150
110kV CZ变电站	150	—	—	150
合计容量		40	270	550
负荷(MW)		9.86	134.8	301.65
容载比		4.06	2.0	1.82

5.2.2.5 主干截面选取

根据上文可知，网格内新建变电站均为50MVA，每座变电站均为3台主变压器，作为A类供电区域网格，该区域中压配电网采用电缆网，根据导则要求新建电缆线路主干线截面一般为400mm² 和300mm²，根据调研可知，该区域受到电缆排管孔径限制无法使用截面为400mm² 的导线，因此该区域选取导线截面为300mm² 的电缆作为主干线路。

5.2.2.6 变电站间隔数量

该网格变电站容量为3×50MVA，根据变电站10kV间隔数推荐表可知，该网格内每台主变压器间隔数选取8～10个，10kV间隔平均负荷3.5～4.3MW，10kV间隔平均负载率39%～48%。经计算校验，该供电方案能够使区域内变电站容量合理释放并且满足供电安全标准。

5.3 35kV电压等级优化与使用

配电网发展强调各电压等级之间强简有序、相互支撑、整体优化、整体经济高效，因此35kV电网发展策略往往与110kV电压等级进行经济性比较、与10kV进行技术、功能上的合理性比较，综合比较分析区域负荷及电源特点、地理地貌特征、发展需求等因素，合理确定35kV电压等级发展策略。

5.3.1 典型经验做法及评审要点

5.3.1.1 典型经验做法

1. 整体思路

对于规划区域配电网整体规划方案应以技术经济性最优为约束，依据该区域目标网架，并结合区域内现状电网存在的问题，在满足用电发展需求的前提下，统筹兼顾110、35kV和10kV电网，制定科学、合理、可靠的过渡方案，保障区域内电网向目标网架有序过渡。

2. 35kV电压等级规划

对35kV供电区进行规划，首先应判断区域内远景年目标网架是否保留35kV电压等级。若保留，对规划区域内电网进行优化的重点应放在提升供电能力和优化网架结构上，合理制定优化发展规划方案。

若不保留35kV电压等级，应尽量避免在过渡方案中对35kV电压等级的投资，避免投资浪费。在过渡年规划方案中，应结合现状电网中存在的问题，建议通过110kV变电站配出10kV线路，增加中压线路联络率，加强中压网架结构，通过中压优化，在合适的条件下，有序退出35kV变电站。

5.3.1.2 评审要点

（1）对35kV变电站规划是否准确。应综合考虑负荷密度、空间资源条件，以及上下级电网的协调和整体经济性等因素，确定规划区域内变电站的供电范围以及主变压器的容量合理安排规划35kV变电站的发展方向。

（2）规划成果。经规划后，规划区域内不同电压等级间的容量和网架结构是否匹配，区域内变电站的供电范围是否符合技术规定要求；规划变电站布点是否满足下级电网供电及构网需求、能否解决现状电网存在的问题、重（过）载变电站是否逐年有效的改善。

5.3.2 典型案例解析

以YY区域为例进行案例解析，介绍配电网规划中如何将35kV与110kV、10kV规划有序衔接。

5.3.2.1　案例基本情况

现状年 YY 区域由 220kV YY 变电站、110kV GD 变电站、35kV QJ 变电站、35kV DM 变电站四座变电站供电，区域内 110kV 线路 2 条，35kV 线路 2 条，10kV 线路 13 条。YY 区域现状年电网地理接线如图 5－5 所示。

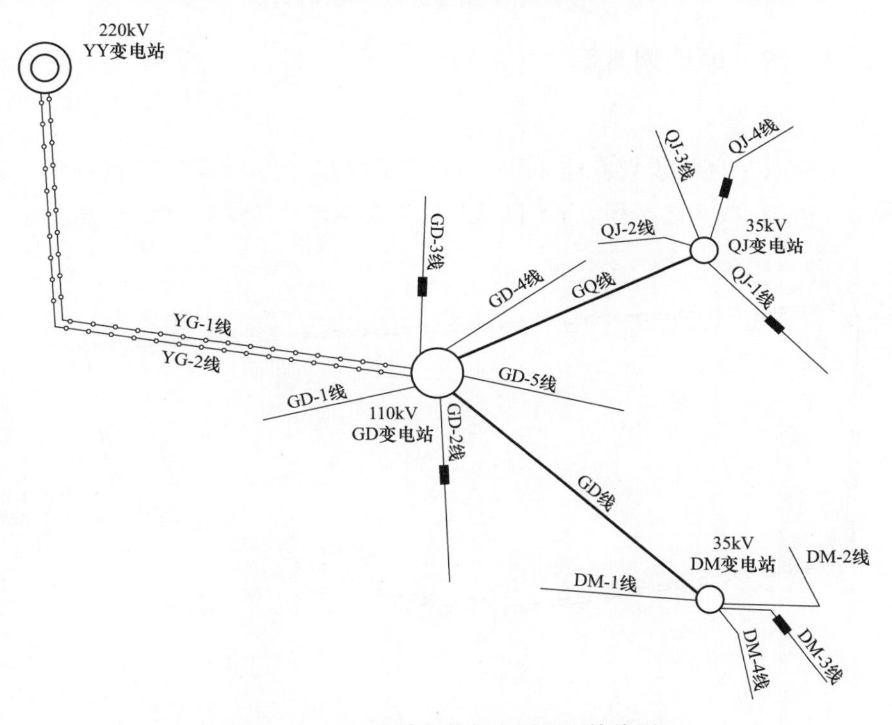

图 5－5　YY 区域现状年电网地理接线图

现状年 35kV QJ 变电站、35kV DM 变电站均处于重载状态，为两座变电站供电的 35kV GQ 线、GD 线及 10kV QJ－1、DM－1 线也都处于重、过载状态。此外，区域内 10kV 线路接线方式均为单辐射。YY 区域现状年问题变电站和线路见表 5－10。

表 5－10　　YY 区域现状年问题变电站和线路

线路/变电站名称	电压等级	负载率	运行状况
GQ 线	35kV	96%	重载
GD 线	35kV	82.50%	重载
QJ－1 线	10kV	100.51%	过载

续表

线路/变电站名称	电压等级	负载率	运行状况
DM-1线	10kV	85.39%	重载
QJ站	35kV	95.70%	重载
DM站	35kV	82.20%	重载

5.3.2.2 原规划方案

1. 目标网架

目标年YY区域规划实施110kV GX-1线和110kV GX-2线新建工程，以及35kV XD线新建工程。YY区域目标年高压地理接线如图5-6所示。

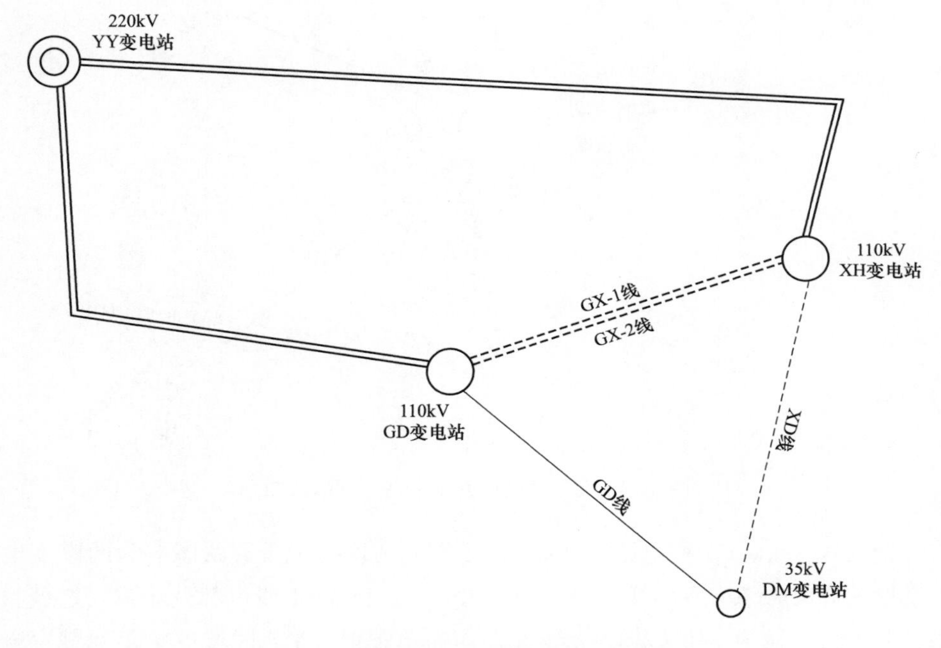

图5-6 YY区域目标年高压地理接线图

2. 过渡年方案

为解决该区域变电站、线路重过载问题，满足未来负荷增长需求，在过渡年规划实施35kV GQ线路改造工程、35kV GD线路改造工程和110kV XH变电站新建工程，变电站建成后实施35kV QD线路新建工程。YY区域过渡年高压地理接线如图5-7所示。

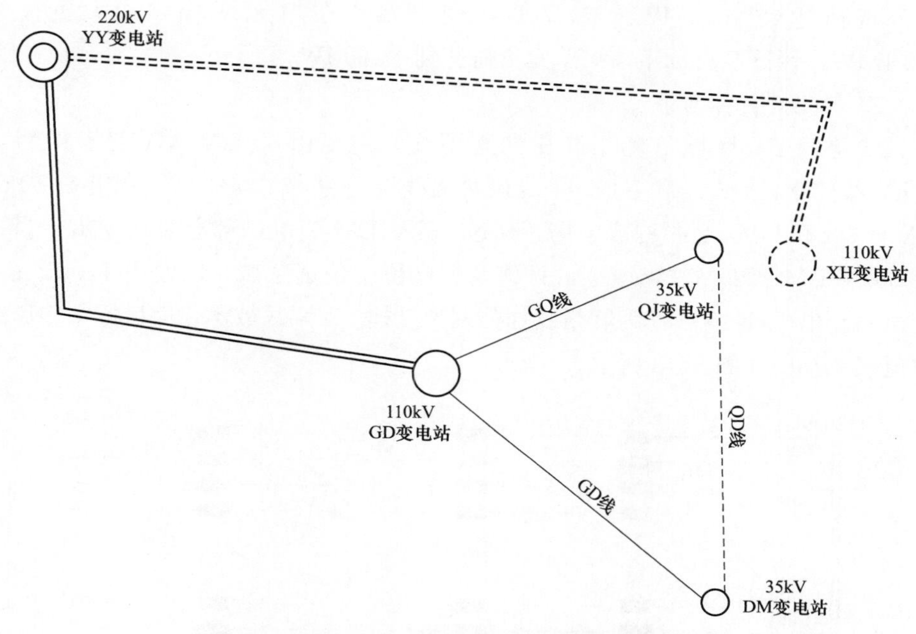

图 5-7　YY 区域过渡年高压地理接线图

3. 方案中存在的问题

通过对该案例的规划方案进行分析发现其存在以下几方面的问题。

（1）实施新建 110kV XH 变电站工程后，未结合区域内现状电网和未来负荷发展情况，未考虑新建变电站与原有 35kV 变电站之间 10kV 的负荷切改和联络。

（2）未结合该区域目标年网架情况，目标年 YY 区域 35kV QJ 变电站将退运，但过渡年仍实施 35kV QD 线路新建工程，投资效益低。

5.3.2.3　案例优化方案

案例优化采用“分析用户负荷性质—负荷预测—依据现状电网存在问题提出优化方案”的工作流程，具体过程如下。

1. 用户负荷性质分析

该区域主要为农业农村负荷，供电可靠性可参照 DL/T 5729—2016 中 D 类供电区标准。

2. 负荷预测

35kV QJ 变电站所在单元现状年最大负荷为 15.6MW，预计至目标年，该单元负荷达到 20.5MW。35kV DM 变电站所在单元现状年最大负荷为 13.4MW，预计至目标年，该单元负荷达到 15.5MW。

3. 优化后目标网架

优化后 YY 区域目标年高压网架不变，主要由 110kV XH 变电站新出 10kV 线路 XH－3 线和 XH－4 线，两回线路分别与 35kV DM 变电站 10kV DM－3 线和 DM－2 线构成联络，切改 35kV DM 变电站部分负荷。由于目标年 35kV DM 变电站并未退运，且该变电站位于偏远区域，因此由 110kV XH 变电站新出 XH－5 线作为联络线加强网架结构。YY 区域优化后目标年中压线路电气拓扑图如图 5－8 所示。

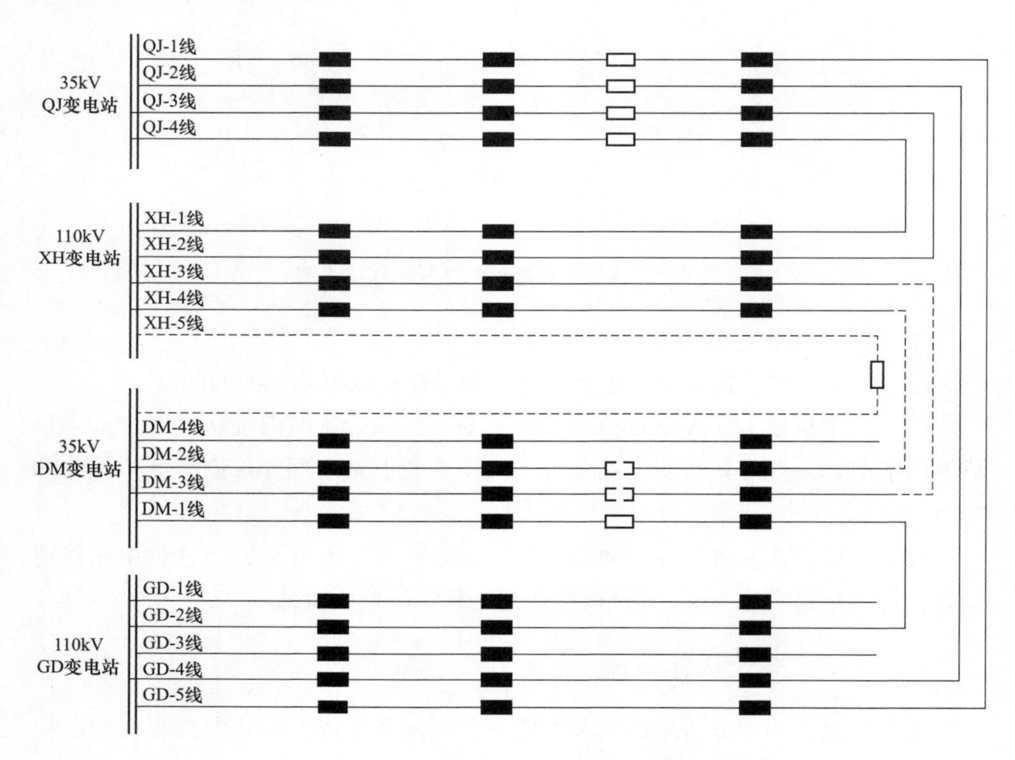

图 5－8　YY 区域优化后目标年中压线路电气拓扑图

4. 优化后过渡方案

结合现状电网存在问题、负荷发展情况，建议规划期间实施 110kV QJ 变电站新建工程，取消 35kV GQ 线改造工程、35kV GD 线改造工程、35kV QD 线新建工程。YY 区域优化后过渡年高压地理接线如图 5－9 所示。

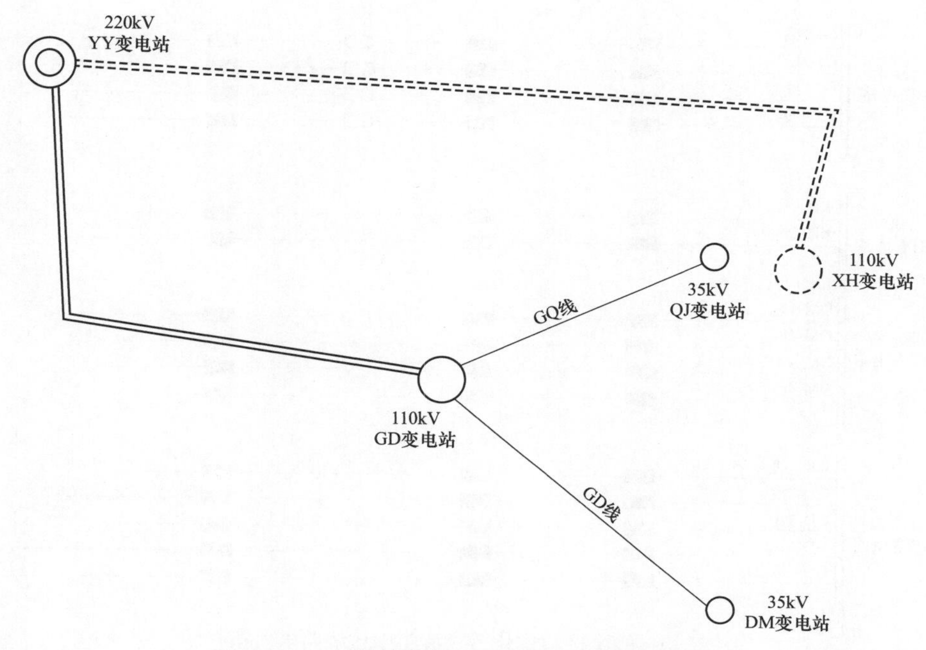

图5-9 YY区域优化后过渡年高压地理接线图

在110kV XH变电站新建工程实施后，由该变电站新出10kV XH-1线和10kV XH-2线，并分别联络至10kV QJ-4线和10kV QJ-3线，转接35kV QJ变电站负荷，满足35kV QJ变电站所在单元负荷增长需求。

110kV GD变电站10kV GD-4线和10kV GD-5线分别联络至35kV QJ变电站10kV QJ-2线和10kV QJ-1线，解决35kV QJ变电站重过载问题和规划区域配电网网架薄弱问题。10kV GD-2线联络至35kV DM变电站10kV DM-1线，转接35kV DM变电站负荷，解决35kV DM变电站重载问题。YY区域优化后过渡年中压线路电气拓扑如图5-10所示。

5.3.2.4 规划成效

1. 高压电网

经优化后，YY区域取消了35kV GQ线改造工程、35kV GD线改造工程、35kV QD线新建工程3个规划项目，降低了投资成本。通过对中压线路进行联络，改善中压网架，弥补了高压网架薄弱环节，配电网整体供电能力得到了提高。

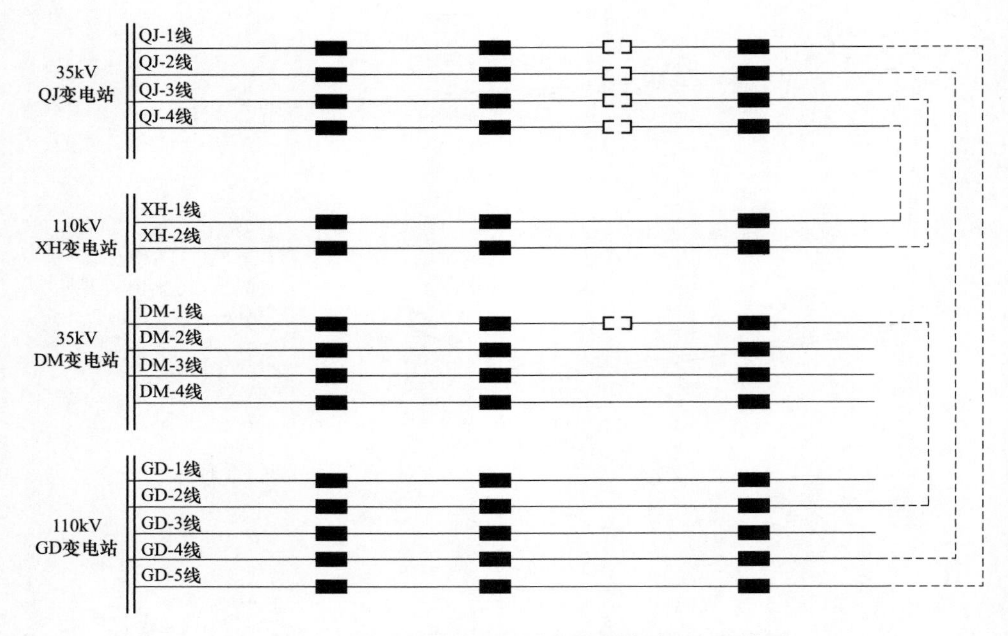

图 5-10　YY 区域优化后过渡年中压线路电气拓扑图

2. 中压电网

经优化后，YY 区域中压线路联络率提升至 83.3%，站间联络率提升至 83.3%，网架得到完善。此外，由 110kV XH 变电站为 35kV DM 变电站提供了一个备用电源，35kV DM 变电站供电可靠性得到提升。

第6章　10kV中压配电网规划

本章主要根据近年来10kV中压配电网规划编制与评审过程中遇到的一系列问题，结合规划流程选择一些关键环节列举案例进行分析。

6.1　城市建成区标准化电缆优化与完善

随着我国城市化进程的不断加快，各类城市中都已经形成具有一定规模的城市建成区，这类区域具有负荷密度水平高、建筑密度高、空间资源紧张的共同特点。由于城市化进程启动较早，这类区域网架以电缆网为主，受到历史建设、用户发展、建设理念变化等多种因素影响，该类城市建成区配电网网架结构较为复杂，对电网建设发展产生一定影响。本节针对城市建成区电缆网结构优化予以分析介绍。

B类及以上城市建成区中电缆网相对较多，这类区域建设较早的电缆网中存有一定规模的非标准接线方式，其表现形式主要为多联络接线，具体来说：电缆线路联络线点在3个以上、线路供电范围交叉不清晰、线路环网设备形成次级环网、线路分段容量不合理、占用线路环网设备资源、线路有效转供能力低、停电范围难控制、配电自动化配置融合度低。

目标网架构建过程中对于局部该类型网架如何优化，是否需要优化存有一定争议，主要体现在以下几个方面：

（1）城市建成区电网建设时间已经比较长，现状调度、运维人员对这类型电网较为熟悉，认为不进行结构优化也可以实现可靠供电（现行目标），没必要进行再次结构优化。

（2）城市建成区受到通道资源制约，在部分区域无法开展改造工作，可能无法实现结构标准化，同时由于用户负荷密度高停电风险大，配电网建设改造项目推进难度大。

（3）规划中常常将建成区目标网架构建寄托于某个城市中心区变电站建设的配套送出工程，通过该工程的实施实现大范围的网架重构，进而实现标准接线全覆盖，并达成目标网架，但实际情况这种类型的变电站建设多为不断推迟，这样的情况下网架优化方案基本落空，无实际指导意义。

（4）建设改造投资较大、收效慢，在建设资金紧张情况下不如新区投资效益高。普遍观点认为老城区主要靠运行维护以及设备寿命周期推动电网升级，不主动推进建设改造，工程方案被放在远期从而一拖再拖，导致目标网架规划落空。

基于上述情况，建成区电缆网改造规划方案可实施性及实际落地情况不容乐观。经过“十一五”至“十三五”的快速发展，近几年城市电网发展逐步放缓，尤其是中心城区负荷发展基本饱和，但由于供电目标、电网发展形势等方面的变化，中心区电网往往是现状电网的薄弱环节，在电网规划中并未受到有效重视。

6.1.1 规划技术原则要求及典型经验做法

6.1.1.1 规划技术原则要求

对于B类及以上地区10kV电缆网目标网架接线，在现行技术原则中采用双环式和单环式两种，应以供电单元为单位形成标准接线、供区不交叉重叠，典型接线组满足$N-1$要求。

从上述要求不难看出，目标网架需要实现标准化、独立供电。近年来随着配电自动化的不断推进，复杂结构对国家电网公司在城市电网中推行的集中式自动化方式适应性较低，在这种情况下势必需要将存量复杂联络及其他非标接线予以改造，但规划技术原则中并未明确具体的原则与方法，需要根据实际情况差异化开展。

6.1.1.2 典型经验做法

对于老城区电缆网结构优化工程项目，首先不应将其放置在中远期实施，其次改造方案不应寄希望于某个变电站投运，第三老城区电缆网结构优化无法做到大拆大建式的重构。因此该部分工作应在与上级电网发展相协调背景下，以技术原则为约束性条件，充分融合各方面关联因素，充分应用网格化的规划理念，结合问题严重程度与设备寿命周期，率先推进老城区非标电缆网的改造工作，从而实现“改造一片、成熟一片、固化一片”的建设效果。

本书推荐的典型工作流程与做法如下所示。

1. 明确供区

按照网格化、单元化理念明确网格、单元、变电站以及接线组的供电范围，对于跨网格、跨单元供电的线路，供电范围交叉、跨越的接线组进行标注，先结合现有变电站、线路供区与布局以及网格单元的划分，把区域按照接线组的供电能力切块，明确具体区域供电线路与联络方式，为后续切改方案做准备。明确合理的典型接线供电范围，充分尊重电网现状，切勿大拆大建。

2. 强化主干

明确接线组供区后进一步开展主干强化工作，强化的方式分为三个步骤：首先，路径的明确，按照典型接线标注通过对现状实际情况、道路通道情况、区域建设发展等方面因素的综合考虑，明确主供线路的主干线路路径；其次，对于主干线路进行装备水平提升，规范导线截面，消除“卡脖子”问题，对于主干线与分支线严格按照差异化标准进行设备选择，对沿线环网箱（室）设备进行排查与规范，消除电缆分支箱接入主干线路的情况；第三，提升主干线路自动化水平，按照配电自动化建设原则，对主干线沿线开关设备、环网箱（室）进行自动化改造，提升主干线自动化水平与故障隔离能力。

3. 规范分支

规范分支的工作应首先明确主干、分支的层级关系，所有用户均应通过分支线路/环网接入主干线，对于直接挂接在主干线路上的配电变压器及电缆分支箱，需考虑进行剥离，分支线路不宜超过3级，分支开关应采用断路器或一二次融合开关，确保分支或用户故障不影响主干线运行。

其次是规范分支线路供电范围与结构，原则上分支线路以主干线供电区域为供电边界呈辐射状结构，对于跨主干线供电区域的分支线路，结合电网实际情况进行切割，对于形成的分支环网进行解环，实现电网结构清晰、范围明确。

4. 合理分段

在强化主干线的基础上，针对现有环网节点容量不均衡、无明确控制标注以及大量设备直接T接在主干线的现象，进行线路分段容量以及配电变压器接入数量优化，合理设置主干环网节点。

合理分段的过程是对部分主干环网上大量电缆分支箱（无法装设自动化设备）单独T接配电变压器台区的、T接接入的环网箱室进行梳理，通过合理加装分段开关、将环网箱环入主干环、将电缆分支箱退至次级网络。

5. 差异推进

结合上述分析结果，按照典型接线要求，逐一对非标结构进行优化，优化过程中一方面强调标准化，同时对于重要用户也考虑差异化处理，如双电源用户其用户源尽可能来自不同高压变电站，如只有一个上级电源点的情况下，确保两路电源来自不同母线段，应建议用户根据自身情况考虑高压或低压设备自投装置，同时预留移动发电车接口等。

6.1.1.3 评审要点

（1）规模适配性：判断供电电源、供电线路、典型接线数量与其供电负荷的匹配程度。根据 Q/GDW 10738—2020《配电网规划设计技术导则》规定，目标年 110kV 电网容载比应控制在 1.7～2.0，单条 10kV 线路平均供电负荷控制在 3.5～4.5MW 为宜。

（2）结构标准化：对于方案评审应按照典型接线全覆盖的标准区判别目标网架接线方式合理性，但同时需要考虑其地区特点，对于主环节点数量不统一、主干路径迂回等情况要区别对待。

（3）工程时序合理性：分析建设改造工程安排的合理性，老城区电网改造往往牵一发而动全身，评审年度工程项目时应考虑其工程时序安排的合理性，相互关联项目应考虑是否安排在同一时间窗口，做到改造一片、成熟一片、固化一片。同时对于将该类电网建设方案关联于 5 年以内无法实施的变电站配套送出，或将该类区域工程项目安排在远期实施的情况，应根据实际予以纠正。

（4）建设经济性：对比现状电网与目标网架的变化情况，对于大量主环节点新建或改造、大范围主干网架重构（联络方式与路径）、局部高密度通道需求等情况应予以重点审查，由编制单位说明其合理性与可实施性，判别其是否存在大拆大建、重复投资等投资效益较低的情况。

（5）配套措施完整性：老城区网架结构优化工程不仅仅是对网架结构优化的工作，评审建设改造方案时应重点关注相关方案配套措施完整性与合理性，如改造相关电缆通道需求以及实施的可行性审查，双电源用户方案实施前后可靠性满足程度的变化等。

6.1.2 典型案例解析

6.1.2.1 案例基本情况

本案例为选定为某 A 类城市建成区某网格中压配电网。为该网格供电的高压变电站包括两座 220kV 变电站和三座 110kV 变电站，目标年网格内中压线路共计 23 条，接线方式以电缆单环网和多联络方式为主，具体情况如图 6－1 所示。

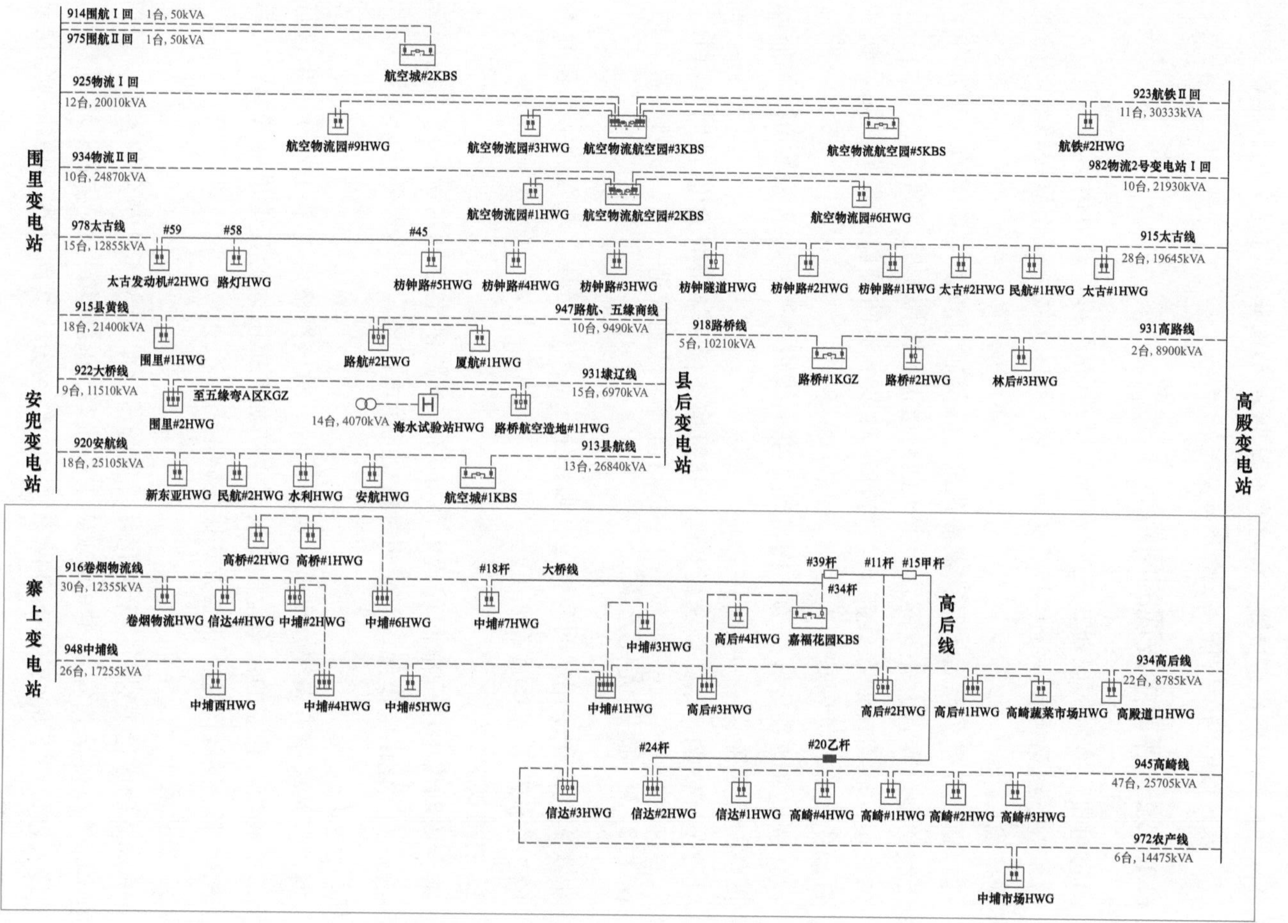

图 6－1　案例网格中压拓扑结构示意图

首轮目标网架规划过程中，网格考虑以电缆单环网接线方式为主，目标年大部分网架已经实现典型接线，但红色标识区域结构非标情况突出。本次案例主要针对该区域电网结构优化进行展示。

6.1.2.2 评审中发现的问题

通过对典型案例的规划方案进行评审发现其存有以下几方面问题：

（1）五条线路相互联络，形成复杂接线，目标接线方式不满足该区域电缆单环网接线要求；

（2）高后 3 号、高后 4 号、嘉福花园等装接容量较大的环网箱（室）并未在主干线路中，存有大分支问题，主干线路退运后故障影响范围广。

（3）相互联络的两条线路间，同时存有多个不同分段间联络，冗余联络多，自动化实施较为困难。

（4）围里 915 线等线路为站内自环、主干线路径迂回，前端通道故障后段用户面临全停风险。

针对上述问题，结合前文提及的优化策略进行网架结构优化。

6.1.2.3 案例优化方案

本次案例优化采用“明确供区、强化主干、合理分段、规范分支、差异推进”的工作流程，具体过程如下。

1. 明确供区

结合该网格中压配电网现状电源布局、线路供电范围情况，在供电网格内部进一步优化供电单元，形成相对独立的供电区域，具体划分结果如图 6 - 2 所示。

通过复杂联络五条线路供电区域分析后，对该网格供电单元划分结果进行优化，形成相对独立的供电范围，同时也明确该范围内的其他供电线路，为后续结构优化、供区优化、联络方式优化做准备。

2. 强化主干

本次案例优化中对于主干强化，首先分析该单元内环网箱室的容量，根据当地实际情况将接入容量在 3000kV 安以上环网室（箱）作为主干环网节点，对于接入容量小于 3000kV 安环网箱（室）作为分支线路处理，具体划分结果如图 6 - 3 所示。

通过对主环节点的分析，同时综合考虑线路联络方向、供电区域分布等因

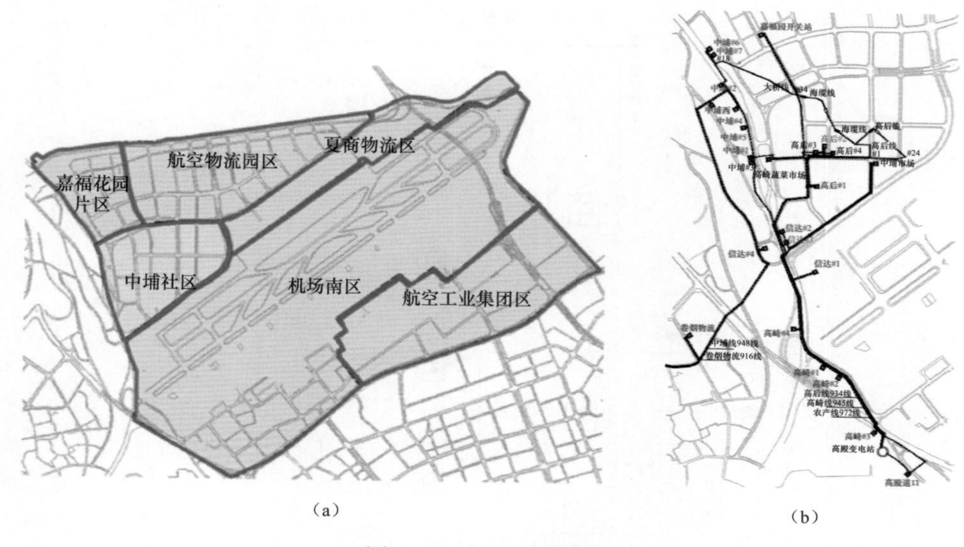

（a）　　（b）

图 6－2　供电区域明确

（a）供电单元调整；（b）中压地理接线图

素，可以初步明确现状配电网主干线路走向以及线路基本供电区域，通过上述手段避免大容量节点在网架优化初期被排除出主干线路路径。主干线路路径分析结果如图 6－4 所示。

3. 规范分支

根据主干线路路径分析的相关结果，结合供电用户可靠性需求，考虑运行方式便捷、自动化实施等因素，对相关联络进行区分，明确主干联络和分支联络，原则上主干联络予以保留，分支联络逐步解除，并规范分支接线方式，具体分析结果如图 6－5 所示。

4. 合理分段

按照容量对主干环网箱室进行分析后，主干线各个环网接线容量控制较为合理，无单台配电变压器支接在主干线情况，接入容量较小的环网箱（室）作为支线处理，不环入主干环，确保主干环网节点数量控制在合理范围内。

5. 差异推进

结合上述分析结果，按照典型接线标准对网架结构进行优化，考虑本案例单元局部后续随着机场搬迁会进行重新建设开发，因此其网架结构优化方案分为两个阶段进行，第一阶段为满足近期负荷发展需求，初步形成供区与结构相对独立的目标网架，第二阶段为结合负荷发展、新用户接入等，形成最终目标网架。

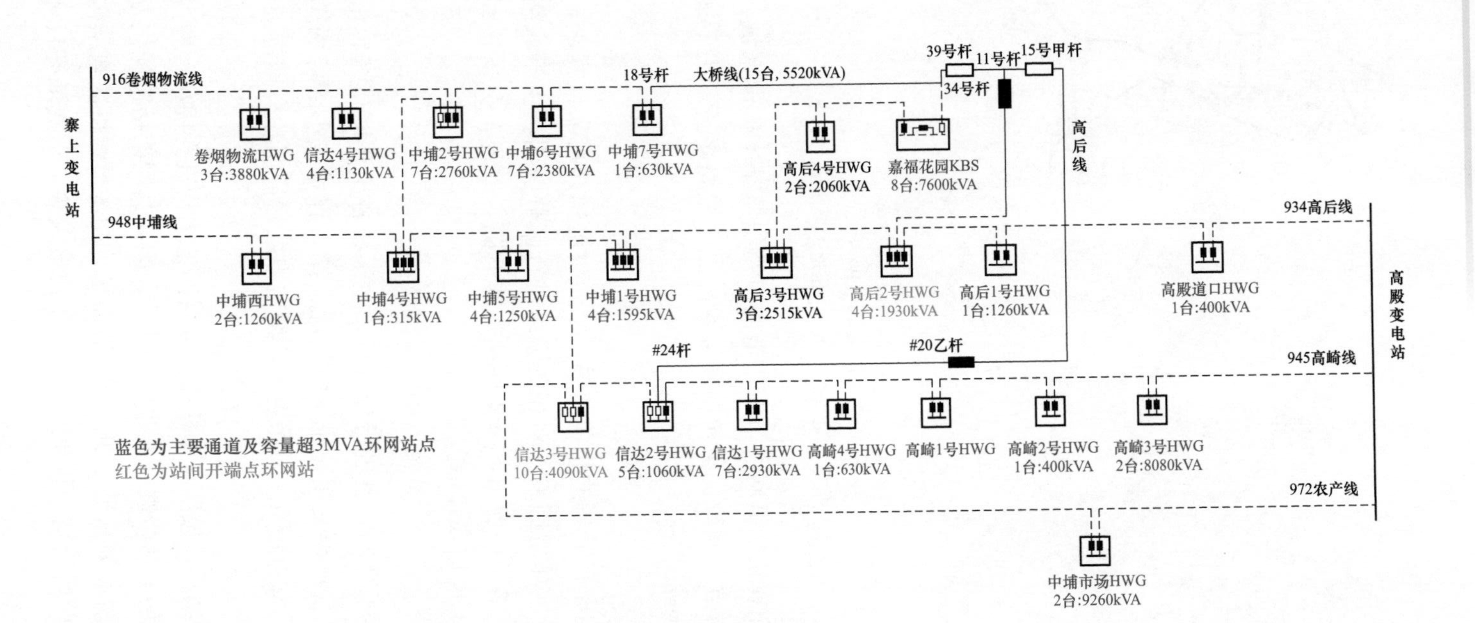

图 6-3 主干环网节点分析

注 蓝色为主要及容量超 3MVA 环网站点，红色为站间开断点环网站。

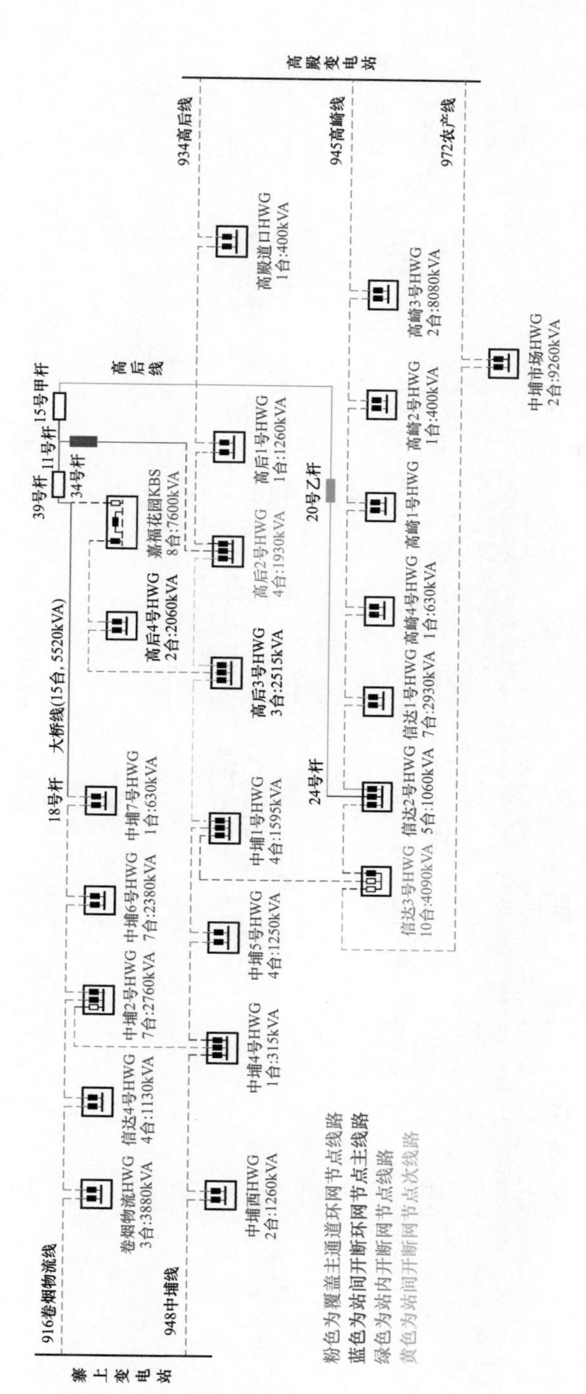

图6-4 主干线路路径分析

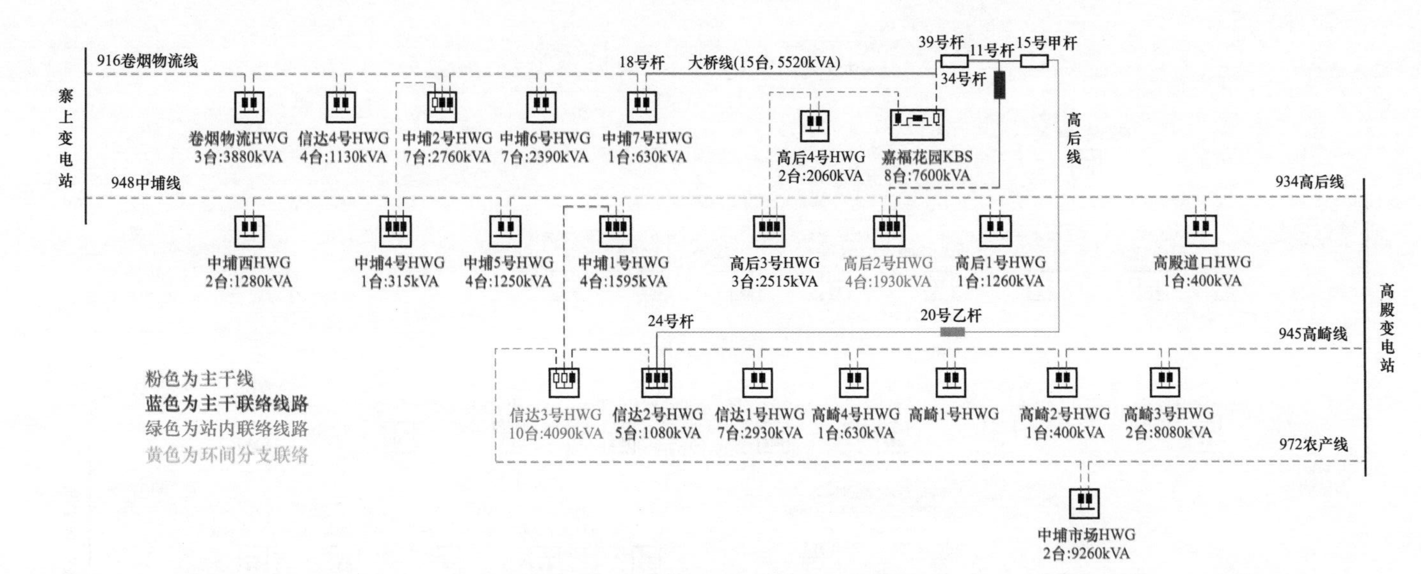

图 6-5　主干联络与分支联络辨识

注　粉红为主干线，蓝色为主干联络线路，绿色为站内联络线路，黄色为环网分支联络。

第一阶段网架结构优化方案结果如图6-6所示。

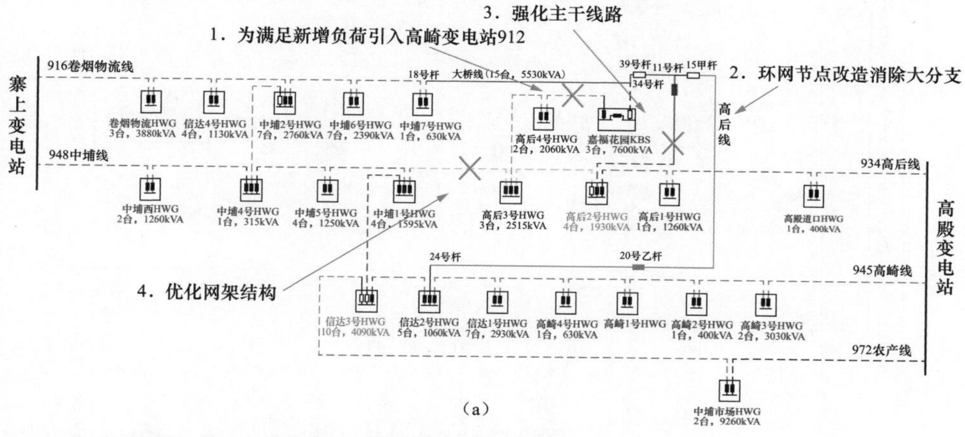

（a）

注 1—满足负荷需求：引入110kV高崎变电站和区外110kV保税变线路；
2—环网节点改造：明确大容量支线节点高后3号、高后4号HWG环入主环；完善嘉福花园KBS—回进线；
3—强化主干线路：海缆线、大桥线原主干线进一步强化主干；高后线原站内联络线改为主干线；
4—优化接线结构：原主干联络寨上—高殿联络改为寨上—高崎、高殿—高崎主干联络。

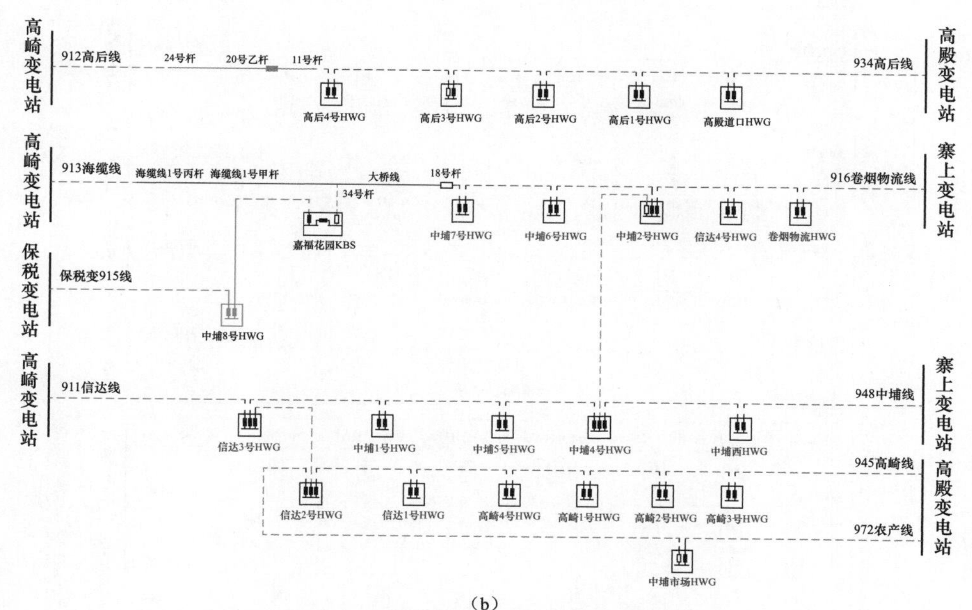

（b）

图6-6 第一阶段网架结构优化

（a）改造前；（b）改造后

第二阶段网架结构优化方案结果如图6-7所示。

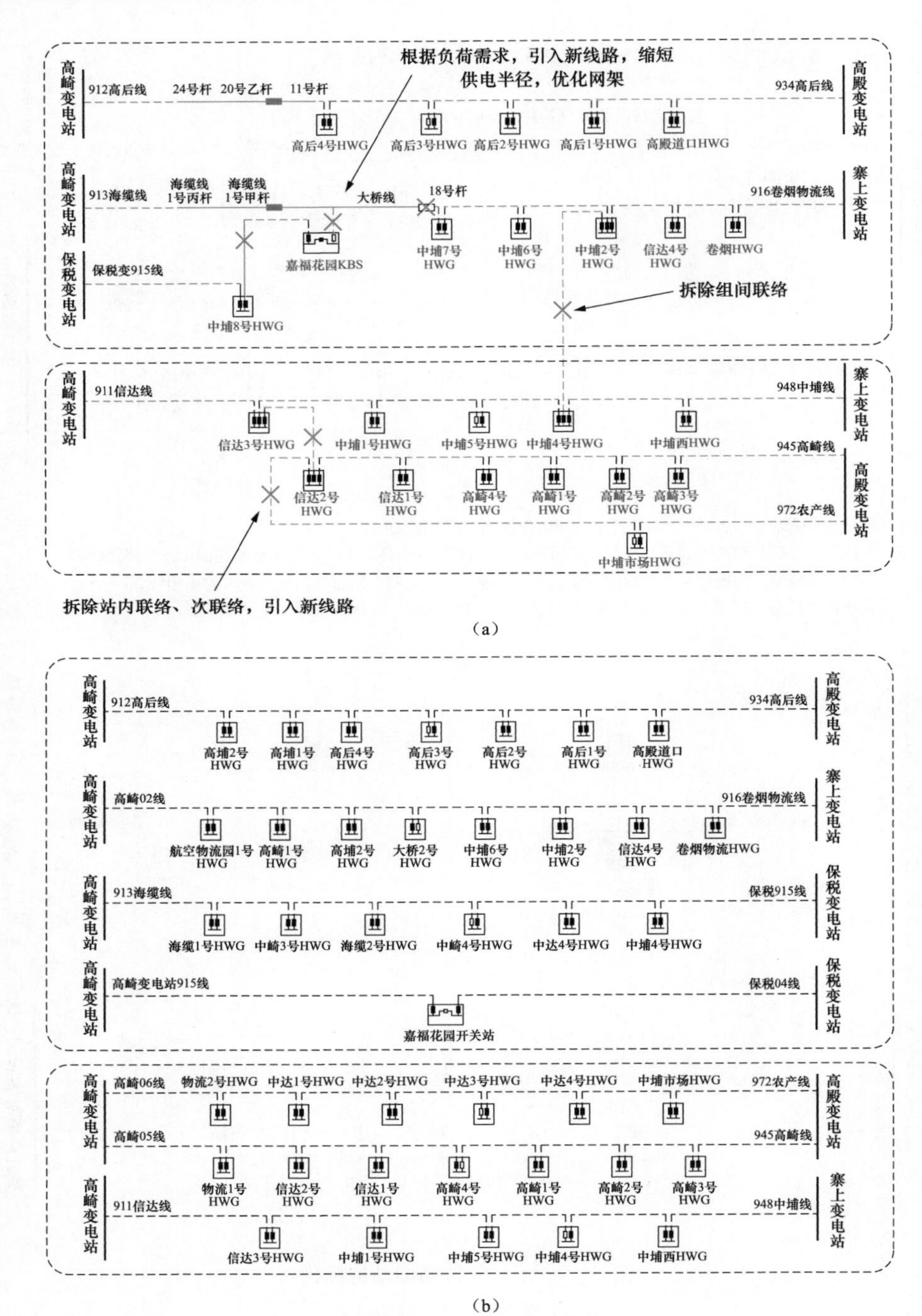

图 6-7 第二阶段网架结构优化

(a) 改造前；(b) 改造后

6.1.2.4　其他局部问题案例解析一

问题1：复杂联络优化

1. 案例基本情况

图6-8为某A类供电区域目标网架原规划方案，由于该区域为该市中心区域，网架形成时间较长，四条电缆线路由于历史建设原因形成相互联络，具体问题体现在：

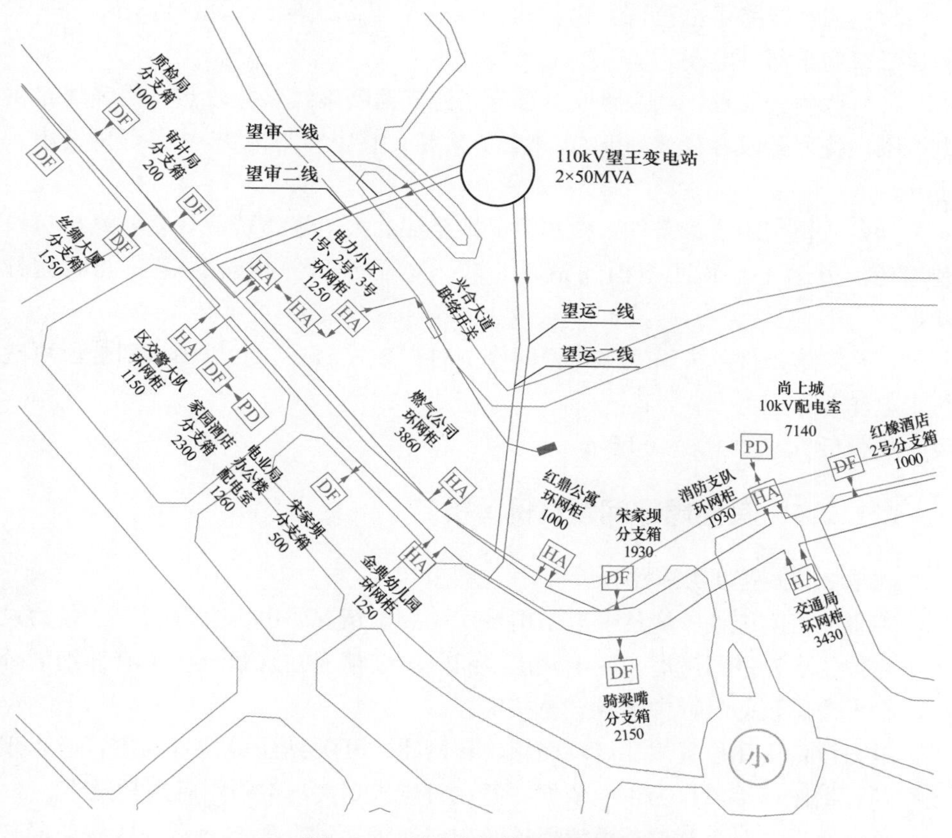

图6-8　项目实施前地理接线图

（1）望审一线、望审二线为电缆线路，双向供电，供电范围不明确。

（2）望审一线、望审二线与望运一线、望运二线接线模式不清晰，为非典型接线模式。

（3）望运一线、望运二线为T接线路，供电范围不明确，分段容量不明确。

(4) 大量设备直接T接在主干线上，没有考虑合理分段的设置，一旦停电故障范围不好控制。

2. 方案优化

通过整合望运Ⅰ、Ⅱ回间隔优化该区域网架结构，望审Ⅰ、Ⅱ线供电区域为云台街以北，形成四组标准单环网，具体方案如下：

(1) 设定目标网架：目标网架为电缆单环网接线模式。

(2) 明确线路供电范围：由望审一线、望审二线向西部供电，望运一线、望运二线向东部供电。

(3) 明确分段点：以道路或容量分布为依据明确线路分段点，明确线路供电范围。按照分段容量3000kVA来计算容量，将电力小区1～3号环网箱串入主环。

(4) 效核资源支撑条件：核实望王站至江北大道通道资源，变电站出口段利用现状望运Ⅰ、Ⅱ回下山通道，后转入电力小区东电缆沟至江北大道开断点。

(5) 实施条件：方案实施过程同停电时户数控制在300以内，部分段可进行带电作业。

优化后方案如图6-9所示。

6.1.2.5 其他局部问题案例解析二

问题2：工程可实施性分析

工程的可实施性一般从变电站出线间隔剩余情况、电力通道情况、电力设备土建位置出发进行考虑。变电站出线间隔剩余情况在现状分析中有详细的分析，在方案制订的过程中比较容易核实。

电力设备土建位置主要以环网箱、环网室、开关站建设位置为主，应以现场查勘、拍照等手段作为主要依据，并在对应规划文本中附图后进行说明。

电力通道情况主要分析电缆通道及架空通道两种。架空通道一般按照同杆双回进行架设。在现有规划中，部分农村地区涉及架空线路单改双的建设方案应充分考虑线路杆高，对建设时期较长的12m杆应采取另建新通道的方式。

电缆通道主要为电缆排管的占用情况，在过渡方案的建设中明确电缆廊道情况，具体情况如图6-10所示。同时应考虑后期维护需要预留1～2孔抢修通道。

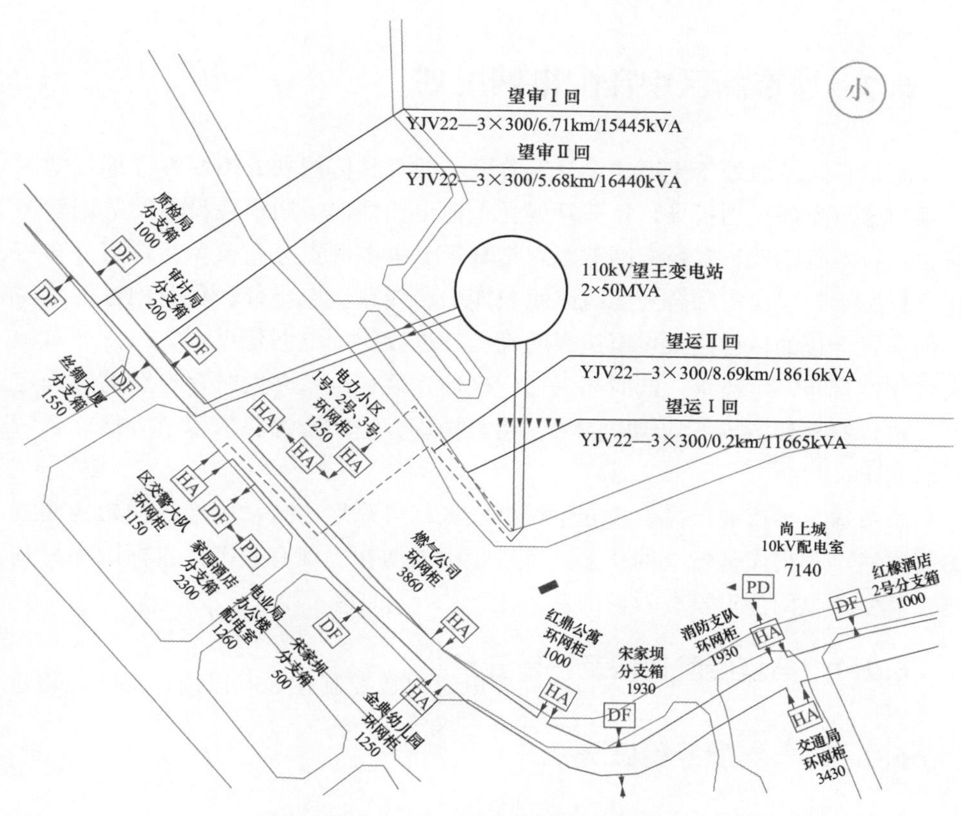

图 6－9　项目实施后地理接线图

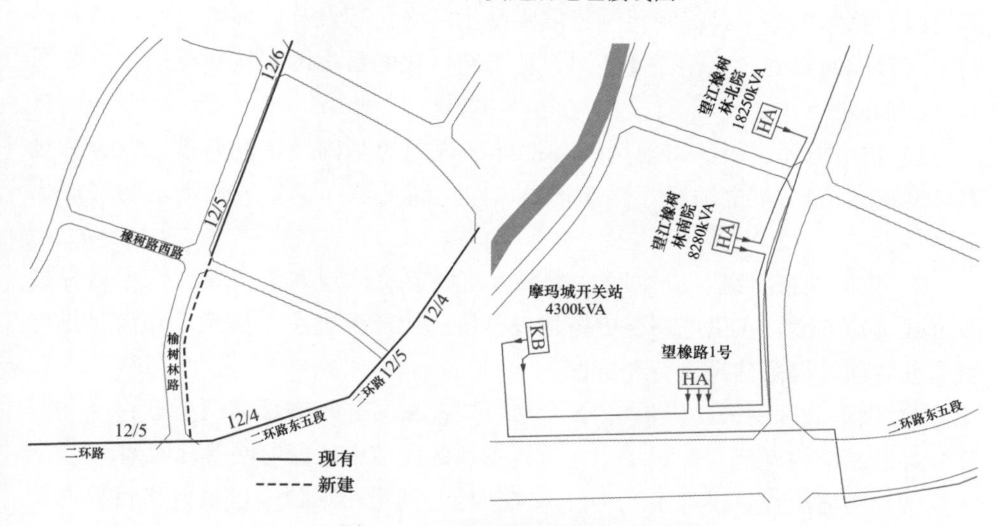

图 6－10　通道情况及建设情况

6.2 城市新区中压配电网规划

城市新区一般处于土地建设开发阶段，拥有总体规划、控制性详细规划等一系列城市发展规划指导，负荷发展受土地出让情况、用户建设进度等因素影响，具有不确定性，其目标网架规划是基于上级电源点分布及负荷形态分布搭建，目标网架建设需综合考虑线路承载能力、线路供电半径、负荷用电敏感度等因素，合理的目标网架供电边界明确，其过渡年配电网建设方案一方面对供电可靠性具有一定需求，同时还需适应区域发展速度、开发时序存在的不确定性，在目标网架指导下从供电能力、建设投资、空间资源获取多个方面综合考虑后制定。

本节通过某市典型案例，介绍城市新区高可靠性、高适应性的网架构建策略与方法，分析该区域电网从无到有过程中如何在确保有效衔接目标网架的基础上，实现电网建设投资效益的最大化。

6.2.1 典型经验做法及评审要点

6.2.1.1 典型经验做法

1. 目标网架构建

（1）总体思路。目标网架构建需要基于网格化建设分区体系逐级展开，不同层级目标网架构建工作任务不同，基于网格化的目标网架构建框架示意如图6－11所示。

1）供电单元层级：以地区控制性详细规划为基础，在供电单元内合理设置环网室（箱）、配电站房等设施布局，构建满足地区远景发展需求的底层供电体系。

2）供电网格层级：以主网电源布点、城市总体规划为指导，依据目标接线方式选择方案，在供电网格内搭建规范统一中压配电主干网架，在满足供电可靠性的同时提高建设运行经济性。

3）供电分区层级：以供电分区为单位对各供电网格目标网架进行优化与整合，形成结构规范、配置统一、运行高效的区域中压配电网目标网架。

（2）构建流程。供电单元是目标网架构建的最小单位，供电网格目标网架由供电单元目标网架组合而成，供电分区目标网架由供电网格目标网架组合而成，供电单元的目标网架构建流程如图6-12所示。

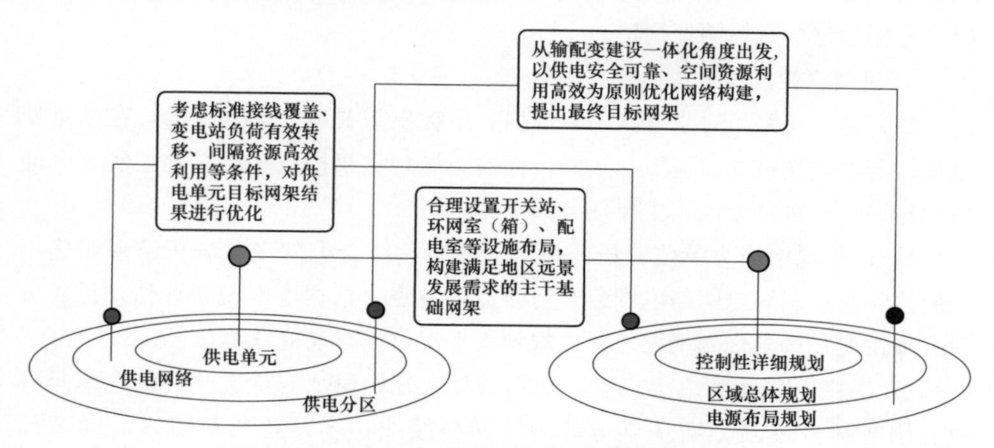

图6-11　基于网格化的目标网架构建框架示意图

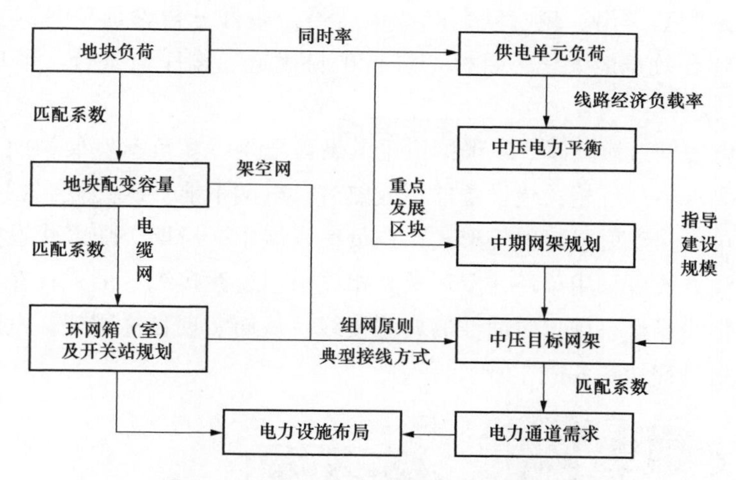

图6-12　供电单元目标网架构建流程图

一般地，在进行供电单元划分时，目标网架已同步构建完成。但供电单元划分阶段形成的目标网架较粗糙，需要进一步细化。

以各地块负荷预测为基础，通过配电变压器负载率这一匹配系数可确定地块所需配电变压器容量，结合各地块的配电变压器容量需求，可进行环网箱（室）及开关站的布点规划。

以各地块的负荷预测为基础，结合同时率的选取，可得出供电单元负荷预测，考虑一定的线路经济负载率，结合各种供电模式的供电能力，可进行线路规模需求测算，再结合廊道资源情况、环网箱（室）及开关站布点规划、中压组网原则等进行目标网架构建。

2. 过渡网架构建

（1）总体思路。对于过渡网架规划方案提出需要考虑远近结合，在满足安全运行与供电充裕的前提下，按照目标网架规划结果提出过渡方案，实现电网发展经济性和可持续性，主要任务如下：

1）以供电网格为单位分析建设改造重点，结合电网现状分析结果明确不同阶段年、不同用电网格电网建设与改造的重点；根据电网现状评估结果、负荷发展情况、远景规划情况，提出规划水平年建设与改造方案。

2）以供电单元为单位，进行规划方案合理性论证与优选。在供电单元内对各用电网格过渡方案从供电能力、网络接线、多元化负荷接入、廊道预留、规划近远景衔接等方面进行论证与完善；以地块建设开发、道路建设改造、变电站配套送出、现状问题严重程度等为条件分析论证项目的实施时间窗口，以综合效益最大化为目标，进行项目优选、排序与整合，形成最终过渡方案。

（2）电缆网过渡路线。电缆网供电的新区电网，在负荷发展初期，用户供电可靠性要求不高且相关建设条件不成熟时，电网不能一次建设到位，接线方式可采用单射、双射或对射等形式；在负荷发展中、后期，随着建设条件日趋成熟，接线方式可采用单环、双环及其相关衍生过渡接线等形式；在负荷发展成熟时，接线尽量采用相对简洁的典型接线，从而实现目标网架。电缆网的一般过渡方式过程如图 6－13 所示。

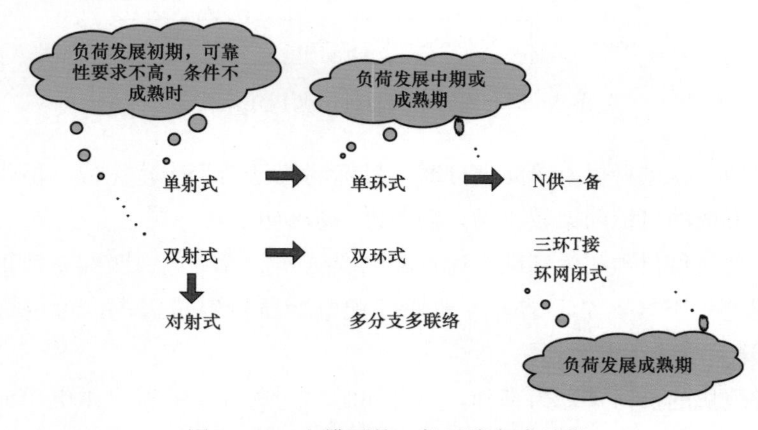

图 6－13 电缆网的一般过渡方式过程

对于电缆网接线方式，在向目标网架过渡过程主要为主干线路结构与路径的优化与调整，主干环网节点（开关站、环网室）在地块开发建设时根据目标网架规划一次性建成，后续建设改造过程中主干环网节点出线不宜大幅调整。

（3）架空网过渡路线。依据规划区内用电发展和电网建设情况，可将现状单辐射线路之间建立联络或者新建馈线与其联络方式解决原有单辐射式供电线路，将其调整至单联络或两联络，从而实现目标网架，架空网的一般过渡方式过程如图 6-14 所示。

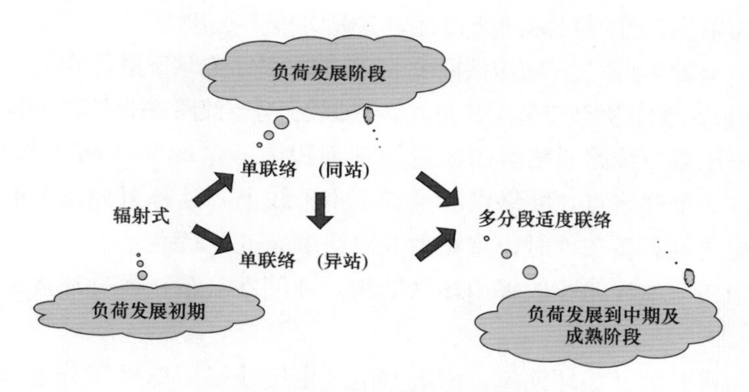

图 6-14　架空网的一般过渡方式过程

对于架空网接线方式，规划建设区配电网建设按照政府建设时序一次性成型，在固化现有线路运行方式的基础上，结合变电站资源、用户用电时序、市政配套电缆沟建设情况、中压线路利用率等因素按照投资小、后期建设浪费少的原则逐步向架空多分段适度联络网架过渡。

6.2.1.2　评审要点

1. 空间负荷预测结果

负荷预测应给出电量和负荷的总量及分布（分区、分电压等级）预测结果。近期负荷预测结果应逐年列出，中期和远期可列出规划末期结果。

2. 典型接线选取

（1）各类供电区域中压配电网目标电网结构可参考表 6-1 确定。系统不推荐 N 供一备等其他结构形式。花瓣式（双花瓣式）结构形式，仅限用于国家有特殊要求的地区。

表 6-1　中压配电网目标电网结构推荐表

线路型号	供电区域类型	目　标　网　架
电缆网	A+、A、B	双环式、单环式
	C	单环式
架空网	A+、A、B、C	多分段适度联络、多分段单联络
	D	多分段单联络、多分段单辐射
	E	多分段单辐射

（2）网格化规划区域的中压配电网应根据变电站位置、负荷分布情况，以供电网格为单位，开展目标网架设计，并制订逐年过渡方案。

（3）中压架空线路主干线应根据线路长度和负荷分布情况进行分段（一般分为3段，不宜超过6段），并装设分段开关，重要或较大分支线路首端宜安装分段开关。

（4）中压架空线路联络点的数量根据周边电源情况和线路负载大小确定，一般不超过3个联络点，联络点应设置于主干线上，且每个分段一般设置1个联络点。架空网具备条件时，宜在主干线路末端进行联络。

（5）中压电缆线路一般采用环网结构，环网室（箱）通过环进环出方式接入主干网。

（6）中压开关站、环网室、配电室电气主接线采用单母线分段或独立单母线接线（不宜超过两个），环网箱宜采用单母线接线，箱式变电站、柱上变压器宜采用线路—变压器组接线。

3. 目标网架过渡

中压配电网应根据地方经济发展对供电能力和供电可靠性的要求，通过电网建设和改造，逐步过渡到目标网架，过渡方案如下：

（1）架空网结构发展过渡。对于辐射式接线，在过渡期可采用首端联络以提高供电可靠性，条件具备时可过渡为变电站站内或变电站站间多分段适度联络。变电站站内单联络指由来自同一变电站的不同母线的两条线路末端联络，一般适用于电网建设初期，对供电可靠性有一定要求的区域。具备条件时，可过渡为来自不同变电站的线路末端联络，在技术上可行且改造费用低。

（2）电缆网结构发展过渡。

1）单射式。单射式在过渡期间可与架空线联络，以提高其供电可靠性，随着网络逐步加强，该接线方式需逐步演变为单环式接线，在技术上可行且改造费用低。大规模公用网，尤其是架空网逐步向电缆网过渡的区域，可以在规划中预先设计好接线模式及线路走廊。在实施中，先形成单环网，注意尽量保证线路上的负荷能够分布均匀，并在适当环网点处预留联络间隔。随负荷水平的不断提高，再按照规划逐步形成双环网，满足供电要求。

2）双射式。双射式在过渡期要做好防外力的措施，以提高其供电可靠性，有条件时可发展为对射式、双环式或 N 供一备，在技术上可行且改造费用较低。

6.2.2 典型案例解析

本案例选取某A类城市HW网格作为典型案例来说明目标网架构建的方法与实践。HW网格面积约5.9km^2，HW网格内土地开发以工业（新型产业用地、一类工业用地和二类工业用地）、公共管理与公共服务设施用地（行政办公用地、文化设施用地、教育科研用地和医疗卫生用地）和二类居住用电为主，以及部分商业用地配套。

6.2.2.1 空间负荷预测结果

依据前文介绍的空间负荷预测方法，对HW网格开展负荷预测，预计目标年HW网格负荷将达到96.4MW，负荷密度16.3MW/km^2，达到A类供电区域标准，HW网格远景空间负荷分布情况如图6-15所示。

图6-15 HW网格远景空间负荷分布情况

HW 网格各供电单元远景负荷预测结果见表 6－2 与图 6－16。

表 6－2　HW 网格各供电单元远景负荷预测结果

供电单元编号	面积（km^2）	用地性质	远景负荷（MW）	负荷密度（MW/km^2）
HW－01	1.05	工业	22.4	21.5
HW－02	0.75	工业	17.0	22.8
HW－03	1.57	工业、居住	22.7	14.5
HW－04	1.49	工业	31.0	20.8
HW－05	1.05	工业	14.0	13.4
合计（同时率取 0.9）	5.9	工业、居住	96.4	16.3

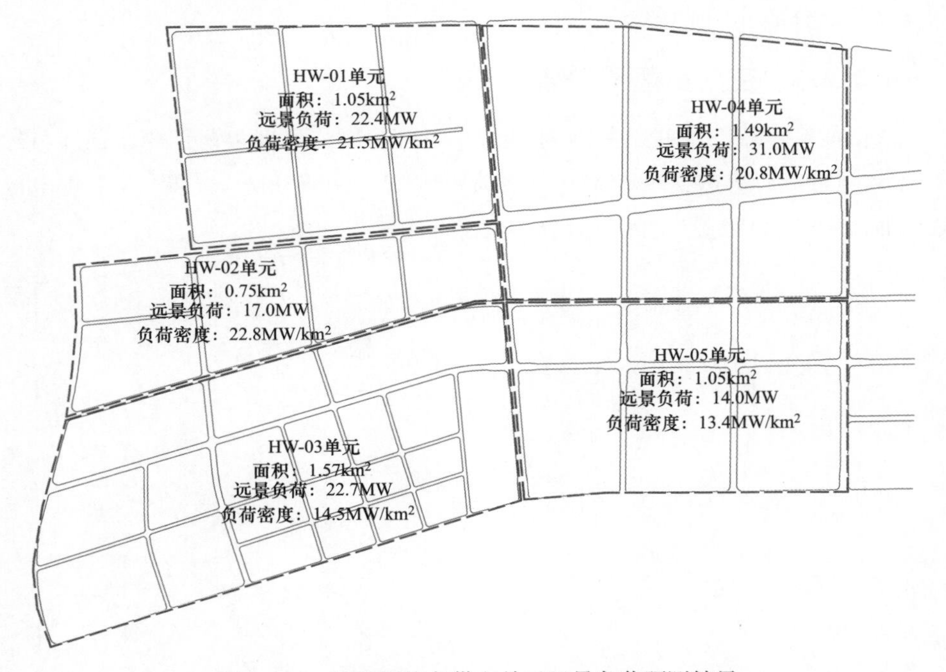

图 6－16　HW 网格各供电单元远景负荷预测结果

6.2.2.2　典型接线选取

规划采用电缆网和架空网两种建设形式，架空网为二类工业用电供电，其余部分采用电缆网，其中电缆网采用双环网接线，架空网采用多分段两联络接线，HW 网格 10kV 电网建设形式分布情况如图 6－17 所示。

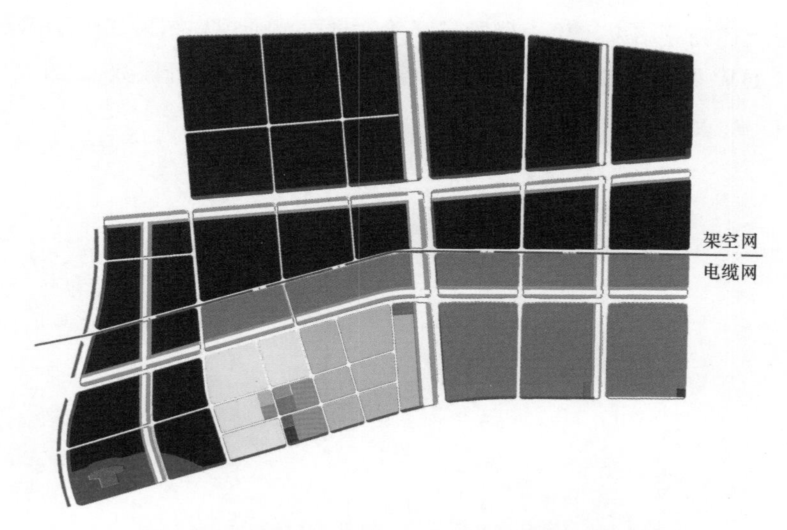

图 6-17 HW 网格 10kV 电网建设形式分布情况

6.2.2.3 目标网架构建

HW 网格目标网架构建依据远景空间负荷预测、变电站布局和典型接线选取结果，依次开展配电变压器、开关站和中压线路布局，从而构建目标网架。

1. 配电变压器及开关站布局

按照居住用地配电变压器负载率 40%、其他用地配电变压器负载率 50% 测算，HW 网格配电变压器容量总需求约 217MVA。按照典型接线组供电能力、分段和串接开关站情况，对单一分段或开关站挂接配电变压器容量进行测算，见表 6-3。其中架空多分段两联络采用单条线路三分段测算，每一分段挂接配电变压器容量约 2.8MVA，每座开关站挂接配电变压器容量约 4.8～7.2MVA。

表 6-3 单一分段或开关站挂接配电变压器容量测算结果

接　线　组	架空三分段两联络	电缆双环网
接线组安全供电能力（MW）	15	13
接线组分段或串接开关站（段、座）	12	4～6
单一分段或开关站供电能力（MW）	1.25	2.2～3.3
单一分段或开关站挂接配电变压器容量（MVA）	2.8	4.8～7.2

依据上述测算结果，单一分段或开关站供电范围规划结果如图 6-18 所示，至目标年 HW 网格需要 16 座开关站和架空三分段两联络分段数 46 段。

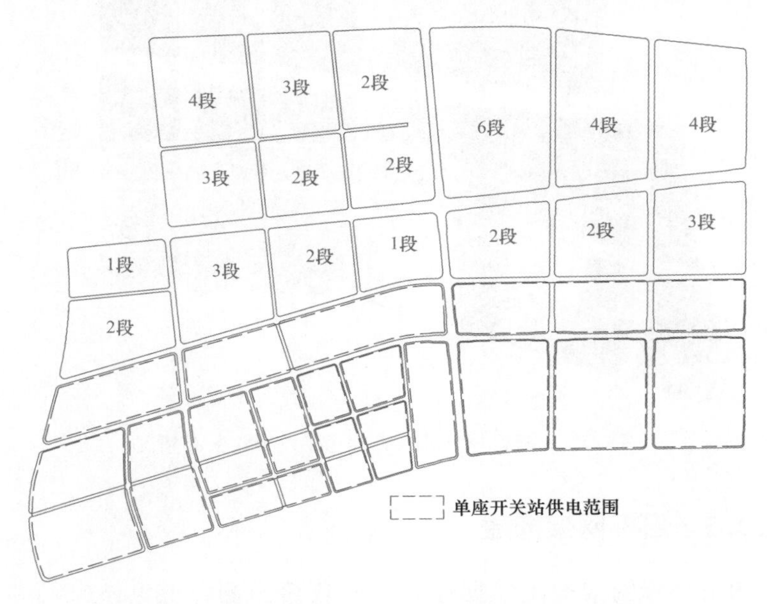

图 6-18 单一分段或开关站供电范围规划结果

2. 上级电源需求及间隔分配

HW 网格目标年负荷 96.4MW，按照电网容载比 2.0 估算，需变电容量 192.8MVA，按照变电站终期容量 3×50MVA 考虑，HW 网格至少需要 2 座变电站向其供电。本次规划考虑由 3 座变电站向 HW 网格供电，分别为规划 1 变电站、规划 2 变电站和规划 3 变电站，其中以规划 3 变电站为主供变电站，规划 1 变电站和规划 2 变电站为备供，支撑目标网架构建，HW 网格上级电源点布局如图 6-19 所示。

3. 目标网架构建

结合单一分段或开关站供电范围和道路情况，开展 HW 网格目标网架规划，HW 网格 10kV 目标网架构建结果地理接线示意如图 6-20 所示。HW 网格目标年由 40 条 10kV 线路供电，其中规划 1 变电站出线 6 条、规划 2 变电站出线 14 条、规划 3 变电站出线 20 条。

40 条 10kV 线路组成架空三分段两联络 6 组和电缆双环网 4 组，HW 网格 10kV 目标网架构建结果拓扑结构示意如图 6-21 所示。

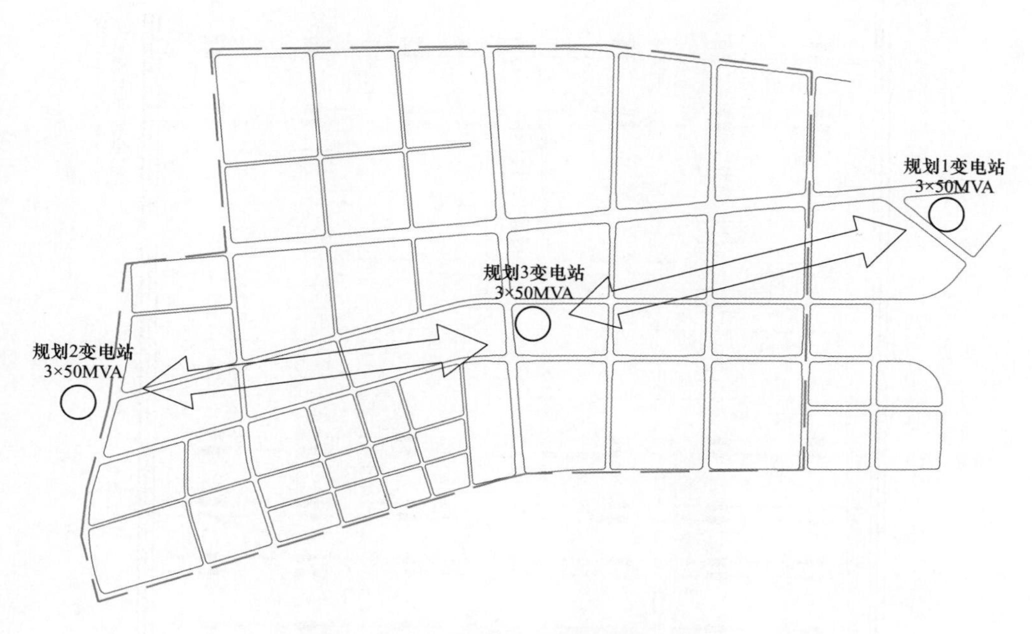

图6-19　HW网格上级电源点布局

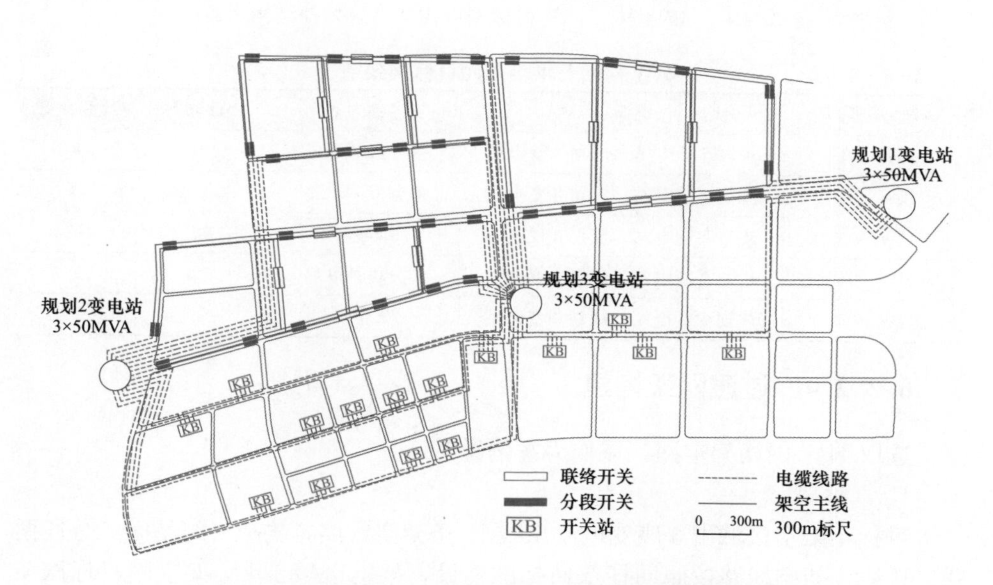

图6-20　HW网格10kV目标网架构建结果地理接线示意图

HW网格各供电单元目标网架情况见表6-4。

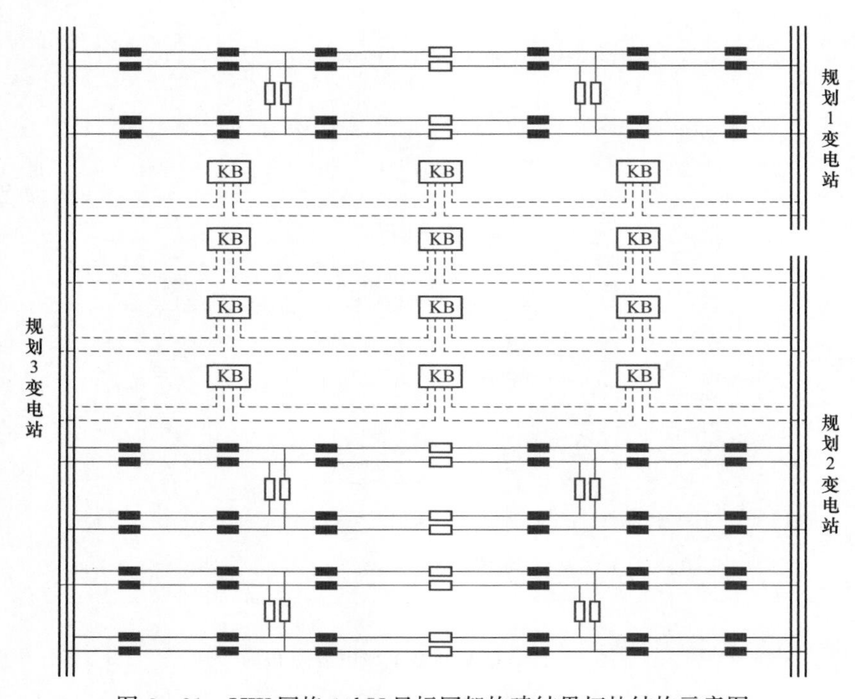

图 6-21 HW 网格 10kV 目标网架构建结果拓扑结构示意图

表 6-4 HW 网格各供电单元目标网架情况

供电单元编号	电源点	接线方式	接线组数	线路条数
HW-01	规划 2 变电站、规划 3 变电站	多分段两联络	2	8
HW-02	规划 2 变电站、规划 3 变电站	多分段两联络	2	8
HW-03	规划 2 变电站、规划 3 变电站	双环网	3	12
HW-04	规划 1 变电站、规划 3 变电站	多分段两联络	2	8
HW-05	规划 1 变电站、规划 3 变电站	双环网	1	4

6.2.2.4 过渡网架构建

选取 HW 网格架空网区域作为案例说明。

1. 目标网架

目标年架空区域由 3 座变电站出线 12 条架空线路，构成 4 组站间三分段两联络接线，架空线路按照同杆双回标准建设，架空区域 10kV 架空网目标网架示意如图 6-22 所示。

2. 电源点建设时序及过渡阶段划分

架空区域及其周边的 3 座变电站投运顺序为规划 1 变电站、规划 2 变电站、

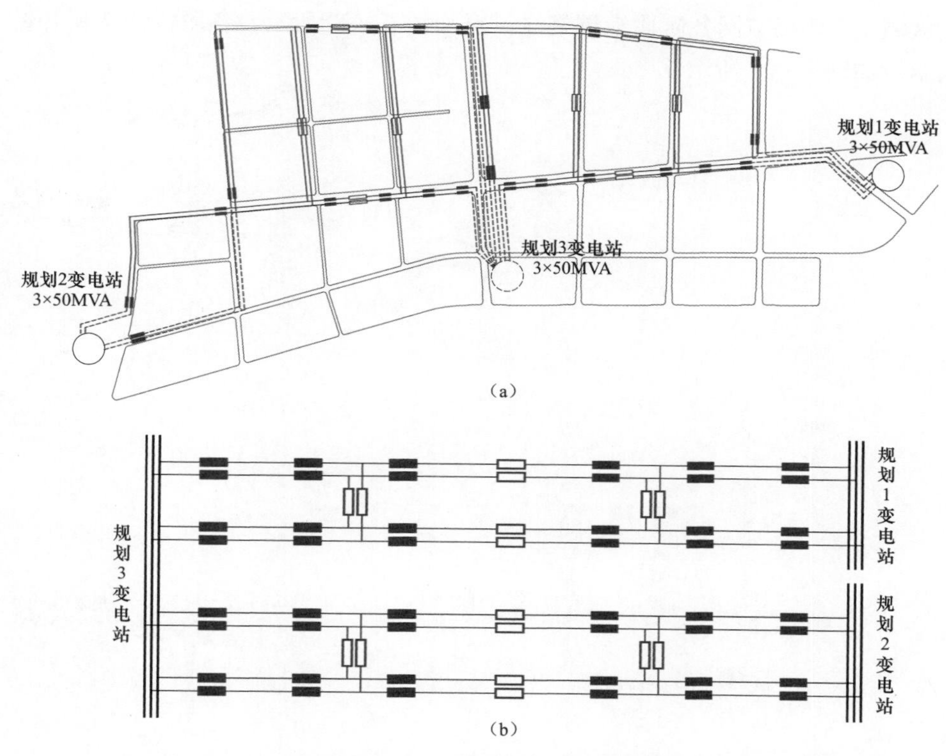

图 6－22　架空区域 10kV 架空网目标网架电网示意

（a）地理接线示意图；（b）电网结构拓扑图

规划 3 变电站，依据变电站投运顺序，将规划阶段分为三个阶段：第一阶段，该区由规划 1 变电站供电；第二阶段，规划 2 变电站投运，由 2 座变电站供电；第三阶段，规划 3 变电站投运且之前已投运的两座变电站扩建第三台主变压器，该区由 3 座变电站供电。架空区域上级电源建设情况见表 6－5。

表 6－5　架空区域规划区上级电源建设情况

序号	变电站名称	第一阶段		第二阶段		第三阶段	
		主变压器构成	总容量	主变压器构成	总容量	主变压器构成	总容量
1	规划 1 变电站	2×50MVA	100	2×50MVA	100	3×50MVA	150
2	规划 2 变电站	—	—	2×50MVA	100	3×50MVA	150
3	规划 3 变电站	—	—	—	—	3×50MVA	150

3. 过渡方案制订

以目标网架为引领，依据变电站建设时序，从而制订各阶段过渡方案，架空区域 10kV 架空网各阶段地理接线示意如图 6－23 所示，各阶段网架拓扑结构示意如图 6－24 所示。

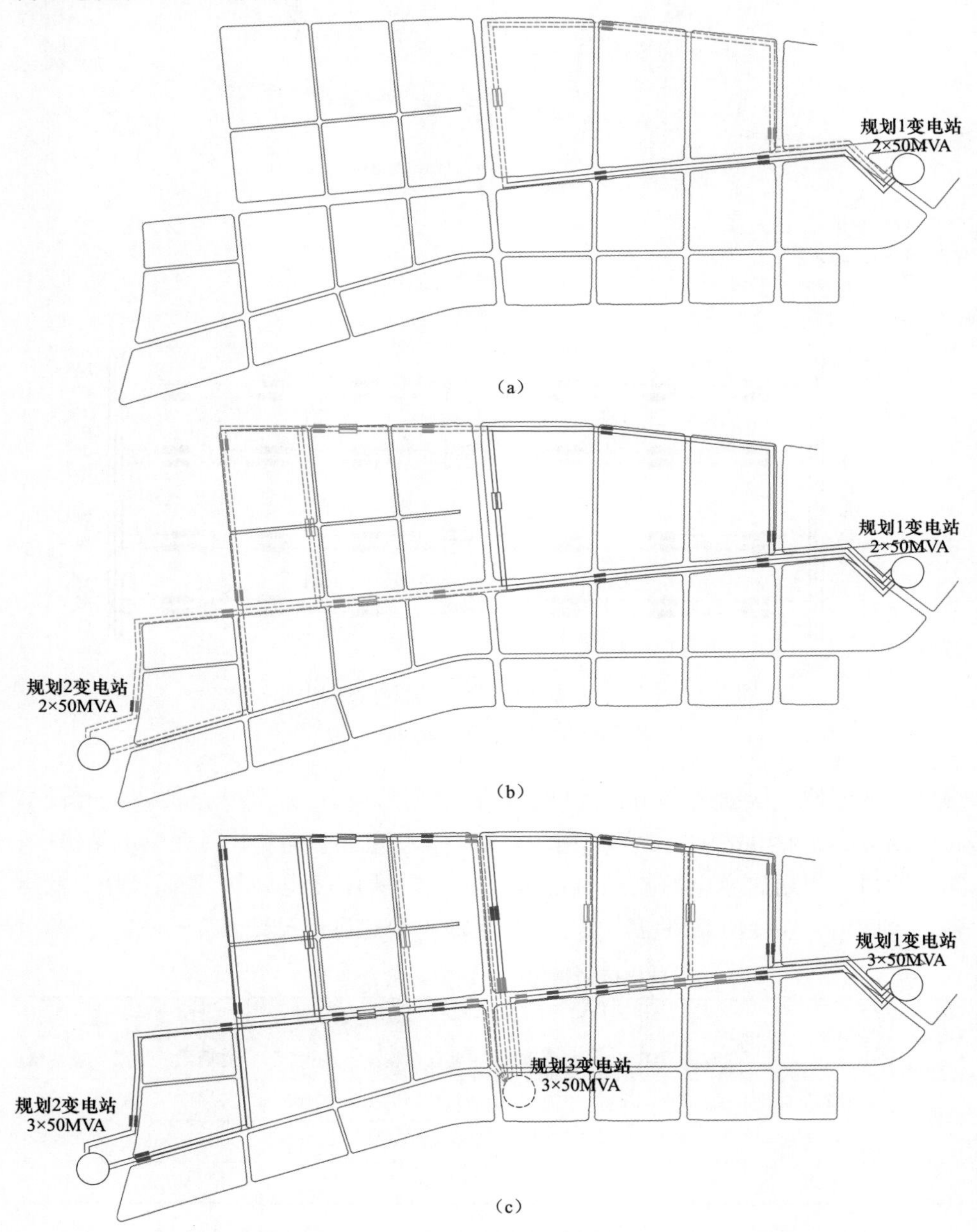

图 6－23 架空区域规划区 10kV 架空网各阶段地理接线示意

(a) 第一阶段；(b) 第二阶段；(c) 第三阶段

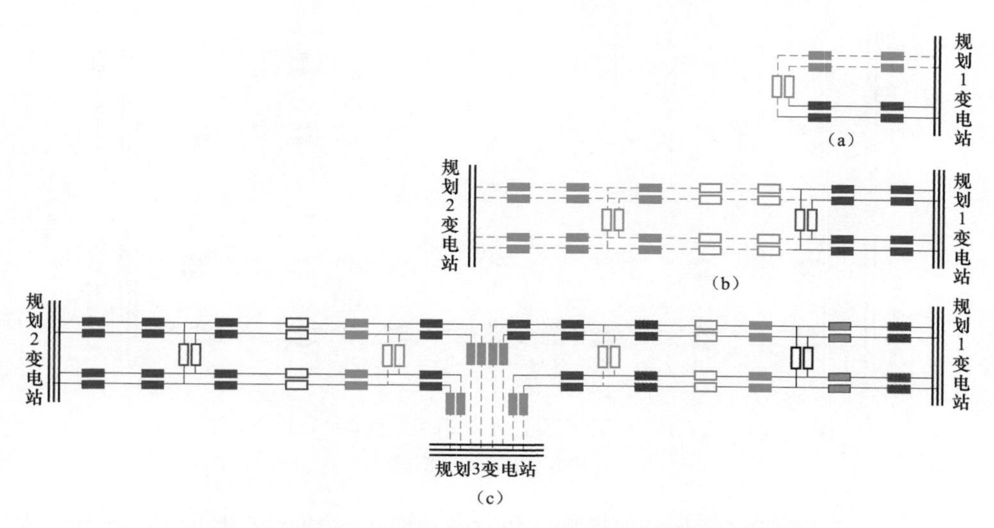

图 6-24　架空区域 10kV 架空网各阶段拓扑结构示意
(a) 第一阶段；(b) 第二阶段；(c) 第三阶段

分阶段建设重点如下：

(1) 第一阶段。土地开发初期，启动区处于土地出让后企业建筑建设或一般生产供电阶段，规划 1 变电站新出 2 条同杆架设架空线路作为临时供电所用。

随着企业投产、配套道路建成，临时供电的 2 条单辐射线路难以满足供电需要，规划 1 变电站再出 2 条同杆架设的架空线路，沿不同路径同原有单辐射线路形成 2 组同站不同母线的单联络接线，同时合理设置分段和联络位置向开发初期范围内企业供电。

(2) 第二阶段。土地开发中期，启动区企业用电负荷日趋成熟，其他区域土地逐步开发且配套道路建设完成，区域内负荷逐步增大，随着规划 2 变电站的投运，需新出线路在满足负荷需求的同时，完善原有电网结构从而提升供电可靠性。

在第二阶段末期，规划 2 变电站向规划区内新出 4 条架空线路，沿两个路径同杆架设，分别同现有的两组同站单联络线路联络，形成 2 组站间两联络。同时，根据负荷需求增长或道路建设情况，该阶段新建的 4 条架空线路可以分为两步建设，第一步形成的网架结构类似电缆双环网 T 型接线，第二步形成第二阶段末期网架结构，架空区域 10kV 架空网第二阶段分步规划拓扑结构示意如图 6-25 所示。

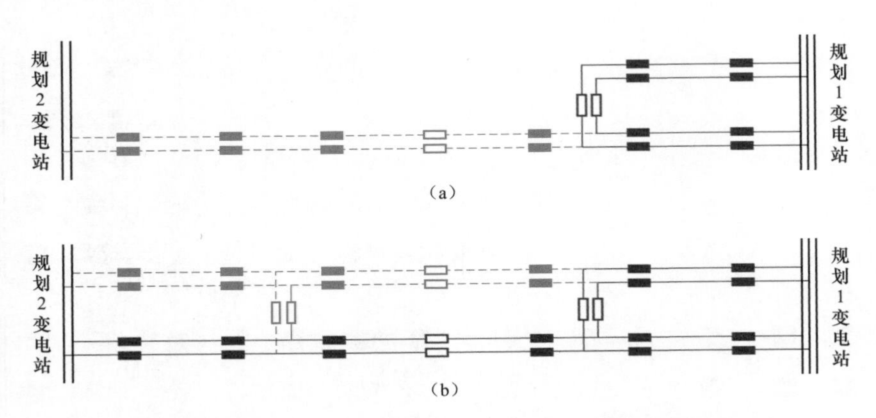

图 6-25　架空区域 10kV 架空网第二阶段分步规划拓扑结构示意

(a) 第一步；(b) 第二步

(3) 第三阶段。土地开发后期，架空区域内土地基本开发完成且供电负荷日趋饱和，随着规划 3 变电站的投运及新出线路，将原有“长链”供电的线路“一拆为二”从而形成目标接线。

原则上在该阶段电网结构可以一次建成目标接线，但考虑负荷需求、道路建设以及投资效益等方面因素，可根据实际情况按照 2 条出线为一组分步建设，先形成两联络和三联络混合接线，当条件成熟后逐步实现目标接线，图 6-26 给出了这种过渡方式。

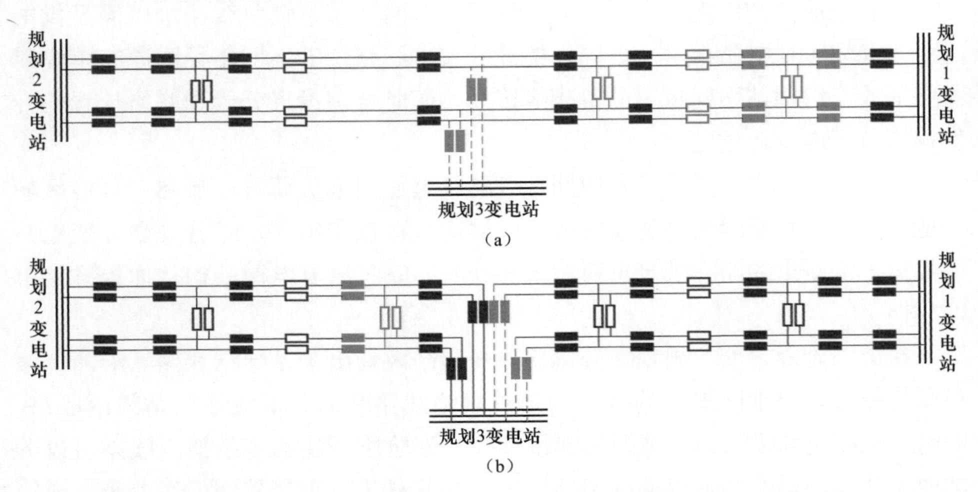

图 6-26　架空区域 10kV 架空网第三阶段分步规划拓扑结构示意

(a) 第一步；(b) 第二步

6.3　基于网格化的存量电网结构优化中的应用

选择城市建成区案例，由于历史原因区域内存有大量单辐射、复杂联络线路、供电范围交叉明显、环网节点容量构成差异较大等特点，通过网格化、单元化理念的应用，开展网架结构优化，实现结构规范、运行高效、安全可靠、建设经济的目标网架。

目前城市建成区一般有完善的土地利用总体规划和控制性详细规划，土地开发趋于饱和，用电需求发展相对稳定，电网结构复杂，供区交叉普遍。如何将老城区的电网结构优化，已经成为电网内部讨论激烈的话题，面对这种情况，本书通过网格化、单元化理念的应用，对网架结构进行优化，实现结构规范、运行高效、安全可靠、建设经济实用的目标网架。

6.3.1　典型经验做法及评审要点

6.3.1.1　主要原则

在供电区域内，网格和单元划分已经完成的前提下，对区域内的电网结构优化应遵守以下原则：

（1）中压配电网应根据变电站位置、负荷密度和运行管理的需要，分成若干个相对独立的供电区。分区应有大致明确的供电范围，正常运行时一般不交叉、不重叠，分区的供电范围应随新增加的变电站及负荷的增长而进行调整。10kV线路供电半径应满足末端电能质量的要求，原则上，A+、A、B类供电区域供电半径不宜超过3km；C类不宜超过5km；D类不宜超过15km；E类供电区域供电半径应根据需要经计算确定。

（2）对于供电可靠性要求较高的区域，还应加强中压主干线路之间的联络，在分区之间构建负荷转移通道。

（3）10kV架空线路主干线应根据线路长度和负荷分布情况进行分段（一般不超过5段），并装设分段开关，重要分支线路首端亦可安装分段开关。

（4）10kV电缆线路一般可采用环网结构，环网单元通过环入环出方式接入主干网。

（5）双射式、对射式可作为辐射状向单环式、双环式过渡的电网结构，适用于配电网的发展初期及过渡期。

（6）应根据城乡规划和电网规划，预留目标网架的通道，以满足配电网发展的需要。

6.3.1.2 典型经验做法

对于城市建成区中压配电网网架优化工作是综合性的电网建设改造工作，涉及网架结构优化、装备水平统一、空间资源获取等多个方面，应在近中期负荷预测的基础上以单元为单位逐一展开。方案编制是应首先以目标网架为指导，与高压配电网规划方案相衔接，配电网供电能力与目标年高压主变压器容量及间隔分配相协调；其次应结合电网现状情况及存在的问题，按照“改造一片、固化一片”的思路设计建设改造方案，实现建设改造方案一项多能，避免建成区同一区域短时间内反复改造。

同时，建成区中压配电网网架优化工作还应根据地区配电网发展情况不同差异化展开，其中对于已形成标准接线的供电单元，应按供电区域的建设目标，进一步优化网架，合理调整分段，控制分段接入容量，提升联络的有效性，加强变电站之间负荷转移，逐步向电缆环网、架空多分段适度联络的目标网架过渡。

对于网架结构复杂、尚未形成标准接线的供电单元，应以接线组为单位进行主干线联络方式和层级结构分析，明确主干线路分段与联络关系，梳理用电力资源过剩的单元进行网架结构优化，置换出供电线路及间隔投入资源匮乏单元解决供电能力不足、可靠性不高等问题，并排查分支线路层级、容量与接入点设备，从规范分支接入、缩小停电影响范围、提升中压配电网运营效率角度出发进行分支线路改造。

对于已经建成后续城市规划还有建设开发的区域，在固化现有线路运行方式的基础上，结合变电站资源、用户用电时序、市政配套电缆沟建设情况、中压线路利用率等因素按照投资最小、后期建设浪费最少、设施能够充分利用的原则合理确定规划期网架结构，逐步向远景目标网架过渡，有条件区域则可按远景目标网架建设，分期实施。

6.3.1.3 评审要点

（1）供电网格是开展中压配电网目标网架规划的基本单位，在供电网格中，按照各级协调、全局最优的原则，统筹上级电源出线间隔及网格内通道资源，确定中压配电网网架结构。

（2）在网格化单元化规划中，严格落实网格和单元的供电原则，解决配电网中普遍存在复杂联络、线路不满足 $N-1$ 校验、线路联络率低以及非标准接线等问题，通过切改、更换导线截面等手段，明确线路供电范围。

（3）通过网格化单元化的开展，应尽量满足近中期规划的供电质量应不低于规定的标准：城市电网平均供电可靠率达到99.9%，居民客户端平均电压合格率达到98.5%；农村电网平均供电可靠率达到99.8%，居民客户端平均电压合格率达到97.5%；特殊边远地区电网平均供电可靠率和居民客户端平均电压合格率符合国家有关监管要求。

6.3.2 典型案例解析

以某城市建成区A类供电区DF网格为例，解析网格化、单元化理念在存量电网结构优化中的应用。

6.3.2.1 区域概况

该供电网格分为5个供电单元，现状向网格内供电的变电站有4座，其中110kV变电站3座，分别为ZQJ、VHJS和DFL站，220kV变电站1座，为SQZ站，10kV线路地理接线示意图、电气联络示意图分别如图6-27和图6-28所示。

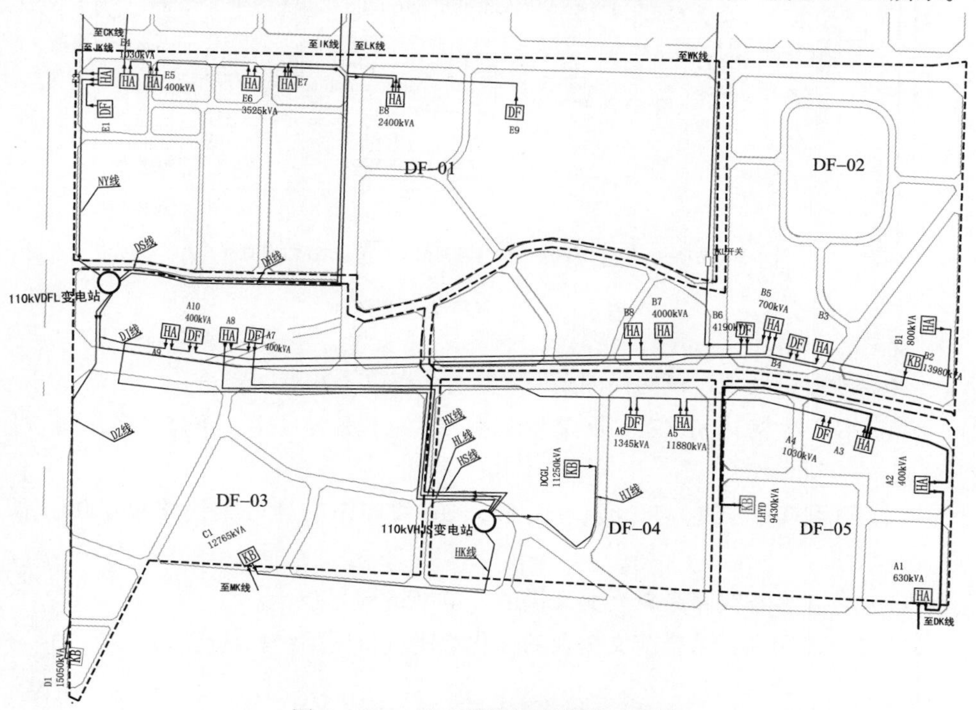

图6-27 10kV线路地理接线示意图

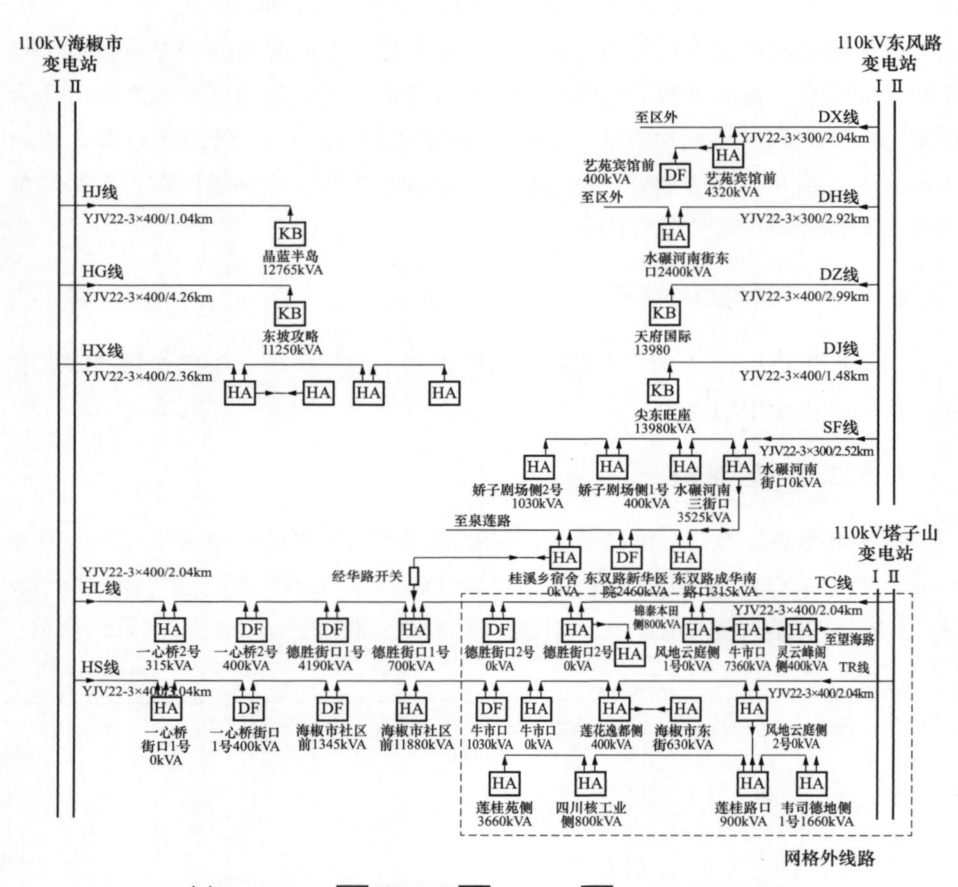

图 6-28 电气联络示意图

经诊断分析发现，该网格内 10kV 电网存在以下几点问题：

(1) DF 网格内存在 5 条单辐射线路，分别为 HJ、HG、DZ、DJ 和 HX 线。

(2) 现状年 DS 线、TC 线、HL 线、QL 线和 WY 线 5 条线路相互联络形成复杂联络。

(3) 存在多条线路跨单元交叉供电，电网结构复杂。

针对上述问题，结合前文提及的优化策略进行网架结构优化。

6.3.2.2 优化方案

采用网格化、单元化规划理念，依次对网格内电网结构问题提出相应解决措施建议。

1. 解决线路单辐射

以DZ线为例，从VDFL变电站出线向南接入D1环网箱，VHJS变电站的HK线环入区内C1环网箱后环出至区外，现将HK线中C1环网箱环出线路切改至区外，C1环网箱新出线直接环进K1环网箱，形成一组单环网，D1环网箱作为分支线路，单辐射改造前后地理接线如图6－29所示。

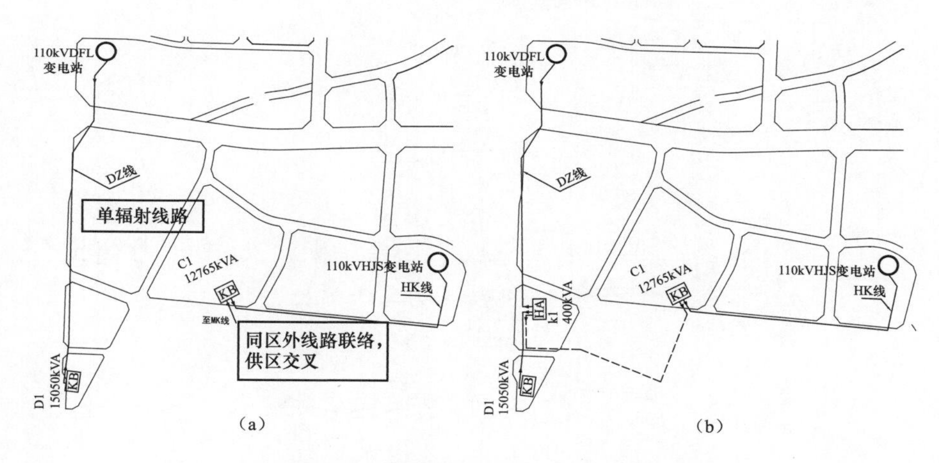

图6－29 单辐射改造前后地理接线对比图
(a) 改造前；(b) 改造后

2. 解决复杂联络

以DS线和QL线为例，两条线路分别在两个不同的供电单元内，DS线存在迂回供电现象，现将DS线切除，DY线切改其负荷，由ZQJ站新出电缆ZQ9线与DY线联络，形成一组单环网。QL线向供电单元外供电，现将QL线切除，将QL线的负荷切改至ZQ七线，由HJS站新出HSL1线以ZQ线联络形成单环网。

通过网格化和单元化理念，解决了老城区电缆线路复杂联络的问题，改造前地理接线示意如图6－30所示，改造后地理接线示意如图6－31所示。

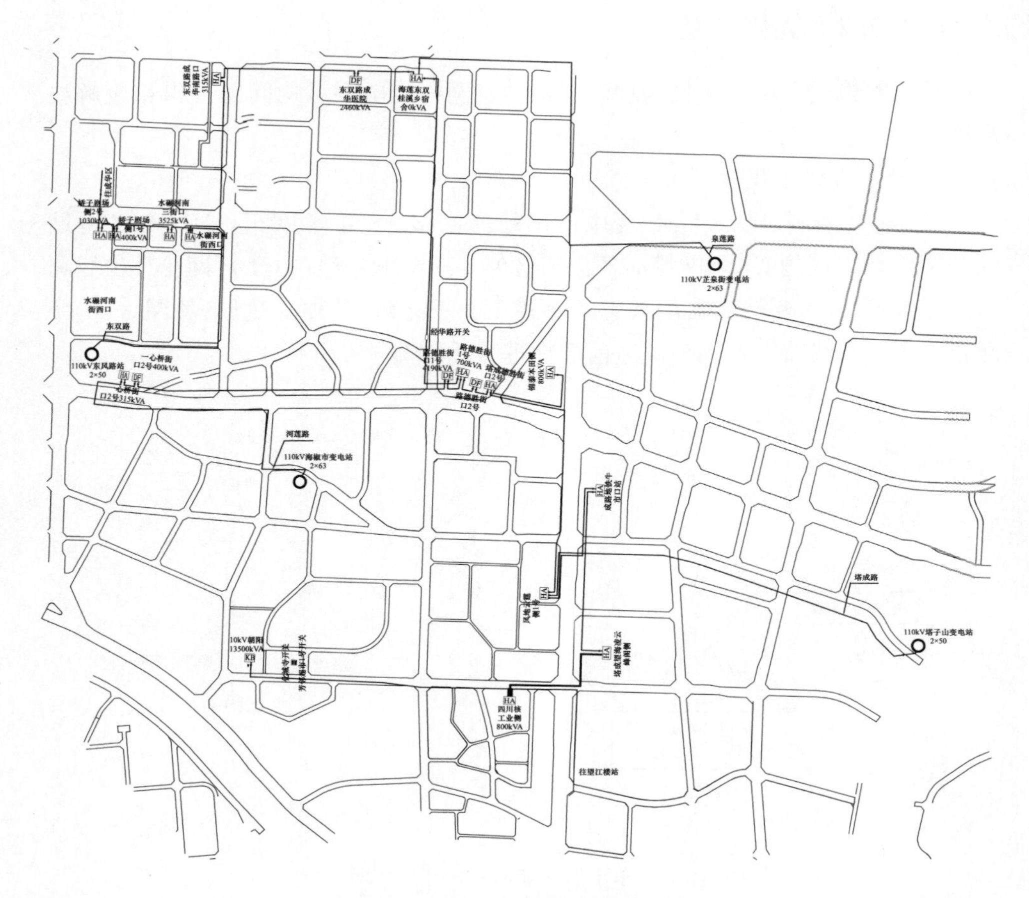

图 6-30 改造前地理接线图

3. 解决跨单元供电

以 HS 线和 DK 线为例，在现状电网中存在跨网格和跨单元供电问题，由于 DK 线为网格外供电线路，且负荷很小，所以在 VSQZ 变电站新出 QG 二线，切改 DK 线的负荷，切除 HS 线在 01 供电单元的负荷联络至 QG 线，形成一组单环网。VHJS 站新出 HG 线，切改 HS 线的负荷，VZQJ 站新出 ZQ 五线联络至 HG 线形成一组单环网。

通过网格化和单元化理念，合理解决了跨单元供电的问题，改造前后地理示意如图 6-32 所示。

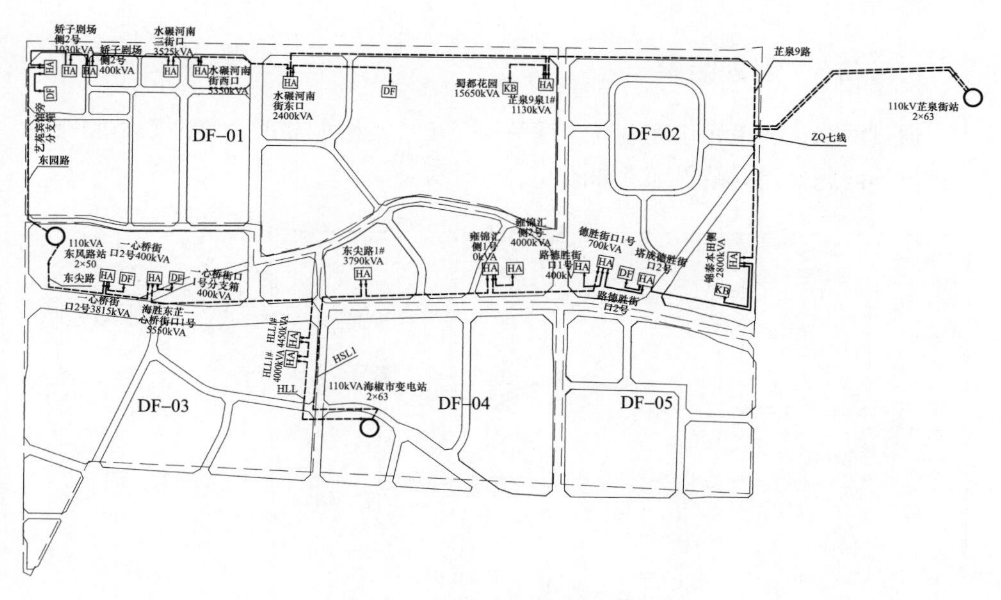

图 6-31　改造后地理接线图

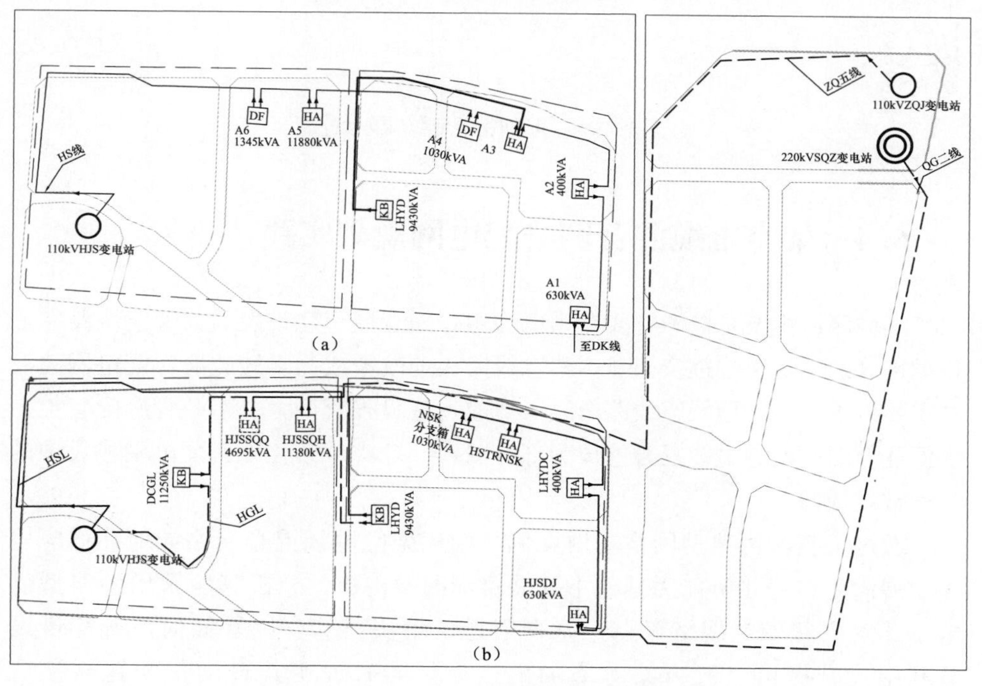

图 6-32　改造前后地理接线图

(a) 改造前；(b) 改造后

6.3.2.3 规划结果

通过网格化和单元化理念，合理解决了DF网格单辐射、复杂联络和跨单元供电等问题，规划结果示意如图6－33所示。

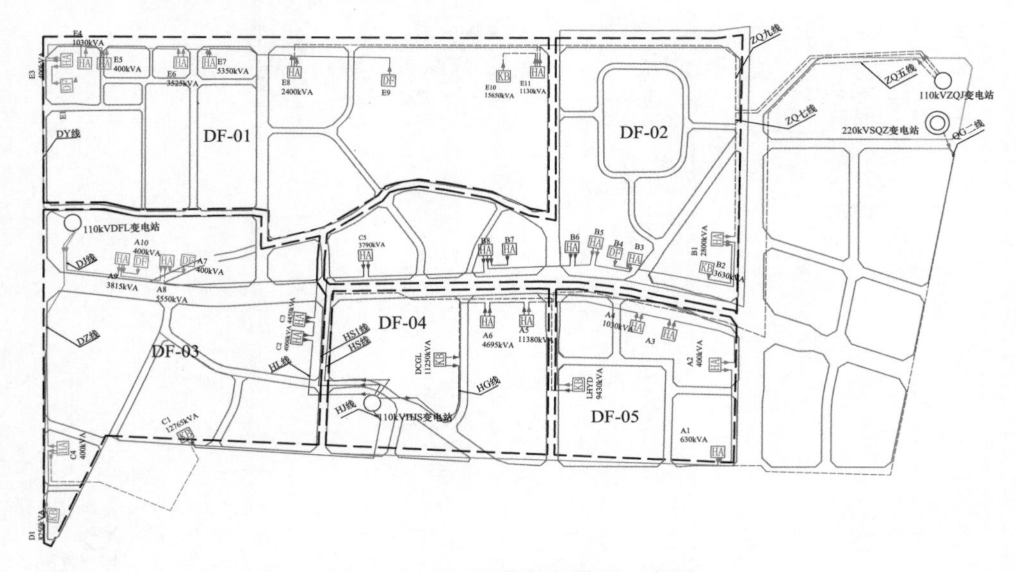

图6－33 DF网格规划结果示意图

6.4 架空电缆混合网络配电网规划实践

县城区域主要是以架空线路供电为主，随着城市建设发展，架空线路在人口稠密区的不良影响逐步凸显，架空线路入地改造成为多地政府对配电网建设的主要诉求之一。但架空线路全线入地改造建设投资巨大、市政管廊配套也无法保证，因此架空电缆混合网成为部分B类、C类城镇化地区配电网建设中的一种常规选择。

通过某县城区典型网格规划案例，阐述架空电缆混合网络如何在适应地区发展满足自身投资能力基础上开展目标网架构建，分析其所采用的典型供电方式对现状架空网络存在一系列问题的解决方式，以及如何提升存量设备利用效率提出过渡方案等方面的内容，同时说明其自动化配置与推广方案。

6.4.1　典型经验做法及评审要点

6.4.1.1　典型经验做法

县城区域现状年电网一般采用架空单联络多分段或单辐射接线方式，考虑到电网建设条件、可靠性需求以及建设改造投资效益等方面因素，一般可采用架空电缆混合式接线方式搭建目标（临时过渡）网架。

对于过渡网架规划方案提出需要远近结合，在满足安全运行与供电充裕的前提下，按照目标网架规划结果提出过渡方案，实现电网发展经济性和可持续性。实现现状电网到目标网架有效过渡是目标网架规划成果应用的重要环节，受区域发展、电源布局、通道设施、建设投入成本等多种因素影响，一般区域配电网无法完全按照目标网架一次性建成，选择典型接线过渡技术路线成为影响规划成果落地的关键因素。

结合不同分区、网格电网特点，因地制宜，差异化制定架空电缆混合的典型接线方式与智能化改造原则，避免大拆大建。

针对网架结构现状，在目标网架规划结果指导下，依据土地开发及用户用电时序，通过合理布局主干、有效开展用户接入、差异化进行网架构建，最终形成结构清晰、运行灵活的目标网架结构。

6.4.1.2　评审要点

（1）对于一般县城区域，将架空线路全部改为电缆，不仅工程量大，而且经济效益也较低，考虑到地区未来发展以及经济效益情况，所以对于此类区域，通常采用架空电缆混合接线方式作为目标网架，在此接线方式中环网箱宜安装在靠近负荷中心、方便用户接入的地方。

（2）对于目标年负荷密度达到B类供电区域要求的县城区域，架空网主干导线截面不宜小于150mm^{2}的绝缘线，电缆网主干导线截面不宜小于240mm^2，配电自动化以“二遥”DTU、FTU终端为主，联络开关和特别重要的分段开关也可配置“三遥”DTU、FTU终端。

6.4.2　典型案例解析

选择某县城区域KRL/C-01供电网格为例，介绍如何构建架空电缆混合网络。

6.4.2.1　目标网架构建

考虑到网格供电可靠性需求较高、用户接入方式多样化、现状架空单联络网架基本建成的现实特点，从提升配电网供电可靠性、规范用户接入以及满足智能电网建设角度出发，结合地区电网实际情况提出架空单环网和架空单联络与单环网混合式接线方式作为中压配电网目标网架典型接线方式。

1. 架空单环网接线

架空单环网接线在架空单联络接线方式上演变而来，主干线线路采用截面为 240mm^2 的绝缘线，环网箱（室）类比电缆单环网方式 Π 接入主干架空线路，以环网箱（室）作为分支与用户接入节点，一组典型接线内接入环网箱（室）数量以及单座环网箱（室）容量控制参照电缆单环网标准执行；配电自动化方式采用集中式 FA，通信方式采用光纤通信，环网箱（室）配置“三遥”DTU 作为终端，同步加装电操机构，TA 变比选择 600/5。架空单环网典型接线模式如图 6－34 所示。

架空单环网接线方式主要用于城市中心、商业圈、楼盘小区等负荷集中区域。

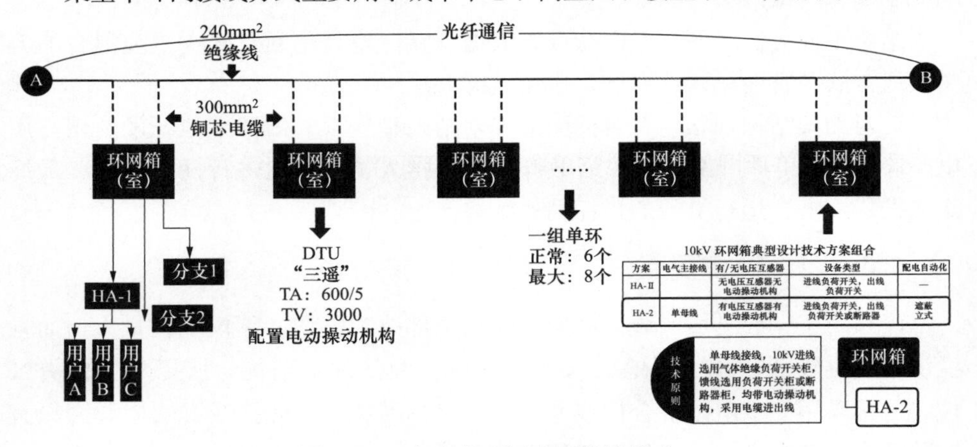

图 6－34 架空单环网典型接线模式

2. 架空单联络与单环网混合式接线

考虑到局部地区（尤其是城郊区域）电网建设条件、可靠性需求以及建设改造投资效益等方面因素，经论证选择架空单联络与单环网混合式接线，即：主干线采用截面为 240mm^2 的绝缘线，通信方式采用光纤通信，配电自动化为集中式 FA，环网内部分段采用架空单环网方式，部分段采用架空多分段单联络方式，对于采用架空多分段单联络方式线路段的柱上分段、联络、分支开关加装 FTU。单联络与单环网典型接线模式如图 6－35 所示。

混合式接线方式主要应用于城市边缘不具备环网箱（室）建设条件的负荷分散地区。

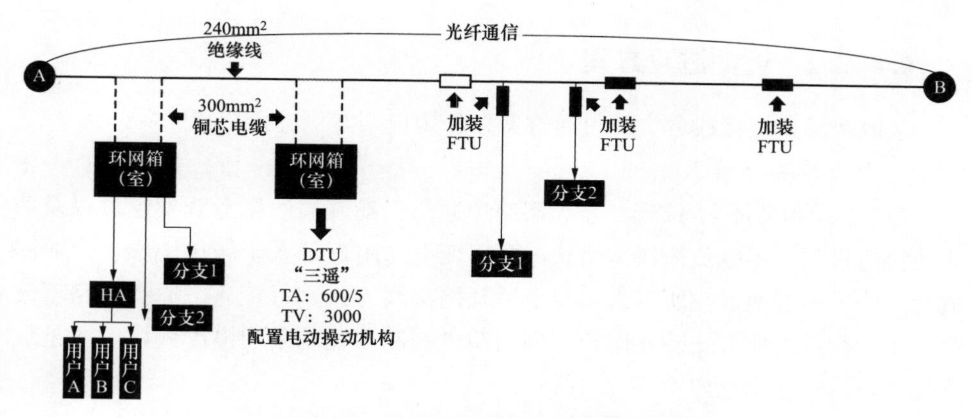

图6-35　单联络与单环网典型接线模式

KRL/C-01网格到饱和目标年，结合城市控制性详细规划（城市总体规划），该网格区域为规划建成区，主要用地性质为物流仓储、居住和商业用地，预测负荷达到121.43MW，负荷密度达到9.82MW/km²，主供电源点有ZX、TJ和LS等3座110kV变电站。

采用架空单环网接线和架空单联络与单环网混合式接线构建目标网架，实现典型接线全覆盖，如图6-36所示。

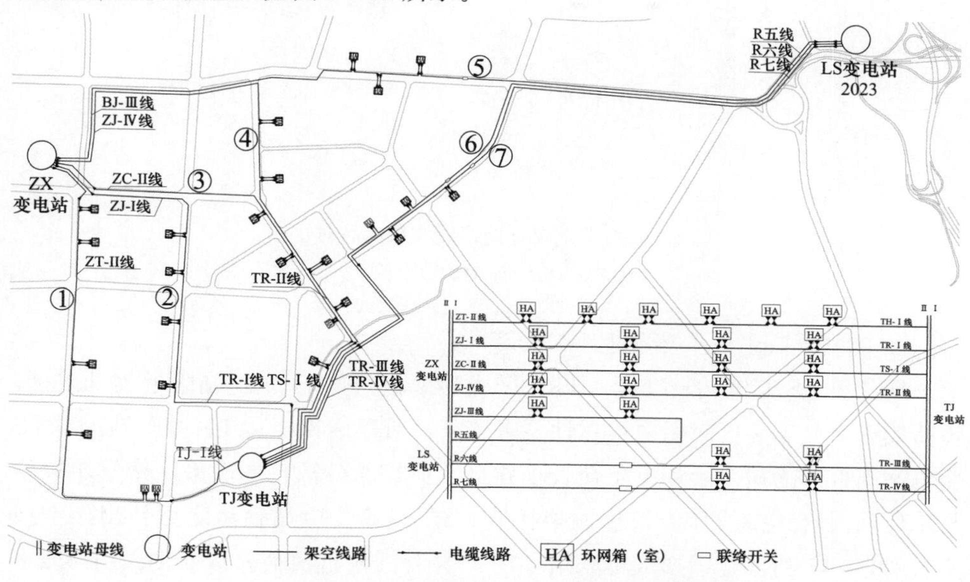

图6-36　KRL/C-01网格目标网架地理接线图和拓扑图

①～④——架空单环网接线；⑤～⑦——架空单联络与单环网混合式接线

6.4.2.2 近期过渡方案

选取两种典型接线方式的过渡方案，作为典型案例进行介绍。

1. 架空单环网接线

ZJ－Ⅰ线和TR－Ⅰ线现状年为架空单联络，随着周边楼盘开发建设以及商业的快速兴起，用电负荷快速增长，两座变电站附近都属于城市中心、商业圈负荷比较集中的地区，所以采用架空单环网接线方式进行接入。原有线路不改变，在负荷重的地方安装环网箱，环网箱进线和出线均采用电缆线路，两条线路改造前后对比示意如图6－37所示。

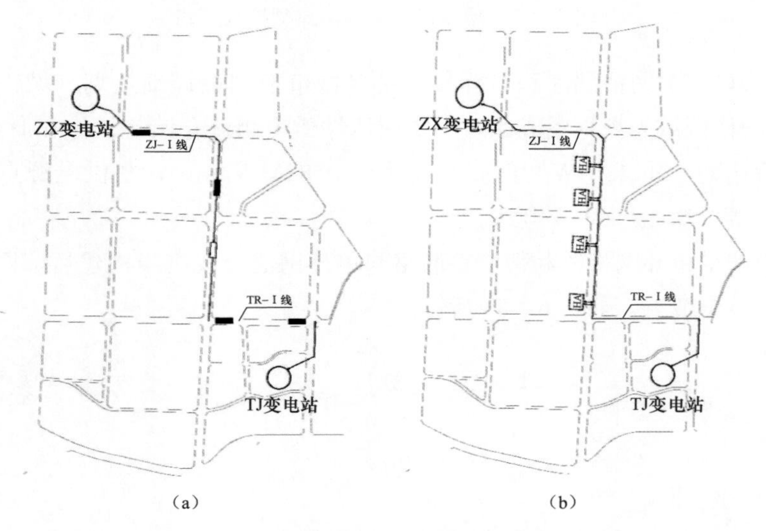

(a)　(b)

图6－37　架空单环网接线改造前后对比图

(a) 改造前；(b) 改造后

2. 架空单联络与单环网混合式接线

现状年LS变电站未投运，TR－Ⅳ线为单辐射，TJ变电站附近为开发区，负荷较重，且工业区对供电可靠性要求较高，所以后期投运LS变电站，单LS变电站附近多为居民，用电负荷较小并且负荷较为分散，本次采用架空单联络与单环网混合式接线作为目标网架接线方式。LS变电站投运之后新出架空线路R7线，与TR－Ⅳ线形成单联络，在TR－Ⅳ线附近负荷较重或接入用户较多地方安装环网箱，方便用户接入，架空单联络与单环网混合式接线改造前后对比示意如图6－38所示。

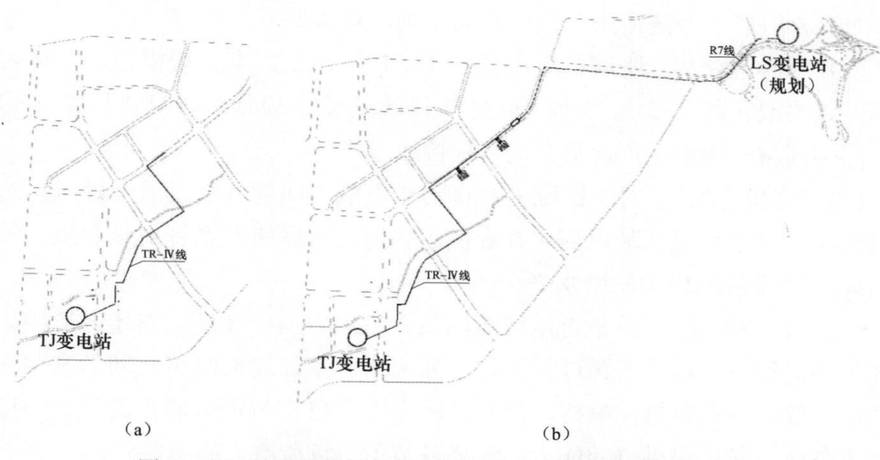

图6－38　架空单联络与单环网混合式接线改造前后对比图
（a）改造前；（b）改造后

6.5　C、D类农村中压配电网规划实践

C类和D类农村供电区域总体来说负荷密度相对较低，区域内土地开发不完全，负荷存在跳跃式发展的可能，但配电网设备规格较低，联络水平较低，网架较为薄弱。部分区域尚未完全建立起配电网网架概念，中压主干联络规律性、规范性不强，且一些区域重过载和轻载问题同时存在，供电能力仍需调整。

通过分析C、D类农村地区特征及电网特点，总结该类型地区电网建设发展面临的主要问题与机遇，阐述该类型地区中压配电网目标网架构建原则与方法，以及如何高效、经济地开展年度建设规划，并说明该类地区规划过程中应注意的主要问题。

6.5.1　典型经验做法及评审要点

6.5.1.1　典型经验做法

对于此类区域进行目标网架建设，需结合地区特征以及电网特点，对该区域内电网存在的主要问题以及发展方向进行整合，对不同区域内电网进行“统一性”和“差异性”建设，制订适合区域电网发展的目标，提出典型接线方式选择标准。对于此类型区域目标网架的构建选择可遵循“统一标准”“解决存量”“预防增量”“经济适用”四个方面原则，具体如下：

(1)“统一标准”：明确各类接线方式结构、设备配置、规模控制及运行方式等，以典型接线方式为标准，以标准接线覆盖率为指标，推进网架结构优化，同一区域（网格）可规范至同一种接线方式。

(2)“解决存量”：对于区域内存在的供电能力问题（重过载、轻载）进行重点解决，对于C类区域电网中存在的单辐射、假联络问题针对性解决，同时适当提高D类区域内的联络水平。

(3)“预防增量”：分析近期区域内负荷发展方向和速度，对于区域内未来可能出现的设备重过载问题进行预防，如优化网架、加强线路之间的联络、更换大线径线路或高容量配电变压器等。确保电网建设与负荷同步增长并适度超前，具备向各级用户供电的能力，满足各类用户负荷增长的需要。

(4)“经济适用”：对于接线方式和设备选择需考虑建设过程中的合理过渡与建设改造经济性。

6.5.1.2 评审要点

(1) 规模适中：经规划后，规划区域内电网规模与当地负荷发展是否相匹配，是否与负荷增量相互适应，是否存在过度超前开发或供电能力不足的现象。

(2) 重过载线路：经规划后，规划区域内是否仍存在重过载线路，如有，是否进行了原因分析和说明，并提出有效的控制、改善措施。

(3) 网架结构：经规划后，规划区域内电网网架结构是否有所优化，网架构建方式是否合理，规划期内电网接线能否与远期目标网架相结合，避免投资浪费以及重复建设。

(4) 联络率：经规划后，规划区域内联络率是否有所提升，联络线路的选取是否合理，是否存在改造难度大的问题。

6.5.2 典型案例解析

本案例以GC农村区域为例，介绍农村区域目标网架构建。

6.5.2.1 区域简介

GC区域现状最大负荷56.03MW，有效供电面积184.01km^2，负荷密度0.3MW/km^2，现由1座110kV变电站和3座35kV变电站供电，共有10kV线路29条供电，GC农村区域10kV线路地理接线如图6-39所示。

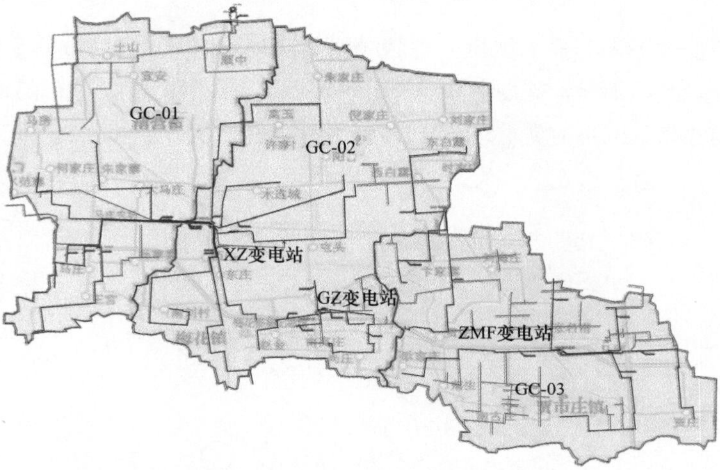

图6-39　优化前GC区域10kV地理接线图

根据各线路供区内人口及户均容量发展情况，对线路逐条进行饱和负荷预测，预测GC区域远景年最大负荷84.288MW，负荷密度达到0.46MW/km^2，属于D类供区。GC农村区域10kV线路负荷预测结果见表6-6。

表6-6　GC农村区域负荷预测结果

网格	现状年负荷（MW）	饱和年负荷（MW）
GC-01	24.23	32.42
GC-02	29.12	49.84
GC-03	16.69	23.1
同时率	0.8	0.8
合计	56.032	84.288

6.5.2.2　案例存在问题

（1）XZ变电站向GC-02网格供电的线路负载率都在70%以上，GZ站供电线路基本处于重过载状态，ZMF变电站也存在重过载线路。

（2）变电站间隔已满，无法新出线路切改周边负荷。

（3）导线截面不统一，部分线路重过载原因为导线线径过小。

（4）线路接线方式基本都为单辐射接线，无联络线路。

6.5.2.3 解决方法

（1）电源点规划：针对区域内现状线路负荷较重情况，且变电站无出线间隔，结合饱和年新增负荷量，规划在GC－02网格和GC－03网格边界之间新增JSZ变电站，满足日益增长的负荷需求。GC区域新增电源点示意图如图6－40所示。

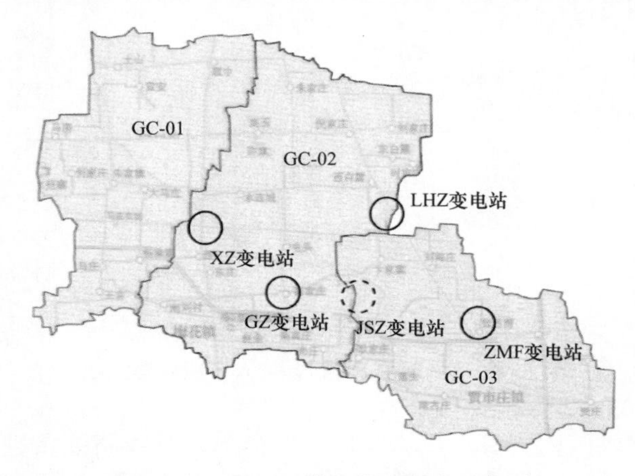

图6－40 GC区域新增电源点示意图

（2）统一线径：对于因导线截面问题导致的重过载情况，根据负荷预测，将导线线径统一更换为185mm²，同时考虑经济性，对于线径较小但负荷较轻且未来该区域无较大负荷增长的线路，可暂不更换导线。

（3）解决存量：参照线路重过载情况，从JSZ变电站分别向XZ变电站、GZ变电站、LHZ变电站、ZMF变电站、YA变电站新出10kV线路，与5个变电站原有的10kV线路构成联络，切改负荷，如表6－7所示。GC区域GC－02、GC－03网格线路优化前后对比如图6－41所示。

表6－7 GC区域GC－02、GC－03网格线路优化前后负载率

所属站点	线路名称	优化前负载率（%）	优化后负载率（%）
XZ变电站	XZ－1	82	60
GZ变电站	GZ－1	96	50
GZ变电站	GZ－2	90	67
YA变电站	YA－1	83	56
LHZ变电站	LHZ－1	92	65
LHZ变电站	LHZ－2	87	52

续表

所属站点	线路名称	优化前负载率（%）	优化后负载率（%）
ZMF 变电站	ZMF－1	107	67
ZMF 变电站	ZMF－3	89	63

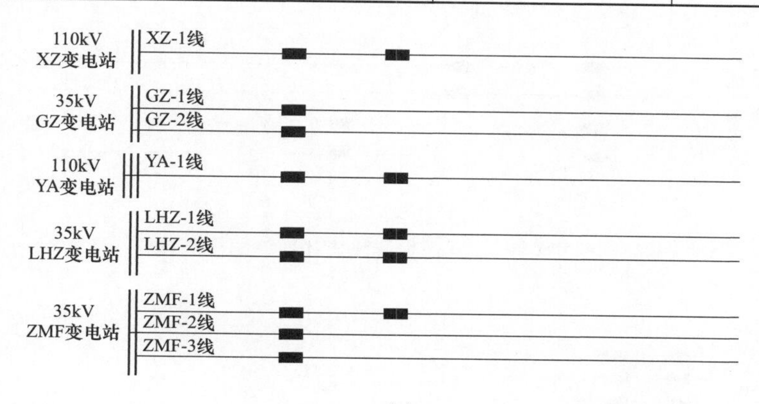

（a）

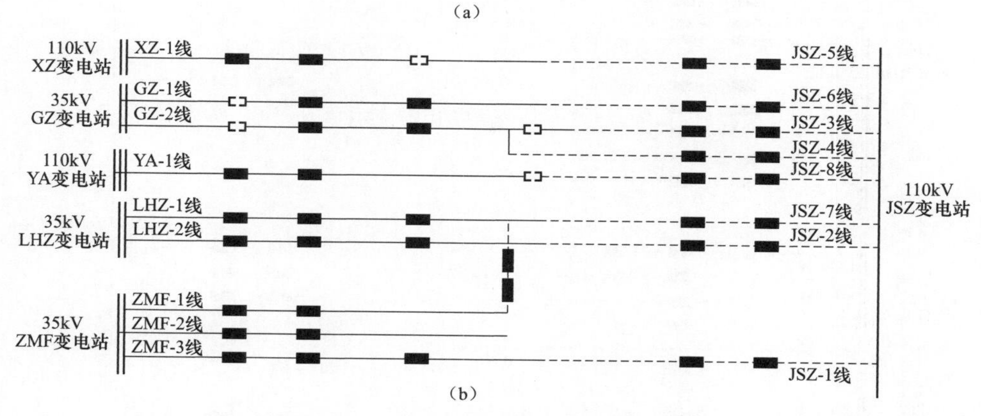

（b）

图6－41　GC区域GC－02、GC－03网格线路优化前后拓扑对比图

（a）优化前；（b）优化后

（4）预防增量：根据区域内用户报装情况，结合站内剩余间隔，从ZMF变电站新出两回线路与站内原有的两回线路构成联络，增强该地块的供电能力，以此满足日后负荷增长需求。GC区域GC－03网格线路拓扑优化前后对比如图6－42所示。

5. 优化成果

经优化改造后，GC区域内10kV线路35条，联络线路20条，联络率57.14%，$N-1$通过率57.14%。中压网架得到优化，供电能力得到提升。优化后 GC 区域 10kV 线路拓扑图如图 6－43 所示。

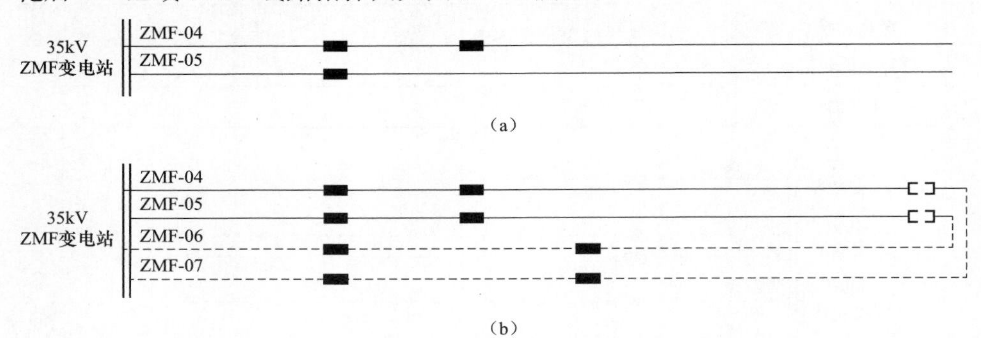

图 6－42　GC 区域 GC－03 网格线路优化前后拓扑对比图

(a) 优化前；(b) 优化后

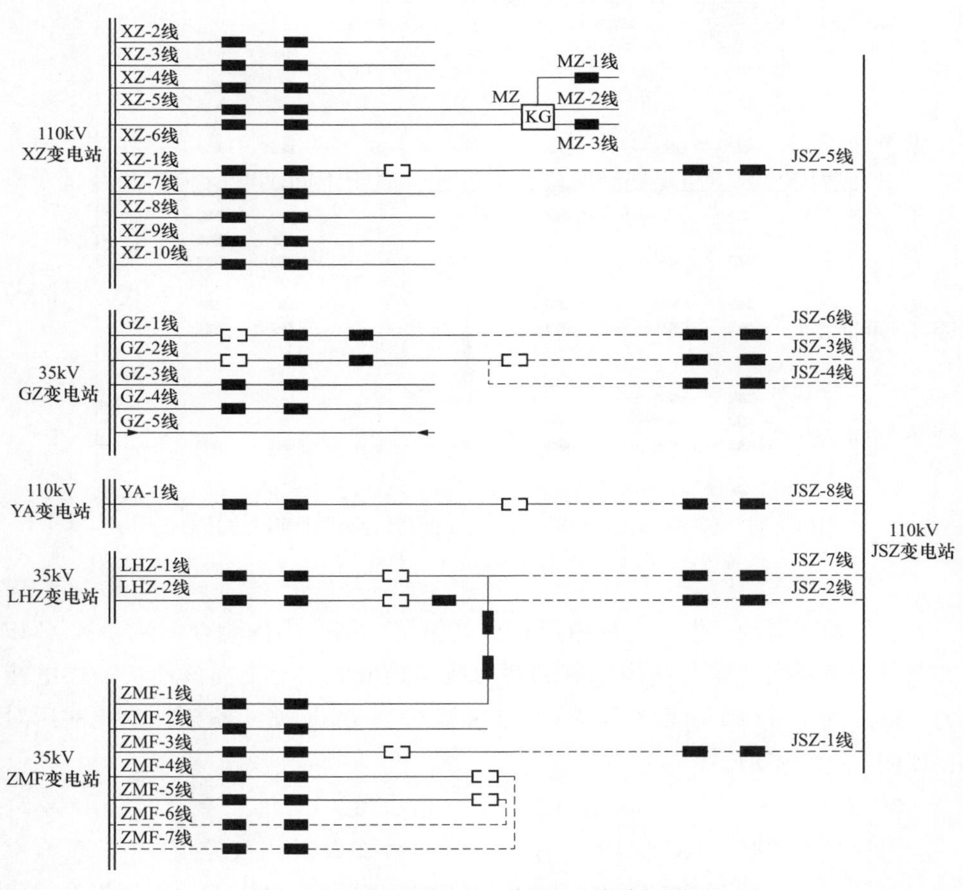

图 6－43　优化后 GC 区域 10kV 线路拓扑图

6.6　区域互联实现配电网提质增效

对于电网管辖范围内的偏远区域，尤其是农村地区，一般来说，负荷发展水平不高、变电站布点不足，通常存在供电能力不足、电压质量不高等问题，若考虑新增站点，会造成经济性差的情况。这种情况下，供电公司或供电所可考虑将临近的、管辖范围外的电网进行间隔置换等深入优化措施，增加中压电网的区域互联，实现配电网提质增效目标。

以靠近供电公司管辖边界地区的区域作为典型案例，通过跨区域供电能力分析，开展间隔置换与辖区间联络，实现不同供电公司（供电营业所）间配电网联络，提升供电可靠性的同时，提高设备利用效率与减少资金投入。

6.6.1　典型经验做法及评审要点

6.6.1.1　典型经验做法

（1）适用区域：与规划区域位置临近的、属于不同供电所管辖范围且变电站间隔相对充足的区域。

（2）必要性：区域内高压站点不足，导致中压电网供电半径过长，常伴有电压质量问题；不能满足小容量用电发展需求，如采取新建站点解决问题，会产生设备利用率低等问题，供电效益较低。

（3）区域互联优点及意义：

1）构建更高一级的骨干网架，并逐渐向周边地区辐射。

2）可以兼顾负荷需求与电源接入，运行相对灵活。

3）电网容易扩展，便于跨区域电源的就近接入和分散消纳。

4）电网跨度大、覆盖范围广，电源互补特性、负荷错峰效益、相互支援能力容易发挥。

（4）主要做法：通过与规划区域位置临近的、属于不同供电所管辖范围且变电站间隔相对充足的区域内的变电站所出的 10kV 线路，互济电力资源，提升电网供电能力，优化电网结构，并改善电能质量。

6.6.1.2　评审要点

（1）必要性是否充足：进行区域互联的两区域必要性是否充足，是否符合区域互联的条件，电网互联后，能否为互联两区域带来电网效益。

（2）供电能力是否提高：区域互联后，对两区域内现状电网问题是否有所改善，是否可以在互联区域之间互供电力、互通有无、互为备用，能否增强互联区域间抵御事故能力，提高电网安全水平和供电可靠性。

6.6.2 典型案例解析

本次采用某D类区域LA供电区作为案例，介绍如何进行区域电网互联。

6.6.2.1 案例基本情况

LA供电区属于建设时期，区域内线路较少，现状年QC镇和LP镇由QC站的4条线路进行供电，4条线路均存在供电半径过长的问题。QC-1线负载率67.3%；QC-2线负载率54.6%；QC-3线负载率83.54%，QC-4线负载率98.2%，两条线路均处于重载状态。4条线路接线方式全部为单辐射。LA供电区现状年地理接线图如图6-44所示，线路拓扑图如图6-45所示。

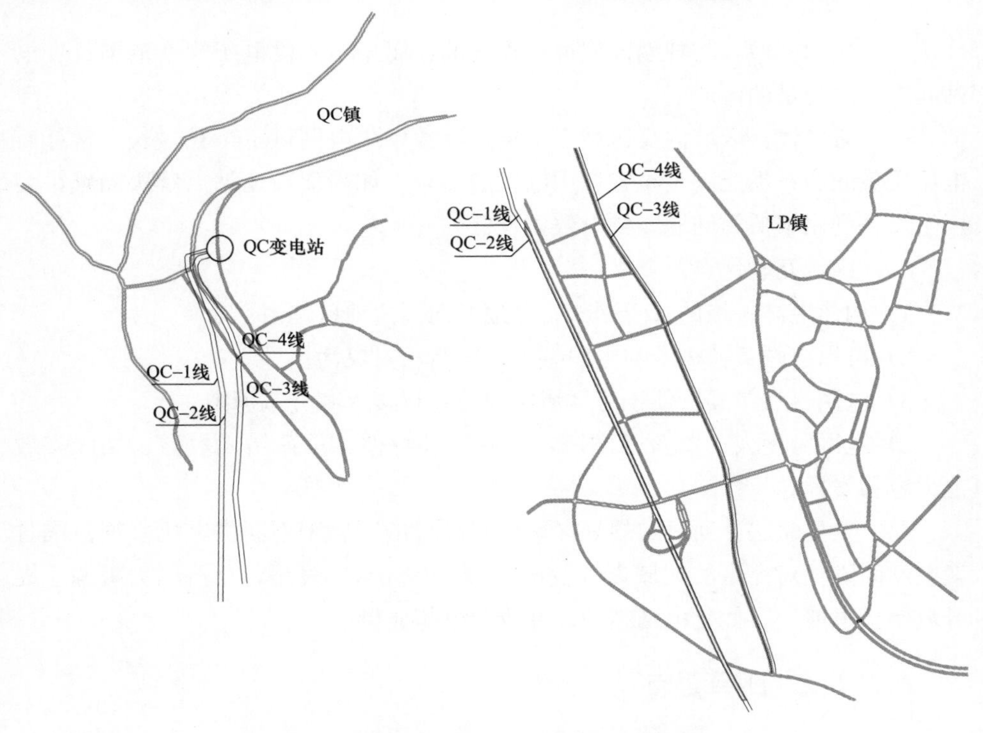

图6-44 LA供区现状年地理接线图

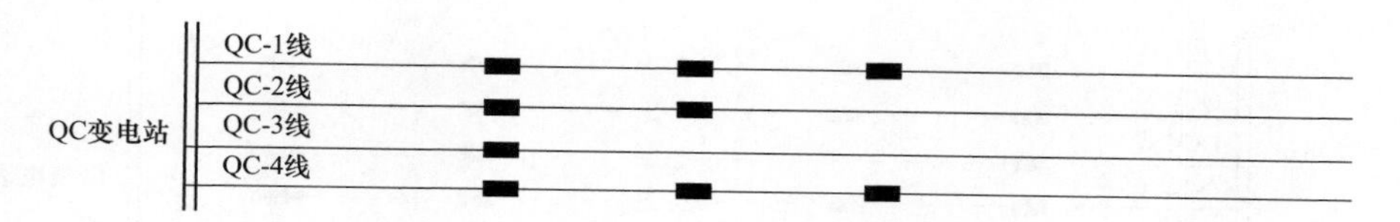

图 6-45 LA供区现状年线路拓扑图

6.6.2.2 优化方案

由于现状年LA供区仅有一座QC变电站，结合新增负荷，规划于LP镇新建一座LP变电站，配电网网架结构采用不同变电站之间的架空多分段单联络接线方式。

LP变电站建成后，新出两回线路LP-1线、LP-2线向北与QC站QC-1线、QC-2线形成联络；再向北新出两回线路LP-3线、LP-4线切改QC站QC-3线、QC-4线大部分负荷，并与之形成联络。LA供区优化后地理接线图如图6-46所示，线路拓扑图如图6-47所示。

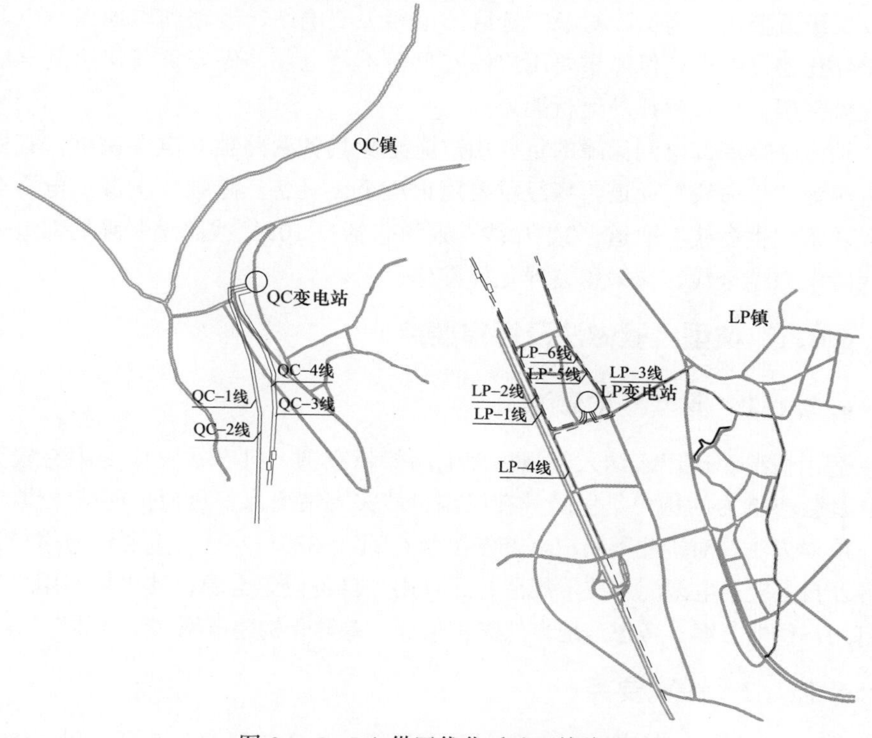

图 6-46 LA供区优化后地理接线图

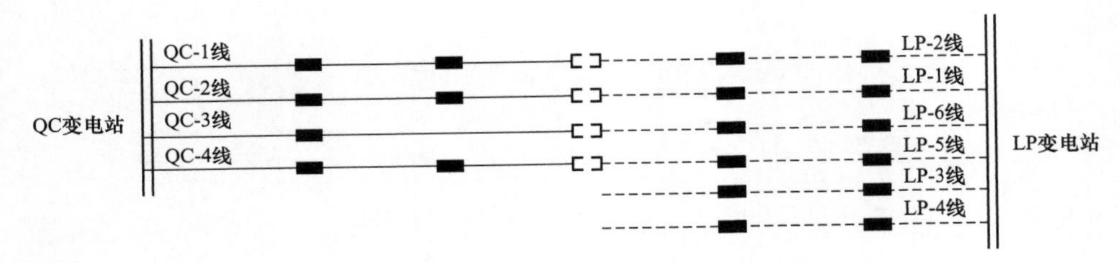

图 6－47 LA 供区优化后线路拓扑图

6.6.2.3 规划成效

区域互联后，LA 供区内中压线路联络率由原来的 0%提升至 80%，站间联络率由原来的 0%提升至 80%，QC 镇和 LP 镇电网网架得到提升，供电能力增强。

6.7 “生命线”的构建与应用

坚强局部电网是指针对超过设防标准的严重自然灾害等导致的电力系统极端故障，以保障城市基本运转、尽量降低社会影响为出发点，以特级、部分一级及二级重要用户为保障对象，选取城市相关变电站、线路和本地保障电源进行差异化建设维护，保障重要用户保安负荷不停电，非保安负荷快速复电的最小规模网架，并具备孤岛运行能力。

纳入坚强局部电网保障的重要用户应至少具备两路独立电源供电，其中一路电源为“生命线”通道，特级重要用户应至少具备三路独立电源供电，至少形成两条“生命线”通道。“生命线”通道包括自 10kV 线路至坚强局部电网本地保障电源端全线，应采用差异化标准建设。

6.7.1 典型经验做法及评审要点

6.7.1.1 典型经验做法

适用情况：适用于纳入坚强局部电网保障范围，且在抗灾应变中有较大政治和社会影响力的用户，保障其在极端自然灾害情况保安负荷仍能持续供电。

应对方法：对于此类用户，首先按照 GBT 29328—2018《重要电力用户供电电源及自备应急电源配置技术规范》配置用户自备应急电源；其次依据用户等级制订用户供电方案；考虑当地自然灾害情况，差异化构建电网“生命线”通道。

6.7.1.2 评审要点

（1）“生命线”用户应急自备电源容量是否保证其保安负荷全部供电需求。

（2）用户供电方式是否满足双回路或双电源供电要求。
（3）用户“生命线”通道是否满足自然灾害社设防标准。

6.7.2　典型案例解析

以某 C 类区域 FG 网格为例，介绍市区某用户“生命线”的构建。

6.7.2.1　基本情况

110kV GY 变电站所出 10kV 线路古 6 号线和古 8 号线至 TS 开闭所，TS 开闭所下级出了一回 10kV 线路为一重要负荷用户供电，该重要用户为一级重要用户，采用单电源供电，不符合“一级重要用户至少采用双电源供电要求”。虽然古 6 号线和古 8 号线其中一条线路发生故障时，另一回线路可以继续为用户进行供电。但当 110kV GY 站发生故障或者古 6 号线和古 8 号线同路径通道发生故障或者 TS 开闭所发生故障时，该一级用户电网侧供电将全部中断，造成电网五级事件。重要用户优化前地理接线图如图 6－48 所示。

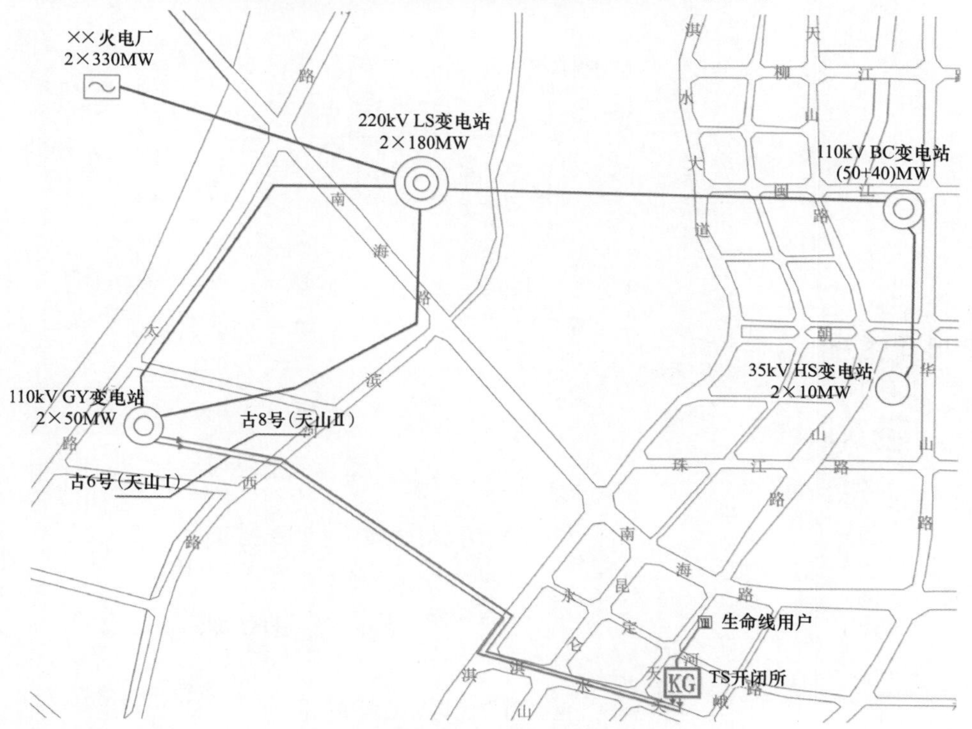

图 6－48　重要用户优化前地理接线图

6.7.2.2 优化结果

优化后由邻近站点 35kV XHS 变电站新出一回 HS－1 线，HS－1 线作为该一级用户的备用电源，且平时不对该用户进行供电。

（1）当 TS 开闭所、古 6 号线和古 8 号线、110kV GY 变电站任一环节发生故障时，均能保障用户电网侧供电。

（2）原供电线路均为电缆线路，且该用户所在区域为地势相对低洼区域，新建 HS－1 线采用架空线路，针对不同自然灾害时，均能保障用户持续供电。

（3）选取“用户—TS 开闭所—古 6 号线（古 8 号线）—110kV GY 变电站—220kV LS 变电站—××电厂”作为用户生命线通道，采用差异化设计，保障用户供电。重要用户优化后地理接线图如图 6－49 所示。

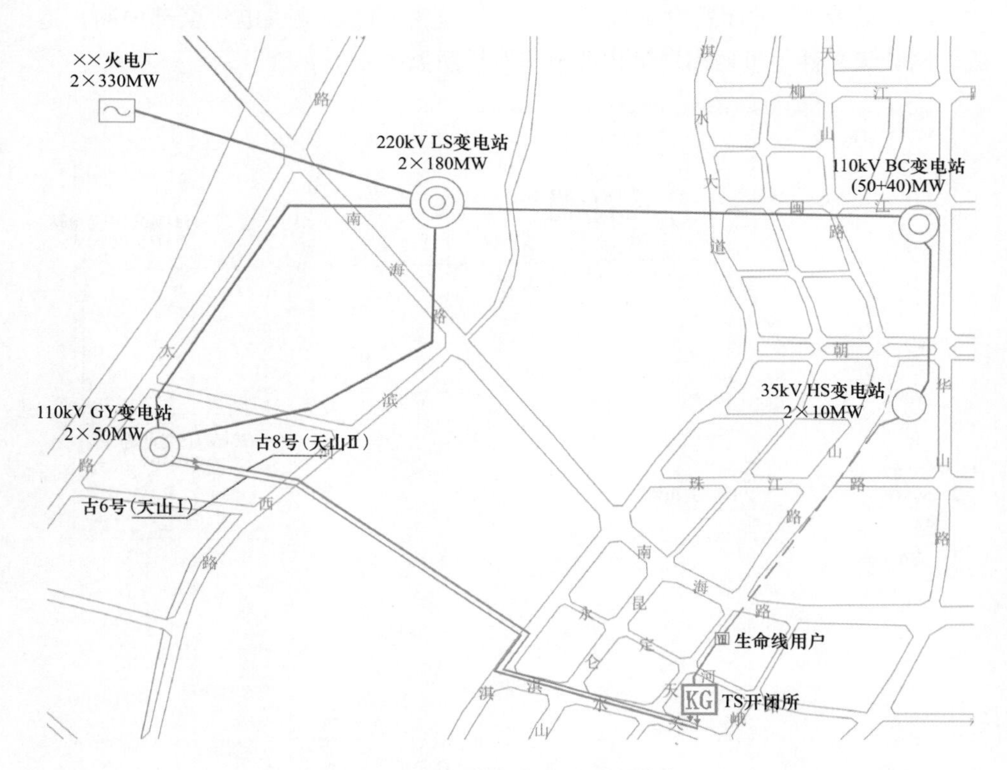

图 6－49 重要用户优化后地理接线图

6.8　专线使用与间隔优化实践

随着城市建设进程的不断加快，电力设施布局同土地资源利用之间的矛盾日益加深，如变电站站址落地难、专线挤占廊道资源等，给电网未来发展带来不便。为建成优质、高效的城市电网，在争取必要变电站布点的同时，科学提升现有站址及廊道资源的利用效率，既可延缓土地需求，也可缩减电网投资。当前城市变电站均存在不同程度的专线间隔占用情况，同时部分城市存在专线数量多且长期轻载运行的问题，造成变电站利用效率不高并限制了新增用户接入。因此，提升专线使用效率，释放变电站间隔资源，成为配电网规划工作的主要任务之一。

选择专线占比较高的典型城区，通过开展“专线改公网”“专线改环网”“合表户改造”“三供一业改造”等一系列工作，充分挖掘现状电网供电能力，差异化处理专线间隔，提高供电资源紧张地区高压电源点供电能力，进一步均衡中压线路负载水平，实现中压配电网运行效率全面提升。

6.8.1　典型经验做法及评审要点

6.8.1.1　典型经验做法

专线使用与间隔优化一般通过“用户负荷需求诊断”“供电方式选择”和“主干网架调整”等工作，从而提升专线使用效率，最终形成同城市目标网架相衔接的供电方案，专线使用与间隔优化流程示意如图 6 - 50 所示。

（1）用户负荷需求诊断。调研专线用户的用电性质、供电容量、接入方式、设备型号和发展规划等基本信息台账，通过负荷特性和用电发展阶段分析，判断用户饱和用电负荷。

（2）供电方式选择。依据 DL/T 5729—2016 要求，结合当地电网公司相关标准，重新界定原有专线用户的供电方式，一般分为专线、开关站和环网箱（室）供电等三类。当原有专线用户负荷超过某标准值（在图 6 - 50 中以 M 表示，结合当地电网适应性取值或通过计算得出）时，该用户保留专线供电；当低于上述标准时，该用户专线间隔调整为公用，以开关站或环网箱（室）方式供电，并以另一标准值（在图 6 - 50 中以 N 表示，结合当地电网适应性取值或通过计算得出）作为开关站和环网箱（室）方式供电选择的界定值。为保证变电站间隔建设成本回收，依据用户申请用电情况一般有如下处理方式：

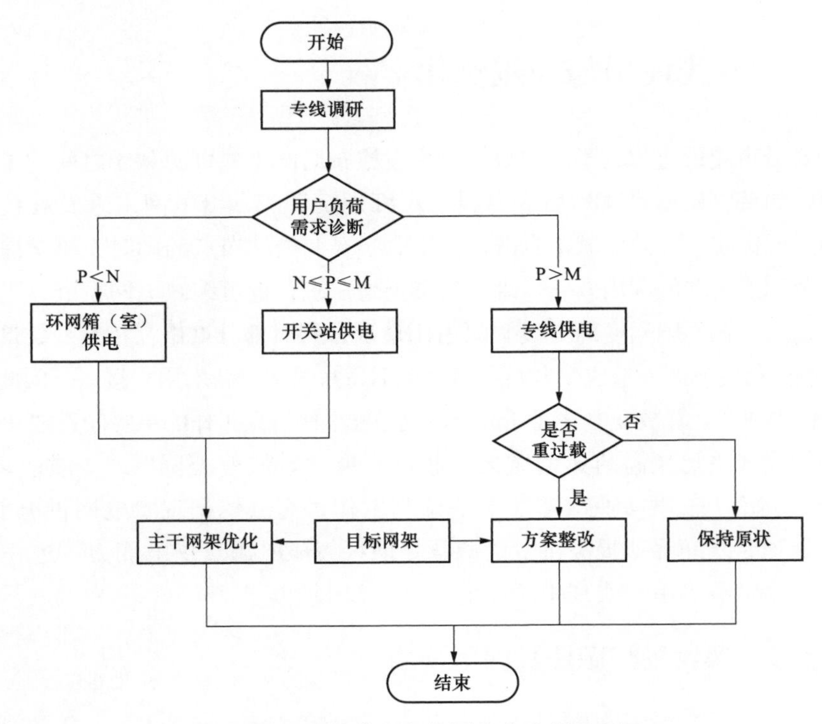

图 6-50　专线使用与间隔优化流程示意图

1）用户申请总容量 160～20000kVA 时，宜采用 10kV 电压供电；用户申请总容量在 20000kVA 以上时，应综合考虑客户申请容量、用电设备总容量，并结合生产特性兼顾主要用电设备同时率、同时系数等因素，根据当地电网情况，经论证后确定采用 110kV 电压等级供电或采用 10kV 多回路供电。

2）客户受电变压器单路容量（在 4000kVA 以上时）按负荷性质达到表 6-8 规定值或预计投运三年内负荷电流达到 200A 及以上的用户，选取接入变电站 10kV 出线间隔或变电站替代环网柜作为电源点。

表 6-8　变电站 10kV 间隔或变电站替代环网柜接入容量下限汇总

行　业		单路容量下限（kVA）
大工业	电子器件制造	7000
	金属制品加工	7000
	橡胶塑料制造	7000
	食品饮料	8000
	纺织服装	8000

续表

行　业	单路容量下限（kVA）
医院	8000
大中型商业	8000
工业研发	8500
商务办公	8500
行政办公	8500
仓储物流	10000
旅馆酒店	12000
学校	12000

（3）主干网架调整。对于供电方式调整、向用户供电的开关站和环网箱（室），以目标网架规划方案为指导，统筹考虑典型接线方式及其供电能力，有序环入公网；对于保留的专线供电用户，结合专线负载情况提出适应性策略。

6.8.1.2　评审要点

（1）用户供电要求：判断重要用户的接入方式同其供电要求的匹配性，二级及以上重要用户需有两个或两个以上电源或回路供电。

（2）供电安全标准：校验向用户供电的主干线路是否满足 $N-1$，尤其是存在二级及以上高可靠性用户接入时。

（3）同目标网架的匹配度：分析主干网架是否按照目标网架一次建成，当因特殊原因未一次建成时，是否提出合理的过渡方式。

6.8.2　典型案例解析

选取某市专线间隔占用较多的HC变电站为例，结合目标网架，对6条长期轻载的用户专线间隔整改，满足周边负荷发展需要的同时完善网架结构。

6.8.2.1　变电站基本情况

HC变电站主变压器2台，总容量100MVA，现状年全站最大负荷39.6MW。本期整改专线6条，整改前周边电网电气接线示意如图6-51所示。

通过对典型案例的规划方案进行分析发现当前存有以下几方面问题：

（1）虽然HC变电站负荷仅有39.6MW，但已有的24个10kV间隔已占满（其中专线间隔11个），变电容量释放不足且周边新增报装接入受限。

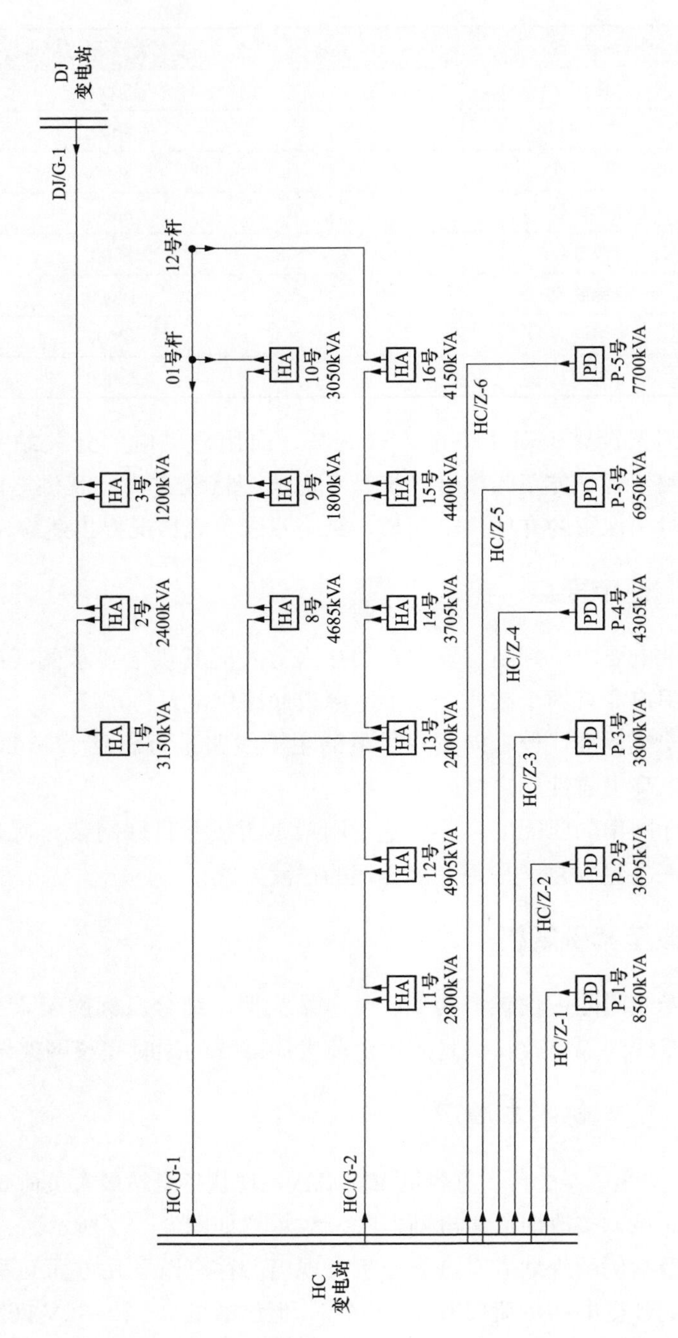

图 6－51 整改前周边电网电气接线示意图

(2) 经调研发现HC/Z-1、HC/Z-2、HC/Z-3、HC/Z-4、HC/Z-5和HC/Z-6等6条专线用户负荷已基本稳定，但线路最大平均负载率仅有25%，专线间隔利用效率不高。

(3) DJ/G-1为单辐射，网架结构不满足B类供电区域的供电可靠性要求。

(4) HC/G-1和HC/G-2属于站内联络且HC/G-2重载运行。

针对上述问题，结合前文提及的优化策略进行专线使用间隔优化。

6.8.2.2 案例优化方案

本次案例优化采用“用户负荷需求诊断”“供电方式选择”和“主干网架调整”等流程，优化专线和周边电网结构。

1. 用户负荷需求诊断

经调研发现6条典型专线投运时限均在6年以上，近三年负荷年均增长率均在1.5%以内，用电需求基本稳定。同时除HC/Z-1线最大负载率超过30%以外，其余5条专线负载率在25%以内，轻载运行。结合变电站间隔已满且备用间隔不能满足新增用电需求的实际，可对上述6条专线调整为公线供电。HC变电站6个典型专线用户负荷需求诊断见表6-9。

表6-9 HC变电站6个典型专线用户负荷需求诊断

用户名称	用电性质	容量(kVA)	投运年限(年)	专线名称	导线型号	供电容量(MVA)	近三年负荷年均增长率(%)	当年最大负荷(MW)	负载率(%)
DY食品加工	工业	8560	6	HC/Z-1	YJV22-3×300	10.6	−0.5	3.8	35.8
HH旅游公司	办公	3695	7	HC/Z-2	YJV22-3×185	7.7	1.2	2.1	27.3
某机关事务	办公	3800	8	HC/Z-3	YJV22-3×185	7.7	0.7	1.9	24.7
SG大厦	办公	4305	6	HC/Z-4	YJV22-3×300	10.6	1.3	2.2	20.8
YH小区	居住	6950	10	HC/Z-5	YJV22-3×300	10.6	1.5	2.1	19.8
SLY小区	居住	7700	11	HC/Z-6	YJV22-3×300	10.6	1.4	2.3	21.7

注 线路供电容量按照电缆排管敷设，气温35℃计算得出。

2. 供电方式选择

目标网架主环网节点采用的是环网箱，本案例对于用户容量较大的用户采用并建两座环网柜形式供电，如DY食品加工P-1号配电室、YH小区P-5号配电室和SLY小区P-6号配电室，其他3个用户采用单座环网箱供电。

3. 主干网架调整

目标网架采用单环网接线方式，通过网架优化分别对6个专线用户进行供电，具体方案如下：

(1) HC/Z－1专线改环网工程。

1) 新建17、18号环网箱并新出线路至DY食品加工厂配电室，另出电缆环进DJ/G－1线的2～3号环网箱联络线；

2) 拆除HC/Z－1专线，腾出间隔新出一路电缆（HC/G－3线）至1号环网箱，最终形成DJ/G－1和HC/G－3变电站间单环网。

(2) HC/Z－2和HC/Z－3专线改环网工程。

1) 新建19号环网箱，GZ站引出一路电缆至新建的19号环网箱，环网箱新出电缆至某机关事务P－3号配电室。

2) DM变电站新出一路电缆（DM/G－1线）至16号环网箱。

3) 新建20、21、22号和23号4座环网箱，DM变电站新出一路电缆（DM/G－2线）将新建环网箱环入，其中20号环网箱新出电缆至HH旅游公司P－2号配电室、其余3座环网箱向新增报装用户供电。

4) HC/G－1架空线入地至13号环网箱。

5) 拆除HC/Z－2和HC/Z－3专线，HC站（原HC/Z－2间隔）引出一路电缆（HC/G－4线）至12号环网箱。

6) 拆除12号环网箱至11、13号环网箱联络线，11号环网箱新出一路电缆至20号环网箱，HC/G－2和DM/G－2形成站间单环网；拆除13号环网箱至14号环网箱联络线，HC/G－1和GZ/G－1形成站间单环网；12号环网箱新出一路电缆至14号环网箱，HC/G－4和DM/G－1形成站间单环网。

(3) HC/Z－4、HC/Z－5和HC/Z－6专线改环网工程。

1) 新建24～28号环网箱，HC变电站（原HC/Z－3间隔）和DM站各引出一路电缆（HC/G－5线和DM/G－3线）环入新建环网箱，形成站间单环网。

2) 24号环网箱新出电缆至SG大厦P－4号配电室，拆除HC/Z－4专线。

3) 25号和26号环网箱新出电缆至YH小区P－5号配电室，拆除HC/Z－5专线。

4) 27号和28号环网箱新出电缆至SLY小区P－6号配电室，拆除HC/Z－6专线。

经以上专线改环网工程的实施，原专线用户由环网箱供电，主线形成5组站间单环网，满足了新增报装用户供电，同时HC变电站预留了3个间隔作为备用，整改后周边电网电气接线示意如图6－52所示。

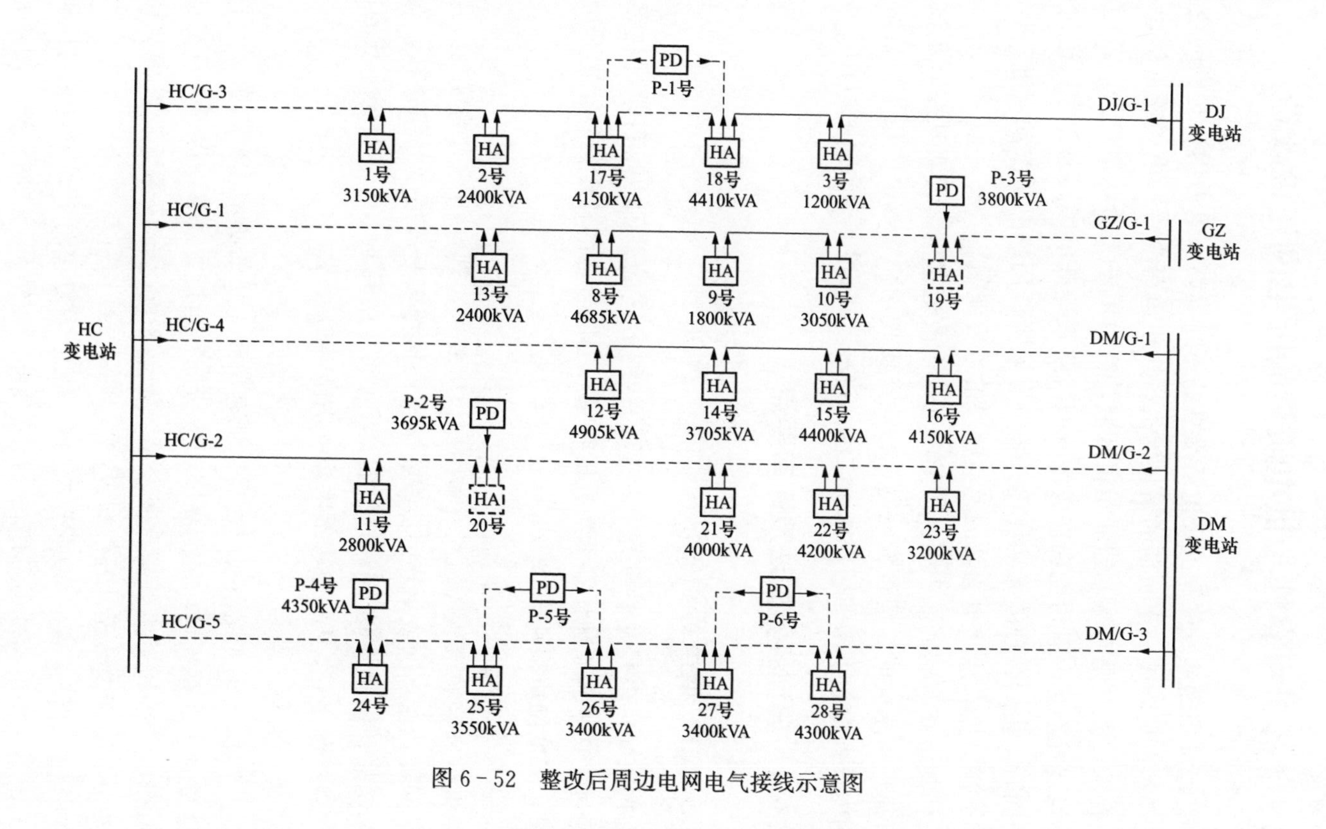

图 6-52　整改后周边电网电气接线示意图

6.9 基于可靠性与供电质量的配电网建设改造

随着经济的迅速发展和人民生活水平的不断提高，电力用户对供电企业的要求已经不仅局限于满足负荷的增长需求，对供电可靠性和电能质量等也有了更高的要求，尤其是高端制造业积聚区域，区内用户无功功率较大，若用户侧无功补偿装置不足，有可能会造成配电网线路末端低电压。因此在保证供电可靠性的同时，采用合理的无功优化方案，有效降低用户电压波动，进一步提升用户用电满意度，成为电力部门急需解决的重要课题。

选择某市高端制造业积聚区域配电网建设改造案例，说明其在满足该区域供电可靠性需求同时，通过配电网设备改造实现用户末端电能质量提升，有效降低网内设备投切带来的用户电压波动，进一步提升用户用电满意度。

6.9.1 典型经验做法及评审要点

6.9.1.1 典型经验做法

在选取同供电可靠性要求相一致的接线方式的基础上，科学优化无功装置，通过无功平衡原理计算无功补偿容量，选取合适的补偿位置，提升电网电压质量，降低网络损耗。

1. 接线方式选取

依据规划区域市政规划发展和用户供电要求，选择相适应的接线方式，通常电缆网推荐双环网或单环网接线、架空网推荐多分段适度联络接线，结合负荷预测结果，构建典型接线方式的目标网架，在保证 $N-1$ 安全标准的同时，尽可能减少联络点，避免多次倒闸影响用户电压质量。

2. 无功优化方案

（1）整体原则。配电网规划需保证有功和无功的协调，电力系统配置的无功补偿装置应在系统有功负荷高峰和负荷低谷运行方式下，保证分（电压）层和分（供电）区的无功平衡。变电站、线路和配电台区的无功设备应协调配合，按以下原则进行无功补偿配置：

1）无功补偿装置应根据分层分区、就地平衡和便于调整电压的原则进行配置，可采用变电站集中补偿和分散就地补偿相结合、电网补偿与用户补偿相结合、高压补偿与低压补偿相结合等方式。

2）应从系统角度考虑无功补偿装置的优化配置，以利于全网无功补偿装置的优化投切。

3）接入中压及以上配电网的用户应按照电力系统有关电力用户功率因数的要求配置无功补偿装置，并不得向系统倒送无功。

4）在配置无功补偿装置时应考虑谐波治理措施。

（2）优化方案制定。为实现线路功率因数不低于某一数值（10kV线路一般不低于0.9）、降低线路损耗、提升末端电压的目的，需要根据现状或规划电网进行测算，从而确定无功装置的容量和安装位置。在高端制造业积聚区域的电网中，通常采用变电站补偿、配电线路补偿和用户就地补偿等三种补偿方式，主要无功补偿方式的对比分析见表6-10，其中变压器（含公用和专用）补偿容量确定采用表6-11，配电线路补偿方式补偿容量和安装位置推荐采用表6-12。

表6-10　主要无功补偿方式

无功补偿方式	补偿方法	优点	缺点
变电站补偿	在变电站进行集中补偿，补偿装置包括并联电容器、同步调相机、静止补偿器等，主要为实现平衡无功功率、改善功率因数，提高母线电压，补偿主变压器和高压输电线路的无功损耗	管理容易、维护方便	降损作用较小
配电线路补偿	直接在线路杆塔上进行无功补偿。补偿容量不宜过大，避免出现过补偿；线路补偿点不宜过多；控制方式从简，应尽量避免采用分组投切控制；可采用熔断器和避雷器作为过流和过压保护。主要为线路和公用变压器提供无功	投资小、回收快、便于管理与维护，适用于功率因数低、负荷重的长线路	适应能力差，重载情况下补偿不足
用户就地补偿	将低压电容器组与电动机并接，通过控制、保护装置与电机，同时投切。随机补偿适用于补偿电动机的无功消耗，以补励磁无功为主	用电设备运行时，无功补偿投入，用电设备停运时，补偿设备也退出，而且不需频繁调整补偿容量	客观使用点位繁多、安装地点分散，因此此种补偿投资比较大，后期运维工作量也大

表6-11　变压器（含公用和专用）补偿容量确定表

电压等级	基本情况	补偿比例
35～110kV变电站	变电站内部配置滤波电容器	20%～30%
	变电站为电源接入点时	15%～20%
	其他情况	15%～30%

续表

电压等级	基本情况	补偿比例
10kV 配电变压器	配电室	20%～30%
	箱式变电站	10%～30%
10kV 柱上变压器	200～400kVA 变压器	120kvar
	200kVA 以下变压器	60kvar

注 35～110kV 主变压器最大负荷时高压侧功率因数不低于 0.95，其他电力用户和大中型电力排灌站功率因数不低于 0.9，农业用电功率因数不低于 0.85；补偿比例为主变压器容量的比例。

表 6-12　　配电线路补偿方式补偿容量和安装位置推荐表

项目	单点补偿		两点补偿	
	位置	容量	位置	容量
沿线均匀分布	2/3	2/3	2/5、4/5	4/5
沿线递增分布	7/9	4/5	1/2、6/7	9/10
沿线递减分布	4/9	1/3	—	—
沿线等腰分布	5/9	4/5	—	—

注 位置为整条线路的占比，容量为整体需求的占比。

当负荷最高时刻，变电站加装的无功补偿装置满足要求的前提下，计算无功需求计算以及无功补偿装置加装位置的流程图如图 6-53 所示。

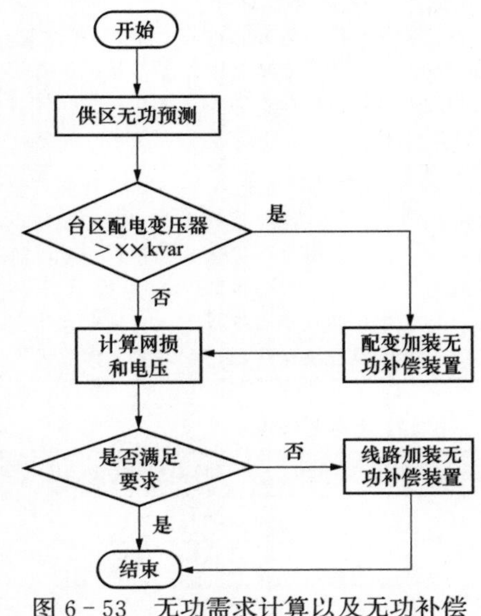

图 6-53　无功需求计算以及无功补偿装置加装位置的流程图

6.9.1.2　评审要点

1. 配电网规划应分析可靠性远期目标和现状指标的差距，提出改善供电可靠性指标的投资需求，并进行电网投资项目与提升可靠性指标之间的灵敏度分析，提出可靠性近期目标。

2. 电压调整方式

配电网应有足够的电压调节能力，将电压维持在规定范围内，主要有下列方式：

(1) 通过配置无功补偿装置进行电压调节。

(2) 选用有载或无载调压变压器，

通过改变分接头进行电压调节。

（3）通过线路调压器进行电压调节。

3. 供电电压允许偏差范围

配电网规划要保证网络中各节点满足电压损失及其分配要求，各类用户受电电压质量执行GB 12325的规定。

（1）110～35kV供电电压正负偏差的绝对值之和不超过额定电压的10%。

（2）10kV及以下三相供电电压允许偏差为额定电压的±7%。

（3）220V单相供电电压允许偏差为额定电压的+7%与−10%。

（4）对供电点短路容量较小、供电距离较长以及对供电电压偏差有特殊要求的用户，由供、用电双方协议确定。

4. 近中期规划的供电质量最低标准

一般情况城市电网平均供电可靠率达到99.9%，居民客户端平均电压合格率达到98.5%。农村电网平均供电可靠率达到99.8%，居民客户端平均电压合格率达到97.5%。特殊边远地区电网平均供电可靠率和居民客户端平均电压合格率符合国家有关监管要求。

6.9.2 典型案例解析

以某市高端制造业积聚区域（简称LF区）为例进行无功装置优化解析。

6.9.2.1 基本情况

该区目标年由3座110kV变电站供电，变电站总容量352MVA，LF区用户情况见表6-13，LF区地理接线如图6-54所示，拓扑结构图如图6-55所示。

表6-13 LF区用户情况表

变电站名称	线路名称	用户名称	S	P	Q
TS变电站	TH线	TL化工	5125	2050	1497
		HG加工	2585	1060	700
	TG线	DL运输公司	2899	1218	755
		PL铸造	3370	1449	1174
	TS线	GN化工	6450	2838	2469
WJ变电站	WJ线	WR化工	6135	2761	2015
	WG线	GH机械加工	4125	1898	1632
		PL铸造	4255	2000	1480

续表

变电站名称	线路名称	用户名称	S	P	Q
HJ 变电站	HG 线	HT 铸造	3335	1601	1281
		TY 制造	3555	1742	1115
	HD 线	YK 机械	5135	2568	2003
		LK 加工	3355	1711	1300
	HC 线	GC 制造加工	8124	4224	3633
	HK 线	PO 化工	3545	1879	1484
	HL 线	JH 铸造	7115	3842	2805

注 S——用户容量，kVA；P——用户侧负荷，kVA；Q——无功需求预测，kvar。

图 6-54 LF 区地理接线图

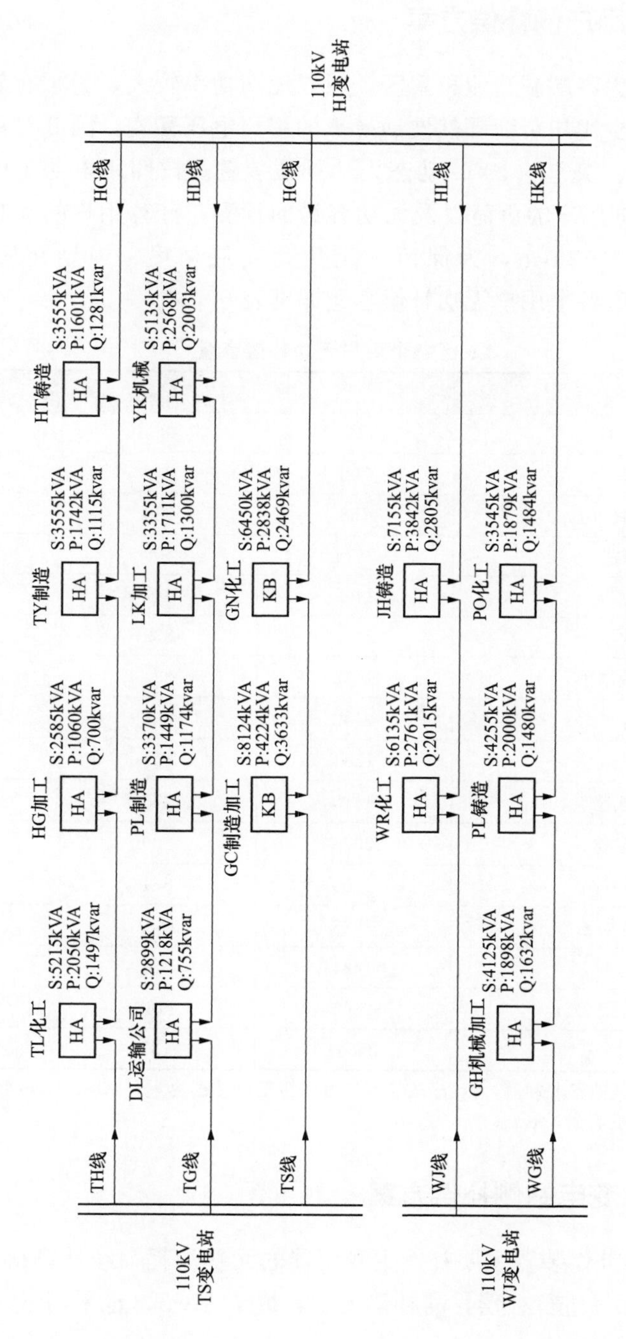

图 6-55 LF区拓扑结构图

6.9.2.2 用户侧补偿方案

由于该区域为高端制造业积聚区，用户无功功率较大，为了有效降低网内设备损耗，并减少用户负荷骤然波动带来的用户电压骤变，因此在用户侧加装调节平滑、动态、快速的 SVG 动态无功补偿装置。按照用电功率因数不低于 0.9 的前提，根据用户的负荷以及无功容量的预测，计算用户的无功补偿最低容量需求，为 11352kvar，为保留一定负荷发展裕度，规划在用户侧加装 13300kvar，LF 区各个用户无功补偿容量详见表 6-14。

表 6-14　　LF 区各个用户无功补偿容量

用户名称	Q	$Q_{补}$	SVG 容量
TL 化工	1497	623	700
HG 加工	700	248	300
DL 运输公司	755	236	300
PL 铸造	1174	556	600
GN 化工	2469	1260	1500
WR 化工	2015	839	1000
GH 机械加工	1632	824	1000
PL 铸造	1480	628	800
HT 铸造	1281	599	700
TY 制造	1115	373	500
YK 机械	2003	909	1000
LK 加工	1300	571	700
GC 制造加工	3633	1833	2000
PO 化工	1484	684	800
JH 铸造	2805	1168	1400
合计	25341	11352	13300

注　Q——无功容量需求预测，kvar；$Q_{补}$——用户的无功补偿容量，kvar；SVG 容量——用户无功补偿装置的容量，kvar；

6.9.2.3 变电站侧补偿方案

变电站无功补偿装置主要补偿主变压器的无功消耗，经计算得出，按照主变压器容量的 20%进行补偿，需补偿无功容量 74Mvar，也采用 SVG 动态无功补偿装置进行无功补偿。

最后，LF区的变电站侧与用户侧无功装置接入自动电压无功控制（AVC）系统，通过线上实时监测、动态平衡管理，实现对无功装置进行协调优化自动闭环控制，在保证用户无功需求的同时，还可动态、平滑地调节无功投切容量，增强用户电压质量，提升用户用电的满意度。

6.10 电动汽车充电设施大规模接入的应对

“双碳”目标驱动下用能结构将发生巨大变化，电动汽车将成为今后主流交通工具之一，其充电负荷在时间上的分布具有较大的随机性，当大量电动汽车同时在系统原有的峰荷时段开始充电时，充电负荷与系统其他负荷叠加，产生峰值叠加的状况，以及局部地区聚集，不仅会推高电网负荷，给配电系统的正常运行造成了一定影响，还会对设备的寿命造成不利影响，因此今后配电网规划中电动汽车充电设施接入方案也将成为重要环节之一。

选择某地区电动汽车充电设施接入需求较为强烈地区案例，重点关注公交车、公共充电桩以及小区家用充电设施大规模建设后，对电力需求预测、中压配电网规划建设方案的影响。

6.10.1 典型经验做法及评审要点

6.10.1.1 典型经验做法

1. 电动汽车对电能质量影响

电动汽车规模化接入配电网，势必对电网的安全运行带来一定的影响。接入电网点越接近配电网线路末端，并网点及线路其他节点的电压增大得越多，将对电能质量产生影响。经测算，交流慢充对配电网的影响较小，直流快充对局部配电网的影响较大，有可能造成电网局部过负荷、线路拥塞等问题。特别是对于负荷高峰的影响，有更多电动汽车接入小区电网时，如果没有足够的充电站，将会使设置有充电站的节点上的峰值过高，严重时可能超过变压器的容量，给电网带来影响，所以应根据电动汽车的渗透率[1]合理接入电动汽车。

基于最优经济运行的有序充电，针对充电模式下功率损耗和电压偏移最小

---

[1] 定义系统中所有电动汽车同时开始充电时的总充电功率与系统容量的比值为该系统电动汽车的渗透率。

化为目标，可以减小功率损失外，同时可降低峰荷需求，在一定程度上减小了充电对系统可靠性、经济运行的负面影响。

基于最佳充电模式能够降低系统峰谷差、节约车主充电成本、避免配电网过载阻塞、引导有序均衡充电。当线路负载率较低时，合理的电动汽车充电将会有助于提高线路的运行效率，提高线路运行经济性；但是大规模的电动汽车接入电网充电则可能会对电网产生巨大的影响，需明确线路上电动汽车的安全接入数量，以确保电网的安全、稳定和经济运行。推荐线路安全接入电动汽车数量见表6-15。

表6-15　　推荐线路安全接入电动汽车数量

电动汽车类型	私家车（台）	出租车（台）	公交车（台）
线路安全接入电动汽车数量	328	25	11

2. 电动汽车对负荷影响

将电动汽车充电负荷测算模型以一天为时间尺度，计算时间步长为1min，典型汽车充电负荷可表示为

$$L_i=\sum_{n=1}^{N}P_{n,i}1\leqslant i\leqslant 1440,\ i\in Z$$

式中　L_i——第i分钟的总充电功率；

N——电动汽车总量；

$P_{n,i}$——第n辆电动汽车在第i分钟时的充电功率。

假设充电设备不主动参与电动汽车充电行为的控制，电动汽车接入电网后立即开始充电。采用蒙特卡洛仿真方法分别对各类车型的起始SOC（起始电量）、起始充电时间进行抽样。

输入的电动汽车信息包括各类电动汽车的保有量、性能参数、充电行为的分布、起始SOC分布、可能的充电时间区间及起始充电时刻分布。将不同类型的电动汽车充电负荷相叠加，可以得到总的充电负荷曲线。第i分钟总的充电负荷为所有类型车辆在此时充电负荷之和，充电功率可表示为

$$L_i=\sum_{c=1}^{C}P_{ci}+\sum_{b=1}^{B}P_{bi}+\sum_{t=1}^{T}P_{ti}(i=1,\ 2,\ \cdots,\ 1440)$$

式中　L_i——第i分钟总充电功率；

P_{Ci}——第C辆私家车在第i分钟的充电功率；

C——电动私家车的总量；

P_{bi}——第b辆公交车在第i分钟的充电功率；

B——电动公交车的总量；

P_{ti}——第 t 辆出租车在第 i 分钟的充电功率；

r——电动出租车的总量。

单辆电动汽车充电行为存在较大的随机性，但统计研究表明，同一用途大量电动汽车充电行为特征将符合一定的概率模型，因此可以采用抽样仿真方法分别计算电动私家车、电动公交车汽车、电动出租车接入电网后一天的充电功率，最后进行叠加即可得到总的充电功率。电动汽车的充电负荷计算流程如图 6－56 所示。

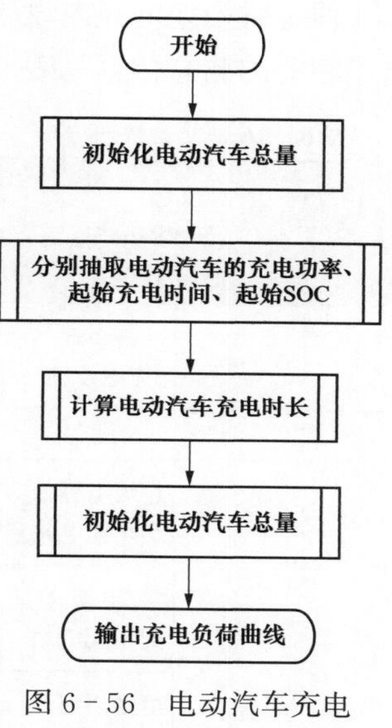

图 6－56　电动汽车充电负荷计算流程图

6.10.1.2　评审要点

（1）电动汽车充电设施接入电网时应进行论证，分析各种充电方式对配电网的影响。

（2）电动汽车充电设施的供电电压等级，应根据充电设备及辅助设备总容量，综合考虑需用系数、同时系数等因素，经过技术经济比较后确定，应按照 GB/T 36278 相关规定执行。

（3）电动汽车充电设施的用户等级应满足 GB/T 29328 的要求。具有重大政治、经济、安全意义的充换电设施，或中断供电将对公共交通造成较大影响或影响重要单位的正常工作的充换电站可作为二级重要用户，其他可作为一般用户。

（4）220V 供电的充电设备，宜接入低压公用配电箱，380V 供电的充电设备，宜通过专用线路接入低压配电室。

（5）接入 10kV 电网的电动汽车充电设施，容量小于 4000kVA 宜接入公用电网 10kV 线路或接入环网柜、电缆分支箱、开关站等，容量大于 4000kVA 宜专线接入。

（6）接入 35kV、110（66）kV 电网的电动汽车充电设施，可接入变电站、开关站的相应母线，或 T 接至公用电网线路。

6.10.2　典型案例解析

本案例以 NJ 市为例，分析计算针对新增充电桩、充电站对电网的影响。

6.10.2.1　电动汽车负荷预测

1. 负荷预测基础数据

通过对当地的充电设施规划数量进行统计以及不同充电设施的负荷特性得出了相关的测算依据见表 6－16。

表 6－16　　负荷预测依据

<table>
<tr><th>序号</th><th colspan="2">充电设施类型</th><th>充电桩建设数量</th><th>充电设施建设数量</th><th>单桩（交流）最大负荷</th><th>单桩（直流）最大负荷</th><th>充电桩利用效率</th><th>充电设施同时率</th></tr>
<tr><td>1</td><td rowspan="2">公共充电设施</td><td>散布式充电设施</td><td>474</td><td>266</td><td rowspan="2">7kW</td><td rowspan="10">60kW
80kW
120kW</td><td>50%～75%</td><td>35%～60%</td></tr>
<tr><td>2</td><td>充电站</td><td>560</td><td>84</td><td>50%～80%</td><td>40%～65%</td></tr>
<tr><td>3</td><td rowspan="7">专用充电设施</td><td>超级电容公交车充电站</td><td>170</td><td>85</td><td>—</td><td>87%～95%</td><td>40%～50%</td></tr>
<tr><td>4</td><td>纯电动公交车充电站</td><td>336</td><td>168</td><td>—</td><td>85%～95%</td><td>40%～50%</td></tr>
<tr><td>5</td><td>电动出租车充电桩</td><td>190</td><td>18</td><td rowspan="6">7kW</td><td>70%～90%</td><td>80%～90%</td></tr>
<tr><td>6</td><td>物流车充电桩</td><td>1420</td><td>2</td><td>70%～85%</td><td>15%～20%</td></tr>
<tr><td>7</td><td>环卫车充电桩</td><td>600</td><td>20</td><td>75%</td><td>10%～20%</td></tr>
<tr><td>8</td><td>租赁车充电桩</td><td>175</td><td>21</td><td>60%～70%</td><td>15%～20%</td></tr>
<tr><td>9</td><td>单位用车充电桩</td><td>2146</td><td>18</td><td>80%～90%</td><td>20%～30%</td></tr>
<tr><td>10</td><td>自用充电设施</td><td>散布式充电设施</td><td>34000</td><td>—</td><td>80%～90%</td><td>5%～15%</td></tr>
</table>

（1）新增公共充电设施负荷预测。根据 NJ 市电动汽车及充电设施的规划布局与实施计划和电动汽车及充电设施的负荷发展预测模型得出，当 NJ 市中心城区小轿车保有量达到 3 万辆时，与之配套的公共充电设施将产生 21.94 万 kW 负荷。

（2）新增专用充电设施负荷预测。根据 NJ 市电动汽车及充电设施的规划布局与实施计划和电动汽车及充电设施的负荷发展预测模型，当满足 NJ 市中心城区电动汽车正常运行时，与之配套的专用车辆充电站约产生 24.93 万 kW 负荷。专用充电设施负荷预测占比如图 6-57 所示。

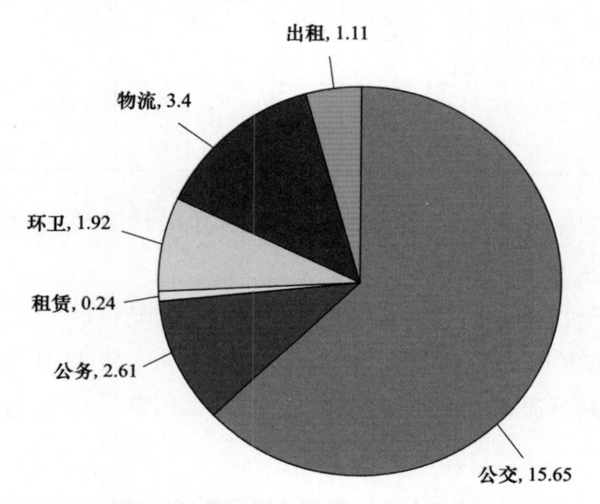

图 6-57 专用充电设施负荷预测占比（万 kW）

维持新能源公交车日常运营的充电站将产生 15.65 万 kW 负荷。

当电动出租车保有量将达到 1000 辆时，配套的充电设施将产生 1.11 万 kW 负荷。

至目标年，预计城市新能源配送物流专用车流量达到 3000 辆/日，与之配套的充电设施将产生 3.4 万 kW 负荷；NJ 市电动环卫汽车能够达到 600 辆，支撑电动环卫车正常运行的充电设施将产生 1.92 万 kW 负荷；租赁电动汽车新增充电设施将产生 0.24 万 kW 负荷；政府行政部门的公务车及相关车辆（包括公职人员私家车）充电将产生 2.61 万 kW 负荷。

（3）新增自用充电设施负荷预测。满足新增自用充电桩的充电设施将产生 10.37 万 kW 负荷。

新增充电设施后，NJ 市网供负荷共增加 57.24 万 kW，按照各充电设施与电网同时率可得出 NJ 市网供负荷共增加 26 万 kW。

2. 电力电量平衡

本次规划区内共有 128 座 110kV 变电站，考虑目标年各 110kV 供区内电动汽车的大规模接入，分析其对 110kV 变电站产生的影响。

按照预测结果进行负荷平衡，充电设施产生负荷累加到电网的最大负荷之后 NJ 市各区容载比见表 6-17。

表 6-17 NJ 市各区新增充电设施后电网容载比测算表

区　县	HS 区	JD 区	JB 区	YZ 区	ZH 区	BL 区
预测网供负荷（MW）	524	872	681	2199	998	1554
充电设施建成后产生负荷（MW）	35.80	51.13	42.37	62.46	33.30	34.92
总负荷（MW）	560	923	723	2261	1031	1589
规划变电站总容量（MVA）	1110	1653	1253	4403	1893	2866
容载比	1.98	1.79	1.73	1.95	1.84	1.80

在电网建设的基础上，按照 1.8 容载比测算出新增充电设施后各分区电网所需新增的供电容量。

由表可知，至目标年，NJ 市各区县现有规划中，HS 区、YZ 区、ZH 区及 BL 区的规划方案能完全接纳新增充电设施后所产生的负荷，而 JB 区和 JD 区则需在原有规划基础上另增加容量以满足新增充电设施的电力需求，详细情况见表 6-18。

表 6-18 满足电网安全运行下各分区所需新增的电量表

区　县	HS 区	JD 区	JB 区	YZ 区	ZH 区	BL 区
规划变电站总容量（MVA）	1110	1653	1253	4403	1893	2866
满足容载比 1.8 时变电站容量（MVA）	1007.64	1661.63	1302.07	4070.63	1856.34	2860.06
需新增电量（MVA）	—	8.63	49.07	—	—	—

3. 充电设施供电规划方案

NJ 市新建配电室站点共有 84 处。充电设施最大负荷为 436.7MW，配置 873.3MVA 的容量。需配置 282 个 400kVA 的配电变压器、219 个 630kVA 的配电变压器、597 个 800kVA 的配电变压器、100 个 1000kVA 的配电变压器以及 39 个 1250kVA 的配电变压器来应对电动汽车充电设施的大规模接入。

6.10.2.2 典型设施供电方案

1. 方案一：集中式小功率充电桩布置方案

（1）适用范围。主要用于停车场、地下车库等车位集中，具备集中安装充电桩条件的场所。

（2）方案描述。本方案由 10kV 配电变压器引出低压专用线路（主干线），接入低压电缆分支箱后引出电缆（分支线）接入专用低压动力柜（或不经低压电缆分支箱直接接入专用低压动力柜），低压动力柜出线接交流单相充电桩。

为减少谐波对其他用户用电的影响，专用低压动力柜只允许接入电动汽车充电桩。

本方案主要特点：低压动力柜与计量装置集中布置，动力柜出线回路数较多，采用放射型接线方式（见图 6－58），每回出线仅允许接入一个充电桩。

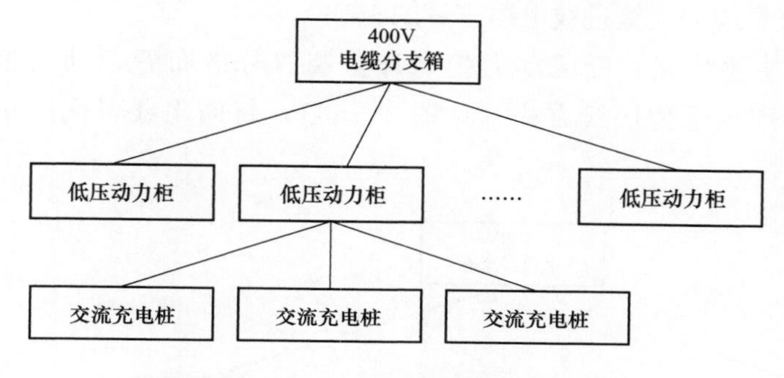

图 6－58　充电桩放射型接线

（3）方案示意（见图 6－59）。

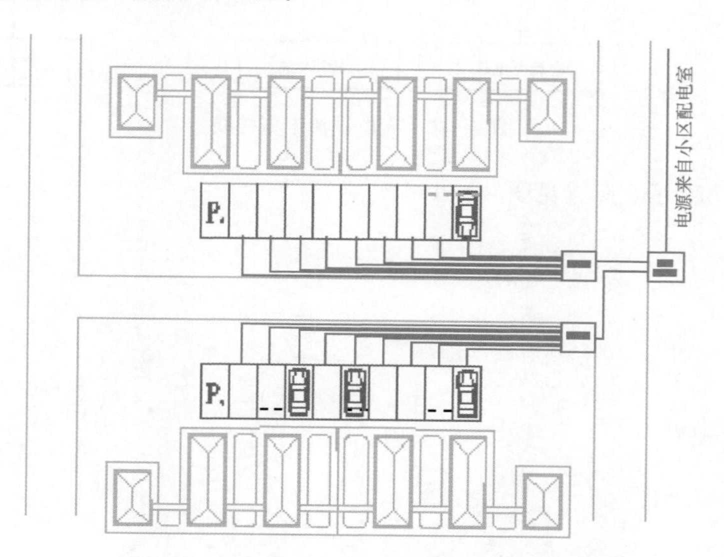

图 6－59　集中式小功率充电桩布置方案示意图

2. 方案二：分散式小功率充电桩布置方案

（1）适用范围。主要用于车位分散，不具备集中安装充电桩条件的场所。

（2）方案描述。本方案由 10kV 配电变压器引出低压专用线路，直接接入专用低压动力柜，低压动力柜出线接小功率充电桩。为减少谐波对其他用户用电的影响，专用低压动力柜只允许接入电动汽车充电桩。

若现场条件不具备单独由 10kV 配电变压器引出低压专用线路，可由就近的公用低压电缆分支箱引出电缆接至小功率充电桩，但应控制接入充电桩容量(一般不大于电缆分支箱进线电缆容量的 15%)。

本方案主要特点：低压动力柜与计量装置分散布置，动力柜出线回路数较少，采用树干型接线方式（见图 6-60)，每回出线可同时串接多个充电桩。

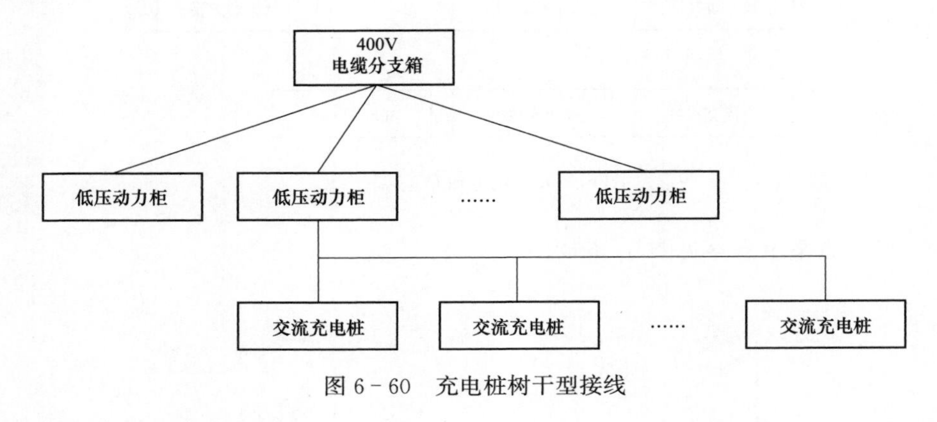

图 6-60 充电桩树干型接线

(3) 方案示意图（见图 6-61)。

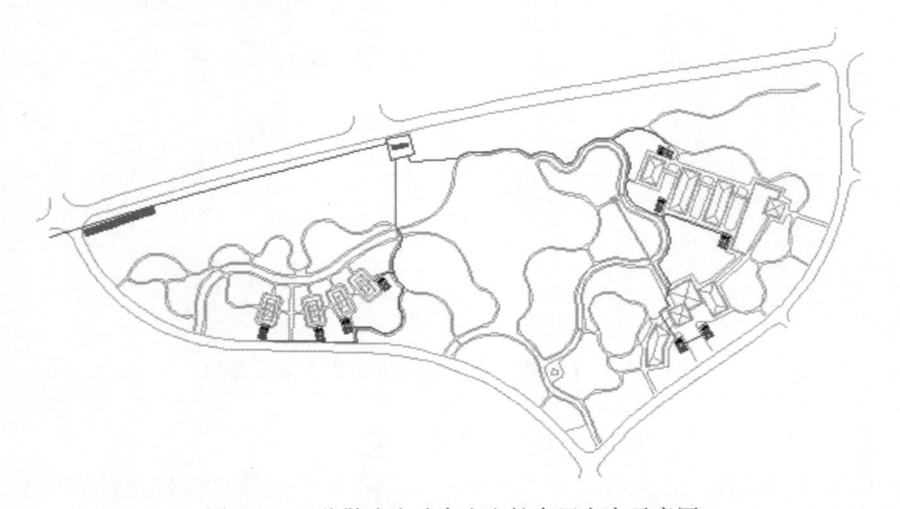

图 6-61 分散式小功率充电桩布置方案示意图

3. 方案三：集中式大功率充电桩布置方案

（1）适用范围。主要适用于公交充电站、出租车充电站、公共充电站等大功率充电桩集中布置的充电站。

（2）方案描述。装接总容量小于3000kVA的充电站可接入公用电网10kV线路或接入环网柜、电缆分支箱等，总容量大于3000kVA的充电站宜专线接入。

（3）方案示意图（见图6-62～图6-64）。

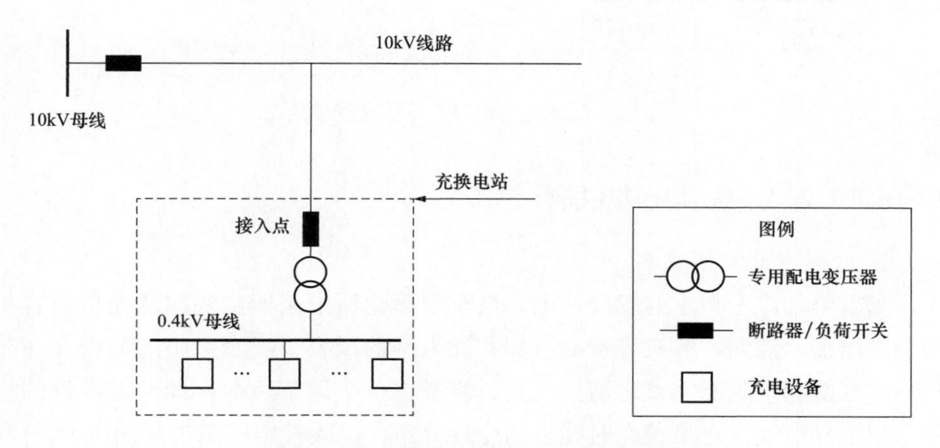

图6-62 充换电站接入10kV线路

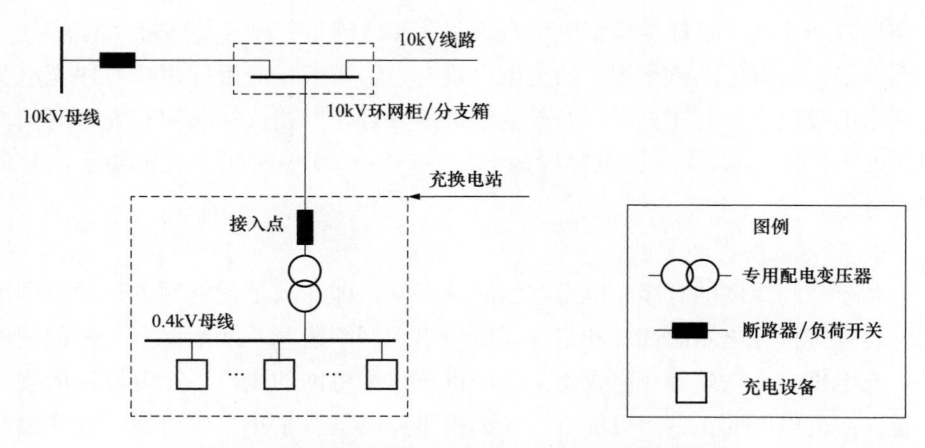

图6-63 充换电站接入10kV环网柜、电缆分支箱

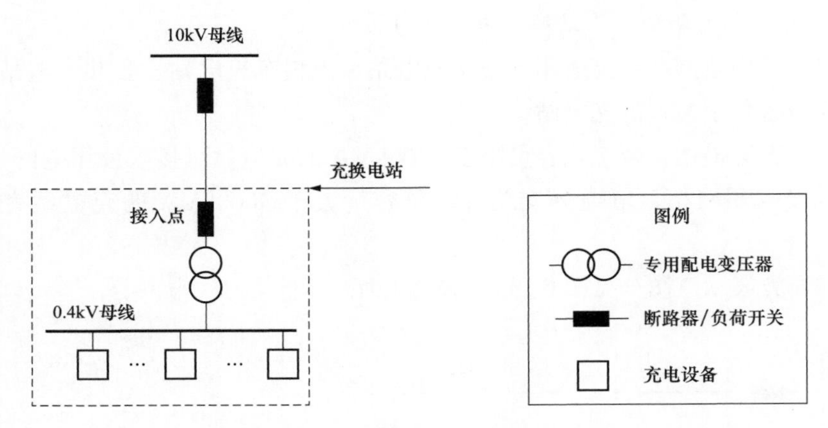

图 6-64 充换电站 10kV 专线接入

6.10.2.3 优化电力供需

1. 时间维度有序充电

随着电动汽车技术的发展，电动汽车规模化所带来的主要问题是负荷容量的急剧增加。然而，装机容量的增加和配电网的增容等配套措施的完善存在时延性，在配套措施的完善之前，可通过峰谷电价来调节负荷，即通过电价的杠杆作用引导电动汽车负荷在时间上的合理分布，以减轻给电网带来的压力。

引入传统的峰谷电价调节机制，即峰值高电价、谷值低电价的分时电价机制，能够将电动汽车负荷的充电高峰集中转移至常规负荷的谷值区，即电动汽车利用夜间充电。这样能缓解电动汽车负荷和传统负荷峰谷叠加带来的影响。

峰谷电价对电动汽车用户的充电电费有一定影响，对引导用户有序充电具有一定的吸引力，有序充电可有效减小电网峰谷差。建议在私家车充电时间段 21：00—7：00，公交车充电时段为 23：00—5：30 等时间段充电给予电价的优惠考虑。

2. 空间维度有序充电

基于空间维度的有序充电考虑空间有序性，即在满足配电网运行约束的前提下合理进行充电站的选址和定容，避免出现网络阻塞。从配电网负荷的角度看，充电桩、充电站等充电设施是电动汽车与配电网的接口，充电设施的规划和建设对配电网的正常运行影响巨大。由于充电桩容量小且较分散，而充电站通常含有多台充电机和充电桩，所以充电站对配电网的影响较大。

在确定充电站的规模和布点时，应充分考虑交通、环保及区域配电能力等外部环境条件与该地区的建设规划和路网规划，可以有效地避免出现因电动汽车聚集性充电对配电网的影响，保证配电网的正常运行。

6.11 产业园区分布式光伏规范接入与有效消纳

分布式光伏大规模接入是推动“双碳”目标实现的重要方式之一，适应大规模分布式电源接入将成为配电网发展的常态。今后配电网规划需要在综合考虑光伏电源出力特性及与配电网运行相互影响的基础上，来科学地制订并网方案，并合理地予以优化，指导分布式光伏电源有序、可控地接入城市配电网，是分布式光伏电源应用推广的关键技术之一。

以某市某工业区为例，阐述如何利用用地规划结合经验算法进行区域分布式光伏规模的测算，结合区域电网运行情况合理进行接入点选择，以及电网未适应新能源接入时所开展的设备改造及网架结构优化工作。

6.11.1 典型经验做法及评审要点

6.11.1.1 典型经验做法

要分析分布式光伏如何规范接入配电网并对其负荷进行消纳，首先需要对分布式光伏的装机容量 $S_{光伏}$ 和出力 $P_{光伏}$ 进行预测，得出预测结果后，需对规划区做出电力平衡计算，计算该地区光伏负荷是否有盈余，计算方法如下

$$P-P_{光伏}\begin{cases}\geqslant 0 & 盈余=0\\ <0 & 盈余=P_{光伏}-P\end{cases}$$

电力平衡计算完成后，需制订接入方案，判断该接入方案实施后，规划区内各变电站盈余之和是否明显大于地区盈余：若是，则需要重新制定接入方案；若否，则需进一步判断变电站负荷是否均衡，若不均衡则仍需重新制定接入方案，若均衡则方案制订即合理。详细步骤流程图见图6-65。

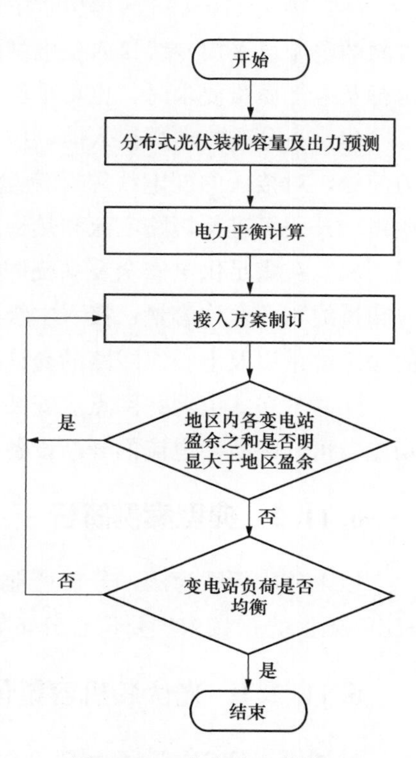

图6-65 分布式光伏接入及消纳流程

6.11.1.2 评审要点

（1）配电网应满足国家鼓励发展的各类电源及新能源微电网的接入要求，逐步形成能源互联、能源综合利用的体系。

（2）电源并网电压等级可根据装机容量进行初步选择，一般可参照表6-19，最终并网电压等级应根据电网条件，通过技术经济比选论证确定。

表6-19 电源并网电压等级参考表

电源总容量范围	并网电压等级
8kW及以下	220V
8～400kW	380V
400kW～6MW	10kV
6～100MW	35kV、66kV、110kV

（3）接入110～35kV配电网的电源，宜采用专线方式并网；接入10kV配电网的电源可采用专线接入变电站低压侧或开关站的出线侧，在满足电网安全运行及电能质量要求时，也可采用T接方式并网。

（4）在分布式电源接入前，应以保障电网安全稳定运行和分布式电源消纳为前提，对接入的配电线路载流量、变压器容量进行校核，并对接入的母线、线路、开关等进行短路电流和热稳定校核，如有必要也可进行动稳定校核。

（5）在满足供电安全及系统调峰的条件下，接入单条线路的电源总容量不应超过线路的允许容量；接入本级配电网的电源总容量不应超过上一级变压器的额定容量以及上一级线路的允许容量。

（6）分布式电源并网点应安装易操作、可闭锁、具有明显开断点、带接地功能、可开断故障电流的开断设备。

6.11.2 典型案例解析

以HZW新区为例，分析产业园区分布式光伏如何规范接入与有效消纳。HZW新区光伏接入主要位置分布如图6-66所示。

6.11.2.1 光伏装机容量预测

经调研，HZW新区南部30km^{2}区域分布式光伏饱和装机容量预计为557.621MWp，北部区域22km^{2}工业区内分布式光伏饱和装机容量预计

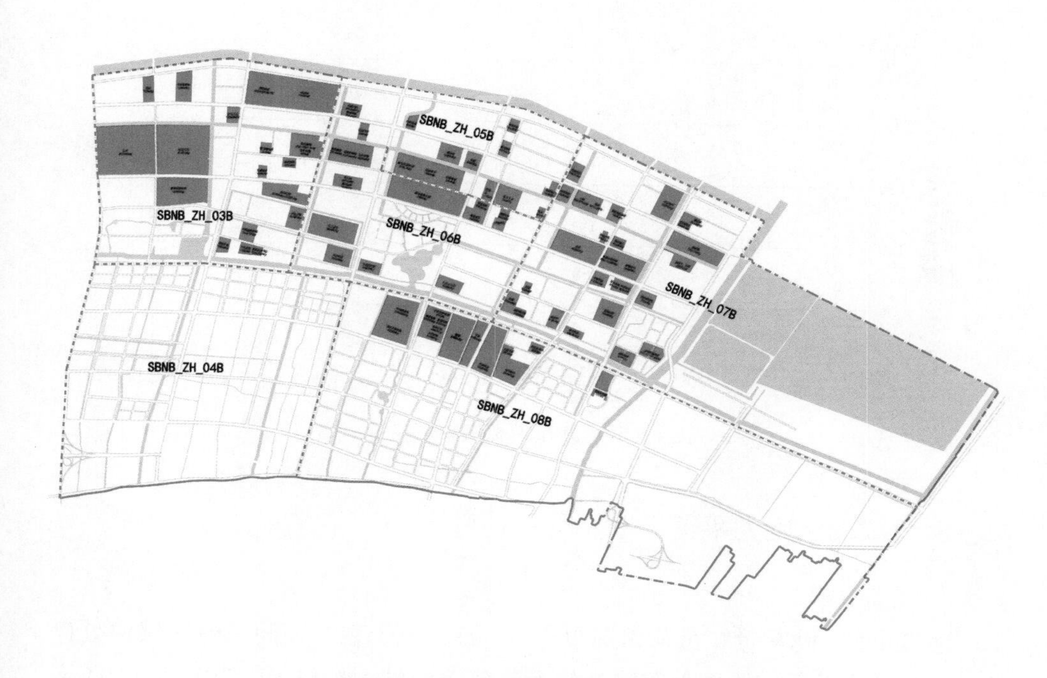

图 6-66 HZW 新区光伏接入主要分布位置图

为 408.922MWp。

HZW 新区南部区域分布式光伏接入主要于 2014 年开始，其中 2017～2018 年上半年为高速发展阶段，其中 2018 年 7～12 月增速放缓，仅新增报装容量 12.375MWp。至 2019 年末装机容量达到 215.6MW，为系统预测极值得 38.66%，具体发展曲线如图 6-67 所示。由以上结论可推测出 HZW 新区北部区域分布式光伏发展情况，具体结果见表 6-20。至 2025 年，HZW 新区北部预计分布式光伏装机容量达到 160.05MWp，达到饱和容量的 39.14%，区域光伏装机容量合计 435MWp。

表 6-20　　HZW 新区分布式光伏装机容量预测　　MWp

年　份	2019	2020	2021	2022	2023	2024	2025
HZW 新区南部区域	215.6	223.15	230.96	239.04	247.41	256.07	265.03
HZW 新区北部区域	56.84	56.84	61.34	102.23	151.3	155.39	160.05
其他区域	9.92	9.92	9.92	9.92	9.92	9.92	9.92
合计	282.36	289.91	302.22	351.19	408.63	421.38	435

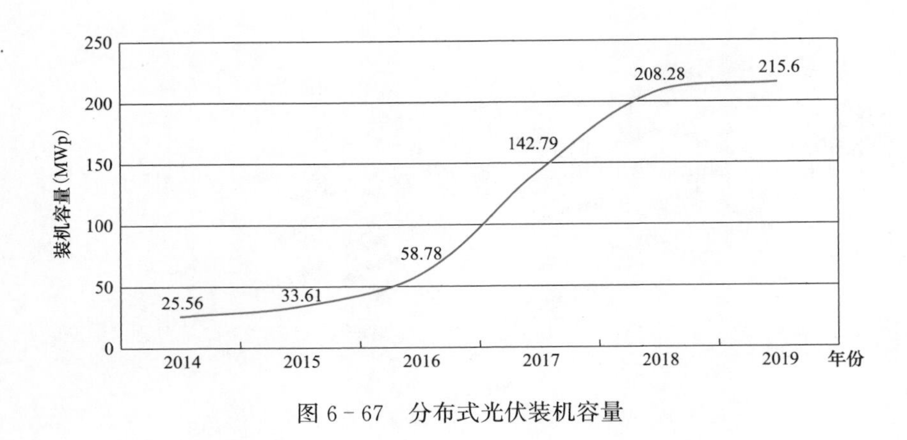

图 6-67 分布式光伏装机容量

6.11.2.2 电力平衡

1. 负荷情况

各变电站 10kV 母线负荷情况见表 6-21，由于春节期间工业区域内处停工状态，负荷较低，造成分布式光伏无法就地消纳，造成 BL 变电站、BH 变电站、YC 变电站、XZ 变电站等变电站负荷盈余的情况，如图 6-68 所示。上述问题无法通过调整间隔，建议通过建设光伏储能设施或通过 10kV 线路向城内居住区送电消纳负荷。

表 6-21 HZW 新区 110kV 变电站光伏接入情况与负荷表

变电站	主变压器	10kV 母线接入光伏合计（MWp）	近期工作日最小负荷（MW）	2018 年春节最小负荷（MW）	2017 年典型日最大负荷（MW）
BL变电站	1 号主变压器	13.681	20.5	-6.05	33.2
	2 号主变压器	13.321	26	2.42	38.63
BH变电站	1 号主变压器	21.198	10	-4.19	28.43
	2 号主变压器	6.44	10	-5.14	25
YC变电站	1 号主变压器	20.133	15	-10.89	37.07
	2 号主变压器	20.623	12	-10.89	19.38
XZ变电站	1 号主变压器	11.29	22	-2.29	35.23
	2 号主变压器	18.821	22	-2.08	35.16
HX变电站	1 号主变压器	1.38	7.7	4.7	23.05
	2 号主变压器	4.7592	7.8	4.7	23.18

续表

变电站	主变压器	10kV 母线接入光伏合计（MWp）	近期工作日最小负荷（MW）	2018 年春节最小负荷（MW）	2017 年典型日最大负荷（MW）
AD 变电站	1 号主变压器	1.996	10.6	1.8	24.21
	2 号主变压器	1.04	12.6	2	25.95
HQ 变电站	1 号主变压器	0	5.3	1.4	10.67
	2 号主变压器	0	5.4	1.4	10.5
FQ 变电站	1 号主变压器	0.8	8.5	0.1	29.26
	2 号主变压器	1.4	8.5	0	29.12

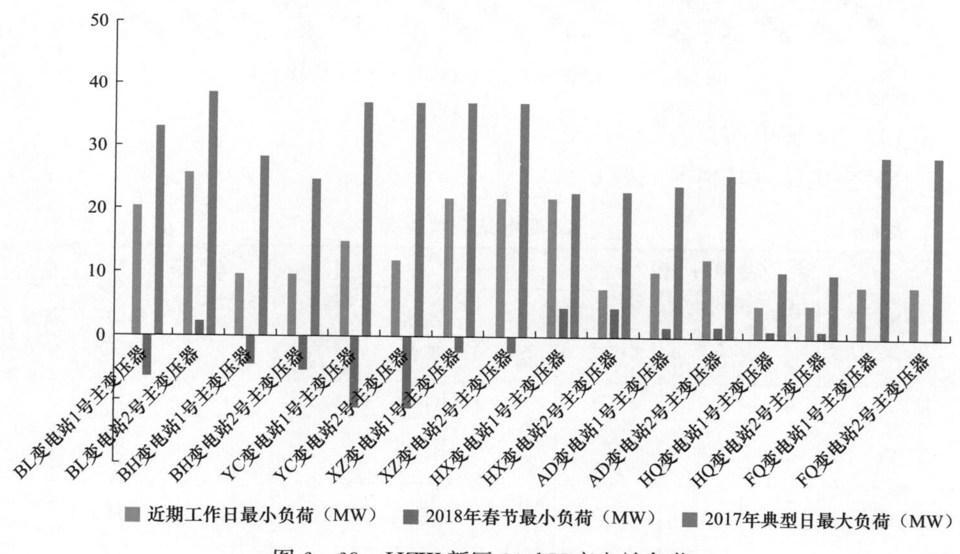

图 6-68　HZW 新区 110kV 变电站负荷

2. 存在问题

HZW 新区内 110kV 变电站光伏接入与间隔使用主要存在问题有：

由于对分布式光伏采取就近接入原则，部分变电站Ⅰ、Ⅱ段母线间光伏接入容量差异较大，易造成主变压器间负荷不平衡的问题，问题主要存在于 BH 变电站、XZ 变电站，各变电站光伏接入容量如图 6-69 所示。

6.11.2.3　方案调整

主要针对 XZ 变电站和 BH 变电站Ⅰ、Ⅱ段母线光伏容量接入不平衡采取以下解决方案。

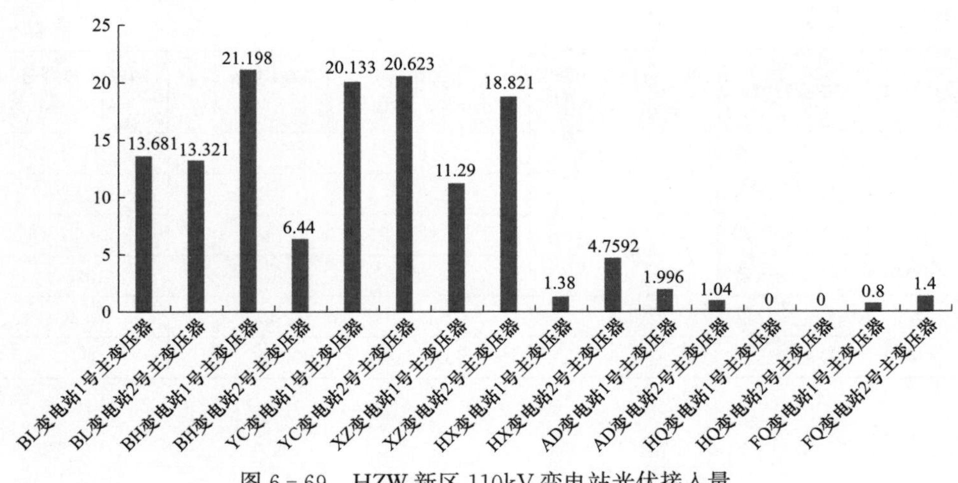

图 6-69 HZW 新区 110kV 变电站光伏接入量

（1）XZ 变电站。

XZ 变电站现状情况见表 6-22。

表 6-22 XZ 变电站现状情况

XZ 变电站Ⅰ段					XZ 变电站Ⅱ段				
线路名称	最大负荷（MW）	光伏接入容量（kWp）	接线模式	调整方案	线路名称	最大负荷（MW）	光伏接入容量（kWp）	接线模式	调整方案
HT 线	5.97	1390	双环		LT 线	6.25	3000	双环	
YP 线	1.52	1720	双环T 接	割接入WT 变	BL 线	5.14	1500	双环T 接	割接入WT 变
SK 线	2.95	0	双环	割接入WT 变	MR 线	3.83	0	双环	割接入WT 变
XH 线	2.23	2880	双环		CY 线	1.26	3600	双环	
YR 线	0.25	0	双环		CY 线	0.34	0	双环	
LC 线	5.02	4300	双环T 接		SS 线	0.4	0	双环T 接	
HJ 线	6.33	1000	双环T 接		DY 线	4.09	2300	双环T 接	
TH 线	4.98	0	双环	割接入WT 变	SJ 线	5.45	5221	双环	割接入WT 变
QX 线	0	0	双环T 接		ZY 线	0	0	双环T 接	
DK 线	5.98	0	专线		FN 线	2.93		专线	
BW 线	0	0	专线		CH 线	5.47	3200	专线	
合计	35.23	11290				35.16	18821		

1）存在问题：Ⅰ段、Ⅱ段母线光伏容量不均衡。

2）解决策略：配合 WT 变电站配套送出割接线路，调整光伏接入。

XZ 变电站调整情况见表 6-23。

表 6-23　XZ 变电站调整情况

XZ 变电站Ⅰ段					XZ 变电站Ⅱ段				
线路名称	典型日平均负荷（MW）	光伏接入容量（kWp）	接线模式	调整情况	线路名称	典型日平均负荷（MW）	光伏接入容量（kWp）	接线模式	调整情况
HT 线	5.97	1390	双环		LT 线	6.25	3000	双环	
XZ02 线	0		双环 T 接		XZ03 线	0		双环 T 接	
XZ04 线	0		双环 T 接		XZ05 线	0		双环 T 接	
XZX119 线	0		双环		XZX118 线	0		双环	
XH 线	2.23	2880	双环		CYX114 线	1.26	3600	双环	
YR 线	0.25		双环		CYX115 线	0		双环	
LC 线	5.02	4300	双环 T 接						
HJ 线	6.33	1000	双环 T 接		DY 线	4.09	2300	双环 T 接	
XZ01 线	0		双环		SS 线	0.4		双环	
QX 线	0		双环 T 接		ZY 线	0		双环 T 接	
DK 线	5.97		专线		FN 线	2.93		专线	
BW 线	0		专线		CH 线	5.46	3200	专线	
合计	25.77	9570				20.39	12100		

（2）BH 变电站。

BH 变电站现状情况见表 6-24。

表 6-24　BH 变电站现状情况

BH 变电站Ⅰ段					BH 变电站Ⅱ段				
线路名称	最大负荷（MW）	光伏接入容量（kWp）	接线模式	解决方案	线路名称	最大负荷（MW）	光伏接入容量（kWp）	接线模式	解决方案
AL 线	0	4360	双环		WS 线	0.06	4840	双环	
ZY 线	3.55		双环		ZS 线	2.44	1600	双环	
YH 线	3.22	5700	双环		JT 线	6.19		双环	
YC 线	3.75	1600	双环	调整入Ⅱ段	XL 线	0.18		双环	
JC 线	2.01		双环		HC 线	4.85		双环	

续表

BH变电站Ⅰ段					BH变电站Ⅱ段				
线路名称	最大负荷（MW）	光伏接入容量（kWp）	接线模式	解决方案	线路名称	最大负荷（MW）	光伏接入容量（kWp）	接线模式	解决方案
XC线	5.33		双环		MT线	0.8		双环	
FB线	0		双环		LS线	1.38		双环	
SM线	0		双环		CB线	0.93		双环	
BT线	3.23	1938	架空多分段多联络	2018年调整入WT变电站	CD线	0		双环	
NL线	0		架空多分段多联络	2018年拆除	ZL线	8.17		专线	已割接入FQ变电站
BD线	3.29	4800	专线						
RW线	4.05	2800	专线	调整入Ⅱ段					
合计	28.43	21198				25	6440		

1）存在问题：Ⅰ段、Ⅱ段母线光伏容量不均衡。

2）解决策略：①RW线调整入Ⅱ段；②YC线调整入Ⅱ段。

BH变电站调整情况见表6-25。

表6-25　BH变电站调整情况

BH变电站Ⅰ段					BH变电站Ⅱ段				
线路名称	典型日平均负荷（MW）	光伏接入容量（kWp）	接线模式	调整方案	线路名称	典型日平均负荷（MW）	光伏接入容量（kWp）	接线模式	调整方案
AL线	0	4360	双环		WS线	0.06	4840	双环	
ZY线	3.55		双环		ZS线	2.44	1600	双环	
YH线	3.22	5700	双环		JT线	6.19		双环	
BH03线	4.48		双环		YC线	3.75	1600	双环	
JC线	2.01		双环		XL线	0.18		双环	
XC线	5.33		双环		HC线	4.85		双环	
FB线	0		双环		SM线	0		双环	

续表

BH变电站Ⅰ段					BH变电站Ⅱ段				
线路名称	典型日平均负荷（MW）	光伏接入容量（kWp）	接线模式	调整方案	线路名称	典型日平均负荷（MW）	光伏接入容量（kWp）	接线模式	调整方案
LS线	1.38		双环		MT线	0.8		双环	
BH01线	5.45		双环		CB线	0.93		双环	
BH02线	0		双环		CD线	0		双环	
BD线	3.29	4800	专线		RW线	4.05	2800	专线	
合计	28.71	14860				23.25	10840		

通过对光伏接入方式进行调整，有效平衡了变电站主变压器之间的负荷，HZW新区光伏调整后接入容量如图6-70所示。

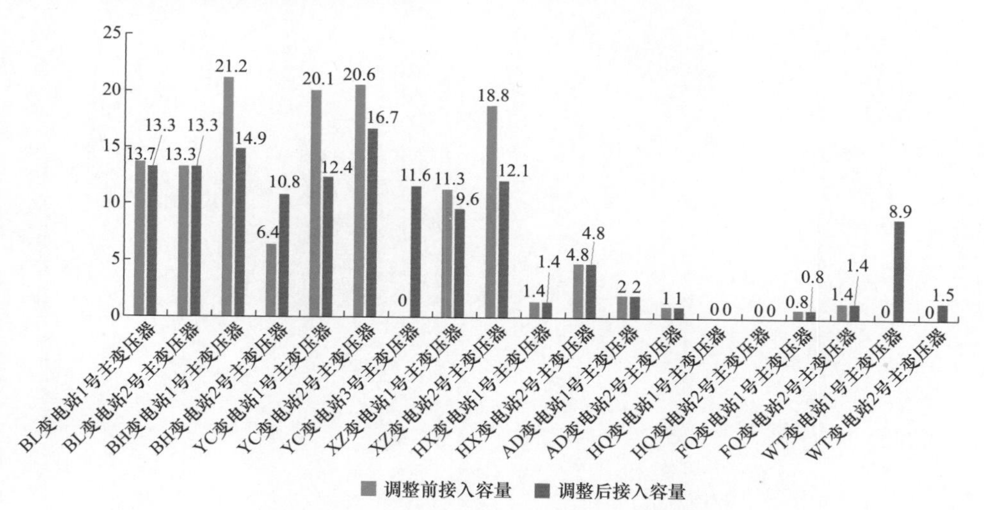

图6-70 HZW新区光伏调整前后接入容量对比